应用型本科系列规划教材

计算机导论

主编　杨俊清

西北工业大学出版社

西　安

【内容简介】 本书针对高等学校一年级学生的特点，全面、系统地介绍计算机相关的基础知识，重点培养学生对本学科的整体认知，提高学生的动手能力。全书共9章，内容包括绪论、数据存储基础、计算机硬件基础、计算机软件基础、软件设计基础、数据库基础、网络基础、物联网基础及计算机新技术与应用。每章后均配有习题，便于学生对理论知识的深化学习和实践技能的提高，方便初学者形成对学科的整体认知。

本书可作为高等应用型本科院校一年级计算机相关专业计算机导论课程的教材，也可作为非计算机专业的学生及广大计算机爱好者的参考书。

图书在版编目(CIP)数据

计算机导论/杨俊清主编. —西安：西北工业大学出版社，2020.12

ISBN 978-7-5612-7358-6

Ⅰ.①计… Ⅱ.①杨… Ⅲ.①电子计算机-高等学校-教材 Ⅳ.①TP3

中国版本图书馆CIP数据核字(2020)第237779号

JISUANJI DAOLUN

计 算 机 导 论

责任编辑：张 潼 李 萍 **策划编辑**：蒋民昌

责任校对：孙 倩 **装帧设计**：董晓伟

出版发行：西北工业大学出版社

通信地址：西安市友谊西路127号 邮编：710072

电 话：(029)88491757，88493844

网 址：www.nwpup.com

印 刷 者：兴平市博闻印务有限公司

开 本：787 mm×1 092 mm 1/16

印 张：15.875

字 数：406千字

版 次：2020年12月第1版 2020年12月第1次印刷

定 价：58.00元

前　言

为进一步提高应用型本科高等教育的教学水平，促进应用型人才的培养工作，提升学生的实践能力和创新能力，提高应用型本科教材的建设和管理水平，西安航空学院与国内其他高校、科研院所、企业进行深入探讨和研究，编写了“应用型本科系列规划教材”系列用书，包括《航空安全管理学》共计30种。本系列教材的出版，将对基于生产实际，符合市场人才的培养工作起到积极的促进作用。

“计算机导论”是高等学校理工科专业学生的第一门计算机基础课程，通过全面介绍计算机科学技术基础知识，揭示计算机学科的专业特色，概述性地介绍该学科各分支的主要专业知识，展示计算机领域能够做什么，以及计算机专业领域解决实际问题的思路。该课程开设的目的是为了快速地向计算机学院各专业学生介绍关于计算机的基础知识和技能，帮助他们对该学科有一个整体的认识，尽早建立一个完整的计算机专业知识体系框架，为深入学习相关课程打下一个良好的基础。

为此，笔者结合多年的教学工作经验，对照计算机专业人才的培养要求，依据社会对于电子信息和计算机学科人才素质和能力的需求，组织人员编写了本书。

本书由杨俊清担任主编。杨俊清编写第1章，郭杰编写第2、3章，张晓丽编写第5章，李川编写第4、6章，马新华编写第7～9章。

在本书的编写过程中，得到了有关领导的关心和帮助，并参考了一些同行、专家的有关文献资料，在此一并表示感谢。此外，在本书编写过程中，西安丝路软件有限公司、西安智悦科技有限公司对本书的部分内容进行了审阅，在此表示感谢。

由于水平有限，书中难免存在不足之处。欢迎同行、专家和读者对本书提出批评和建议，以便改正和完善。

编　者

2020年4月

目　录

第1章 绪 论

随着计算机、通信和电子信息处理技术的飞速发展，特别是因特网的全面普及，信息资源的共享和应用日益广泛与深入，掌握计算机与信息处理技术已成为当今社会对人才的基本素质要求。计算机是20世纪人类最伟大的发明之一，它给人类社会带来了巨大变化，在人们工作、学习和生活的各方面发挥着越来越重要的作用，逐步改变了人们的生活和工作方式。本章主要介绍计算机的基本知识，首先介绍计算机的特点、分类和应用；其次从数学的角度介绍计算思维的概念；最后，介绍计算机的两个重要模型：图灵模型和冯·诺依曼模型。

1.1 计算机的产生与发展

1.1.1 机械计算机器(1930年以前)

人类使用的计算工具随着生产力的发展和社会的进步，经历了从简单到复杂、由低级到高级的发展过程。

世界上最早的计算工具是算盘。我国在唐宋时期开始使用算盘，到明朝末年，有人设计制造了81档的长算盘，可以用来进行开方运算，直到今天，算盘仍被认为是一种操作简便且性能优良的计算工具。

世界上最早的计算机，可以说是计算尺，它是在1633年由英国人威廉·欧特勒发明的。算盘和计算尺最大的区别是算盘由算盘珠组成，计算尺则由刻度构成。

自算盘、计算尺诞生后，计算技术有了很大发展。1642年，法国数学家、哲学家布莱·帕斯卡发明了世界上第一台齿轮式机械计算机(见图1-1)，它通过齿轮系统的联动进行加法和减法运算。该计算机虽然只能进行加减运算，在计算过程中又常发生故障，但它发明的意义远远超出了这台计算机本身的使用价值，告诉人们用纯机械装置可代替人的思维和记忆。

图1-1 齿轮式机械计算机

1674 年,德国数学家戈特弗里德·威尔赫尔姆·莱布尼兹发明了莱布尼兹之轮。它是一台既能进行加减运算,又能进行乘除运算的计算机器。在 19 世纪初期,约瑟夫·玛丽·雅卡尔发明了第一台利用存储和编程概念制造的提花织布机,利用穿孔卡(相当于存储程序)控制织布过程中经线的提升。

1822 年,英国数学家查尔斯·巴贝奇发明了差分机,如图 1-2 所示。它不仅能快速地进行简单的数学运算,还能解多项式方程。1834 年,巴贝奇完成了分析机的设计,如图 1-3 所示。分析机不仅可以做数学运算,还可以做逻辑运算,在一定程度上与现代计算机的概念类似。

图 1-2 差分机

图 1-3 分析机

1.1.2 电子计算机的诞生(1930—1950 年)

在这一时期,计算机中的程序并不存储在存储器中,而是在计算机外部编程实现的。其中比较杰出的代表有以下几种。

1939 年,美国的约翰·阿塔纳索夫(John Atanasoff)及其助手克利福德·贝利(Clifford Berry)发明了世界上第一台应用电子管技术建造的完全电子化的计算机,称为 Atanasoff-Berry 计算机,如图 1-4 所示。它通过将信息进行电子编码实现计算功能。

同一时期,德国数学家康拉康·朱斯研制出 Z 系列通用计算机。其中,Z-3 型计算机是世界上第一台采用电磁继电器进行程序控制的通用自动计算机,如图 1-5 所示。

图 1-4 Atanasoff-Berry 计算机

图 1-5 Z-3 型计算机

1944年,美国哈佛大学科学家霍德华·艾肯成功研制名为MARK-Ⅰ的巨型计算机。它是一种完全机电式的计算机,也是世界上最早的通用型自动机电式计算机之一。1947年,霍德华·艾肯研制出运算速度更快的机电式计算机MARK-Ⅱ。到1949年,由于当时电子管技术取得重大进步,艾肯研制出采用电子管的计算机MARK-Ⅲ。MARK-Ⅰ和MARK-Ⅲ分别如图1-6和图1-7所示。

图1-6 MARK-Ⅰ

图1-7 MARK-Ⅲ

世界上第一台计算机ENIAC(electronic numerical integrator and calculator,电子数字积分计算机)在1946年2月诞生于美国。该机采用电子管作为计算机的基本部件,共用了18 800个电子管、10 000只电容和7 000个电阻,重达30 t,占地170 m^2,是一个名副其实的"庞然大物",如图1-8所示。

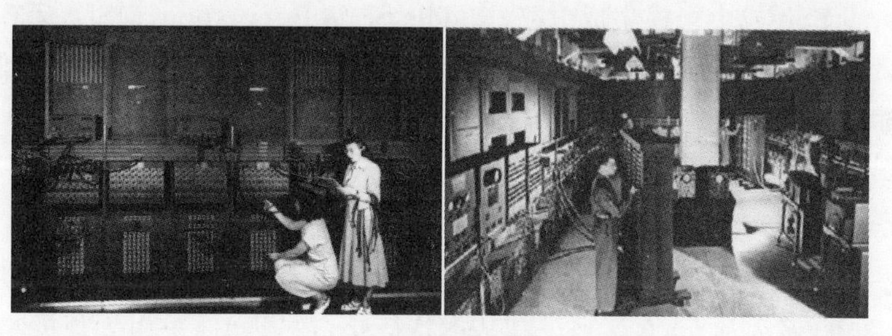

图1-8 ENIAC计算机

ENIAC是第一台正式投入运行的计算机,它的运算速度可达每秒5 000次(加减法),过去100名工程师花费一年时间才能解决的计算问题,利用ENIAC只需两小时即可解决,这使工程师们摆脱了繁重的计算工作。

不过,ENIAC计算机与现代计算机相比,存在较大差异,并且不具有"机内存储程序"功能,其计算过程需要在计算机外通过开关和接线安排。不久,美籍匈牙利科学家冯·诺依曼(Von Neumman)提出"存储程序式计算机"的模式,并主持研制名为EDVAC的计算机,该机采用二进制代替十进制,并将指令存入计算机内部,这恰恰是现代计算机所采用的工作模式,人们称这种计算机为冯氏机。

1.1.3 电子计算机的发展(1950年至今)

从ENIAC诞生到现在,根据计算机所采用的物理器件不同,计算机的发展可划分为以下四个时代。

1.第一代计算机(1950—1959年):电子管计算机

第一代电子计算机是电子管计算机,代表性的产品有EDVAC、EDSAC和UNIVAC等。其基本特征是采用电子管作为计算机的逻辑元件,用穿孔卡片作为数据和指令的输入设备,用磁鼓或磁带作为外存储器,用机器语言编写程序,每秒运算速度仅为几千次,内存容量仅几千字节。由于电子管的特性,第一代计算机体积大、内存小、造价高、可靠性差,主要用于军事和科学计算。

2.第二代计算机(1959—1965年):晶体管计算机

第二代电子计算机是晶体管计算机,代表性的产品有UNIVACⅡ、TRADIC和IBM的7090系列、7094系列、7040系列和7044系列等。其基本特征是:逻辑元件用晶体管代替电子管,用磁芯和磁盘、磁带作为存储器。由于采用晶体管,计算机体积小、成本低、功能强、功耗小,可靠性大大提高,运算速度达每秒几十万次,内存容量扩大到几十千字节。同时,软件系统有了很大的发展,提出了操作系统的概念,出现了汇编语言,产生了FORTRA、NOBOL和ALGOL等高级语言。第二代计算机的应用从军事研究、科学计算扩大到数据处理、实时过程控制和事务处理等领域。

3.第三代计算机(1965—1975年):中、小规模集成电路计算机

第三代电子计算机是中、小规模集成电路计算机,代表性的产品有IBM360系列、Honey Well6000系列和富士通F230系列等。其基本特征是逻辑元件采用小规模集成电路(Small Scale Integration,SSI)或中规模集成电路(Middle Scale Integration,MSl),运算速度可达几十万次每秒到几百万次每秒。这个阶段的存储器进一步发展,体积更小,造价更低,软件逐渐完善,计算机向标准化、多样化、通用化和机种系列化发展。高级程序设计语言在这个时期有了很大发展,出现了操作系统和会话式语言。第三代计算机开始应用于各个领域。

4.第四代计算机(1975年至今):大规模、超大规模集成电路计算机

第四代电子计算机称为大规模、超大规模集成电路计算机,代表性的产品有IBM4300系列、3080系列、3090系列和9000系列。其基本特征是:逻辑元件采用大规模集成电路(Large Scale Integration,LSI)和超大规模集成电路(Very Large Scale Integration,VLSI),运算速度达到几千万次每秒到十万亿次每秒。在第四代计算机的发展进程中,计算机的性能越来越好,生产成本越来越低,体积越来越小,运算速度越来越快,耗电越来越小,存储容量越来越大,可靠性越来越高。同时,由于操作系统不断完善,软件配置越来越丰富,应用范围越来越广泛,计算机的发展进入以计算机网络为特征的时代。第四代计算机的应用普及社会的各行各业,成为信息社会的重要标志。

四代计算机的特征对比见表1-1。

表1-1　四代计算机特征对比表

项　目	第一代 (1950—1959年)	第二代 (1959—1965年)	第三代 (1965—1975年)	第四代 (1975年至今)
主要元件	电子管	晶体管	中、小规模集成电路	大规模、超大规模集成电路

续表

项 目	第一代 (1950—1959年)	第二代 (1959—1965年)	第三代 (1965—1975年)	第四代 (1975年至今)
主要元件图例				
处理方式和语言	机器翻译机器语言	批处理汇编语言	实时、分时批处理高级语言	实时、分时批处理高级语言
$\frac{速度}{次 \cdot s^{-1}}$	1 000～10 000	几万～几十万	几十万～几百万	几千万～十万亿
主要特点	体积大，耗电高，可靠性差，价格昂贵，维修复杂	体积较小，可靠性增强，寿命延长	小型化，性能更高，寿命更长	微型化，耗电少，可靠性很高
应用领域	军事研究、科学计算	扩大到数据处理、事务管理，还逐步应用于工业控制	进一步扩展到企业管理，自动控制	扩大到办公自动化、图像处理、电子商务等

1.1.3 计算机的发展趋势

随着计算机技术飞速发展，计算机的应用领域不断拓展，决定了计算机将朝着不同的方向发展与延伸。当前，计算机朝着巨型化、微型化、网络化、智能化、人性化和环保化等方向发展，一些新的计算机正在加紧研究中，预计在不久的将来会走进人们的日常生活，遍及各个领域。部分新技术计算机如图1-9所示。

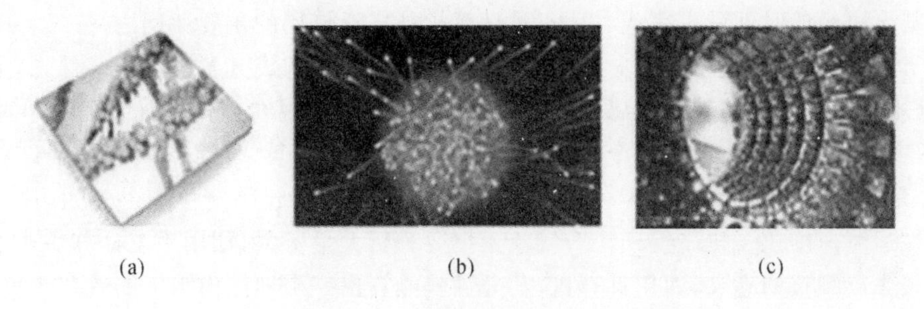

(a) (b) (c)

图1-9 部分新技术计算机

(a)生物计算机；(b)光子计算机；(c)量子计算机

1. 生物计算机

(1)特点：采用生物芯片，由蛋白质分子构成。信息以波的形式传播，运算速度非常快，能耗低，存储能力大，具有生物体的一些特点，如能模仿人脑的思考机制。

(2)应用：美国首次公布的生物计算机被用来模拟电子计算机的逻辑运算，解决虚构的七城市间最佳路径问题。

2.光子计算机

(1)定义:将光作为信息传输媒体的计算机。

(2)优点:速度等于光速,具有频率及偏振特征,传输信息能力强,抗干扰能力强。

(3)特点:并行能力强,具有超高速的运算潜力,且在室温下就可以正常工作。

(4)研究成果:由法国、德国的60多名科学家联合研制开发成功世界上第一台光学计算机,其运算速度比目前世界上最快的超级计算机快1 000多倍,并且准确性极高。

(5)研究现状:目前光子计算机的许多关键技术,如光存储技术与光存储器、光电子集成电路等已取得重大突破。

3.量子计算机

(1)定义:利用处于多现实态下的原子进行运算的计算机。这种多现实态是量子力学的标志。

(2)优点:解题速度快,存储量大,搜索功能强。

(3)研究成果:美国科学家已成功实现4量子位逻辑门,取得了4个锂离子的量子缠结状态。

1.2 计算机的特点、分类和应用

1.2.1 计算机的特点

(1)运算速度快。计算机的运算速度(也称处理速度)用MIPS(Million Instructions Per Second,每秒兆指令——单字长定点指令平均执行速度)衡量。现代的计算机运算速度在几十MIPS以上,巨型计算机的速度可达到千万个MIPS。计算机如此高的运算速度是其他任何计算工具无法比拟的,使得过去需要几年甚至几十年才能完成的复杂运算任务,现在只需几天、几小时,甚至更短的时间就可完成。这正是计算机被广泛使用的主要原因之一。

电子计算机的工作基于电子脉冲电路原理,由电子线路构成其各个功能部件,其中电场的传播扮演主要角色。已经知道电磁场传播的速度是很快的,现在高性能计算机每秒能进行几百亿次以上的加法运算。如果一个人在1秒钟内能作一次运算,那么一般的电子计算机1小时的工作量,一个人得做100多年。在很多场合下,运算速度起决定作用。例如,计算机控制导航要求"运算速度比飞机飞得还快";气象预报要分析大量资料,如用手工计算需要十天甚至半月,就失去了预报的意义,而用计算机,几分钟就能算出一个地区内数天的气象预报。

(2)计算精度高。一般来说,现在的计算机有几十位有效数字,而且理论上还可以更高。因为数在计算机内部是用二进制数编码的,所以数的精度主要由这个数的二进制码的位数决定,可以通过增加数的二进制位数提高精度,位数越多精度就越高。

电子计算机的计算精度在理论上不受限制,一般的计算机均能达到15位有效数字,通过一定的技术手段,可以实现任何精度要求。著名数学家挈依列曾经为计算圆周率π,整整花了15年时间,才算到第707位。现在将这件事交给计算机做,几个小时内就可计算到10万位。

(3)记忆力强。计算机的存储器类似于人的大脑,可以"记忆"(存储)大量的数据和计算机程序而不丢失，在计算的同时，还可以把中间结果存储起来，供以后使用。计算机中有许多存储单元，用以记忆信息。内部记忆能力是电子计算机和其他计算工具的一个重要区别。由于具有内部记忆信息的能力，在运算过程中就可以不必每次都从外部去获取数据，而只需事先将数据输入内部的存储单元中，运算时即可直接从存储单元中获得数据，从而大大提高了运算速度。计算机存储器的容量可以做得很大，而且记忆力特别强。

(4)具有逻辑判断能力。计算机在程序的执行过程中，会根据上一步的执行结果，运用逻辑判断方法自动确定下一步的执行命令。正是因为计算机具有这种逻辑判断能力，使得计算机不仅能解决数值计算问题，而且能解决非数值计算问题，如信息检索、图像识别等。

人是有思维能力的。思维能力本质上是一种逻辑判断能力，也可以说是因果关系分析能力。借助于逻辑运算，可以让计算机做出逻辑判断，分析命题是否成立，并可根据命题成立与否做出相应的对策。例如，数学中有个“四色问题”，说是不论多么复杂的地图，要使相邻区域颜色不同，只需四种颜色就够了。100 多年来，不少数学家一直想去证明它或者推翻它，却一直没有结果，成了数学中著名的难题。1976 年，两位美国数学家终于使用计算机进行了非常复杂的逻辑推理，验证了这个著名的猜想。

(5)可靠性高，通用性强。由于采用了大规模和超大规模集成电路，所以现在的计算机具有非常高的可靠性。现代计算机不仅可以用于数值计算，还可以用于数据处理、工业控制、辅助制造和办公自动化等，具有很强的通用性。

1.2.2　计算机的分类

计算机发展到今天，已是琳琅满目、种类繁多，并表现出各自不同的特点，可以从不同的角度对计算机进行分类。

按计算机信息的表示形式和对信息的处理方式不同，分为数字计算机(digital computer)、模拟计算机(analogue computer)和混合计算机。数字计算机所处理的数据都是以 0 和 1 表示的二进制数字，是不连续的离散数字，具有运算速度快、准确、存储量大等优点，因此适宜科学计算、信息处理、过程控制和人工智能等，具有广泛的用途。模拟计算机所处理的数据是连续的，称为模拟量。模拟量以电信号的幅值模拟数值或某物理量的大小，如电压、电流和温度等都是模拟量。模拟计算机解题速度快，适用于解高阶微分方程，在模拟计算和控制系统中应用较多。混合计算机则是集数字计算机和模拟计算机的优点于一身。

按计算机的用途不同，可分为通用计算机(general purpose computer)和专用计算机(special purpose computer)。通用计算机广泛适用于一般科学运算、学术研究、工程设计和数据处理等，具有功能多、配置全、用途广、通用性强的特点，市场上销售的计算机多属于通用计算机。专用计算机是为适应某种特殊需要而设计的计算机，通常增强了某些特定功能，忽略一些次要要求，因此专用计算机能高速度、高效率地解决特定问题，具有功能单纯、使用面窄甚至专机专用的特点。模拟计算机通常都是专用计算机，在军事控制系统中被广泛地使用，如飞机的自动驾驶仪和坦克上的兵器控制计算机。

计算机按其运算速度快慢、存储数据量的大小、功能的强弱，以及软硬件的配套规模等不同，又分为巨型机、大型机，中型机、小型机、微型机和工作站等。

1. 巨型机(也称超级计算机)

(1)特点：占地最大，存储容量最大，价格最贵，功能最强，运算速度最快(1998 年已达 3.9

万亿次/秒)。

(2)应用领域:多用于战略武器(如核武器和反导弹武器)的设计,空间技术,石油勘探,中、长期天气预报以及社会模拟等领域。巨型机是衡量一个国家经济实力与科技水平的重要标志。

2. 大型机(也称企业计算机)

(1)特点:大型,通用性强,具有很强的综合处理和管理能力。

(2)应用领域:主要用于大银行、大公司、规模较大的高等学校和科研院所以及政府部门。

3. 中型机

各项技术指标介于大型机和小型机之间的一种计算机。

4. 小型机

(1)特点:规模较小,结构简单,可靠性高,成本较低,操作简便,易于维护和使用。

(2)应用领域:广泛用于中、小型企事业单位。

5. 微型机

微型机也称个人计算机(Personal Computer,PC)。

(1)特点:在设计上率先采用高性能中央处理器(Central Processing Unit,CPU),软件丰富,功能齐全,价格便宜。

(2)应用领域:应用非常广泛,几乎无处不在,无所不用,除了台式,还有膝上型、笔记本型和掌上型等。

6. 工作站

(1)特点:介于 PC 与小型机之间的一种高档微机,具有较高的运算速度和较强的联网功能。

(2)应用领域:主要用于特殊的专业领域,如图像处理,计算机辅助设计等,目前其应用已扩展到商业、金融及办公领域。

1.2.3 计算机的应用

1. 科学计算

科学计算也称数值计算,主要是将计算机用于科学研究和工程技术中提出的数学问题的计算。它是计算机的传统应用领域,也是应用最早的领域。例如,在气象预报、地震探测、军事研究等工作中常常遇到复杂的数学计算,采用传统的计算方法与计算工具难以完成,即使能完成,其计算结果也不能保证准确,采用计算机,仅需几天、几个小时,甚至几分钟就可精确计算出结果。

2. 数据处理

数据处理也称信息处理,是对大量非数值数据(文字、符号、声音、图像等)进行加工处理,如编辑、排版、分析、检索、统计、传输等,数据处理广泛应用于办公自动化、情报检索、事务管理等。近年来,利用计算机综合处理文字、图形、图像、声音等的多媒体数据处理技术已成为计算机重要的发展方向。数据处理已为计算机应用的主流。

数据处理从简单到复杂经历了以下 3 个发展阶段。

(1)电子数据处理(Electronic Data Processing,EDP),它是以文件系统为手段,实现一个部门内的单项管理。

(2)管理信息系统(Management Information System,MIS),它是以数据库技术为工具,实现一个部门的全面管理,以提高工作效率。

(3)决策支持系统(Decision Support System,DSS),它是以数据库、模型库和方法库为基础,帮助管理决策者提高决策水平,改善运营策略的正确性与有效性。

目前,数据处理已广泛地应用于办公自动化、企事业计算机辅助管理与决策、情报检索、图书管理、电影电视动画设计、会计电算化等各行各业。信息正在形成独立的产业,多媒体技术使信息展现在人们面前的不仅是数字和文字,也有丰富的声音和图像信息。

3.过程控制

过程控制又称实时控制,指用计算机及时采集动态的监测数据,并按最佳值迅速地对控制对象进行自动控制或调节,这不仅大大提高了控制的自动化水平,而且提高了控制的及时性、准确性和可靠性。过程控制主要应用于冶金、石油、化工、纺织、水电、机械和航天等工业领域,在军事、交通等领域也应用广泛。

4.计算机辅助系统

计算机在辅助设计与制造及辅助教学方面发挥着日益重要的作用,也使生产技术和教学方式产生了革命性的变化。

(1)计算机辅助设计(Computer Aided Design,CAD)。早期的CAD主要是利用计算机代替人工绘图,以提高绘图质量和效率,其后的三维图形显示使设计人员可以从各种角度观察物体的动态立体图,并可进行修改。借助计算机快速计算的优点,可以随意改变产品的参数,以选择最佳设计方案,加上分析、模拟手段,可以利用计算机生成产品模型代替实物样品,既降低试制成本,也缩短研制周期。此类方法也称为计算机辅助工程(Computer Aided Engineering,CAE)。

(2)计算机辅助制造(Computer Aided Manufacturing,CAM)。这方面的典型应用是数控加工,使计算机按已经编制好的程序控制刀具的启、停、运动轨迹和刀具速度及切削深度等进行零件加工。

(3)计算机集成制造系统(Computer Integrated Manufacturing System,CIMS)。CIMS是美国学者Harrington首先提出的概念,其中心思想是将企业的各个生产环节紧密结合,形成集设计、制造和管理为一体的现代化企业生产系统。此生产模式具有生产率高、生产周期短等优点,一些专家甚至认为,CIMS有可能成为21世纪制造工业的主要生产模式。

(4)计算机辅助教学(Computer Aided Instruction,CAI)。随着计算机技术的进步,传统的“黑板+粉笔”的教学手段已经难以完全适应新的教学需要,借助新的支持环境,如多媒体授课中心等设施和计算机辅助教学软件(称为课件),可以获得更好的教学效果。通过CAI,既可以加深感性认识,又可以增加信息量,还可以增强学生的动手能力。教师很容易对学生进行个别指导。

5.人工智能

人工智能研究的主要目的是用计算机模拟人的智能,其发展主要有以下几方面。

(1)机器人。实现类似于人的机器人是人类长期以来的梦想,这是指让机器具有感知和识别能力，能说话和回答问题，称为“智能机器人”。目前，应用比较广泛的是“工业机器人”，它由已经编写好的程序进行控制，完成固定的动作，通常可将其应用在某些重复、危险或人类难以胜任的工作中。

(2)专家系统。专家系统是指用来模拟专家智能的软件系统。该类系统依据事先收集的某些专家的丰富知识和经验，经总结后存入计算机，再构造出相应的推理机制，使该软件可以通过自己的推理和判断，对用户的问题做出回答。目前，专家系统最典型的应用是医疗方面。

(3)模式识别。这部分应用的研究重点是图形和语言识别，可以应用在机器人感觉和听觉、公安部门的指纹分辨、签字辨认等方面。

此外，数据库智能检索、机器翻译、定理的机器证明等也都属于人工智能范畴。

6.计算机仿真

计算机仿真的目的是用计算机模拟实际事物。例如，利用计算机可以生成产品(如汽车、飞机等)的模型，降低产品的研制成本，且大幅度缩短研制周期；利用计算机可以进行危险的实验，如武器系统的杀伤力、宇宙飞船在空中的对接等；利用计算机模拟自然景物，可以达到十分逼真的效果，在现代电影、电视中广泛采用了这些技术。

此外，在 20 世纪 80 年代末，出现了综合使用上述技术的所谓“虚拟现实”技术，它可模拟人在真实环境中的视、听、动作等一切(或部分)行为，借助此类技术，飞行员只要在训练座舱中戴上一个头盔，即可看到一个高度逼真的空中环境，产生身临其境的感觉。

7.计算机网络

网络是指将单一使用的计算机通过通信线路连接在一起，以便达到资源共享的目的。计算机网络的建立，不仅解决了一个地区、一个国家中计算机与计算机之间的通信和网络内各种资源的共享，也极大地促进和发展了国际间的通信和数据的传输处理。事实上，计算机技术、通信技术和网络技术构成了当今信息化社会的三大支柱。

1.3 计算思维的概念

1.3.1 计算思维的定义

计算思维以设计和构造为特征，以计算机学科为代表。计算思维是运用计算机科学的基础概念，进行问题求解、系统设计以及人类行为理解的一系列思维活动。

“计算思维”是美国卡内基·梅隆大学计算机科学系主任、美国国家自然基金会计算与信息科学工程部助理部长周以真教授提出的一种理论。周以真认为计算思维是运用计算机科学的基础概念去求解问题、设计系统和理解人类行为，它涵盖了计算机科学的一系列思维活动。

国际教育技术协会和计算机科学教师协会在 2011 年给计算思维做出了一个可操作性的定义，即计算思维是一个问题解决的过程，该过程包括以下特点：

(1)提出问题，并能够利用计算机和其他工具来帮助解决该问题。

(2)要符合逻辑地组织和分析数据。

(3)通过抽象，如模型、仿真等，再现数据。

(4)通过算法思想(一系列有序的步骤)，支持自动化的解决方案。

(5)分析可能的解决方案,找到最有效的方案,并且有效结合这些步骤和资源。

(6)将该问题的求解过程进行推广并移植到更广泛的问题中。

1.3.2　计算思维的特征

周以真教授在论文《计算思维》中提出了以下计算思维的基本特征:

计算思维是每个大学生必须掌握的基本技能,它不仅仅属于计算机科学家。每个学生在培养解析能力时,不仅要掌握阅读、写作和算术,还要学会计算思维。

计算思维是人而不是计算机的思维方式。计算思维是人类求解问题的思维方法,而不是要使人类像计算机那样思考。计算机枯燥而且沉闷,人类聪明且富有想象力,是人类赋予计算机激情。

计算思维是数学思维和工程思维的相互融合。计算机科学本质上来源于数学思维,但是受计算设备的限制,迫使计算机科学家必须进行工程思考,不能只是数学思考。

计算思维建立在计算过程的能力和限制之上。需要考虑哪些事情人类比计算机做得好?哪些事情计算机比人类做得好?最根本的问题是:什么是可计算的?

当求解一个特定的问题时,首先会问:解决这个问题有多么困难?什么是最佳的解决方法?表述问题的难度取决于人们对计算机理解的深度。

为了有效地求解一个问题,可能要进一步问:一个近似解是否就够了?是否允许漏报和误报?计算思维就是通过简化、转换和仿真等方法,把一个看起来困难的问题,重新阐释成一个知道怎样解决的问题。

计算思维采用抽象和分解的方法,将一个庞杂的任务或设计分解成一个适合于计算机处理的系统。计算思维是选择合适的方式对问题进行建模,使它易于处理。在不必理解每一个细节的情况下,就能够安全地使用或调整一个大型的复杂系统。

1.3.3　计算思维的本质

计算思维的本质是抽象和自动化,计算的根本问题是什么能被有效地自动进行。计算是抽象的自动执行,自动化则要求对进行计算的事物进行某种程度的抽象。

抽象层次是计算思维中的一个重要概念,它使人们可根据不同抽象层次,有选择地忽视某些细节,最终控制系统的复杂性;在分析问题时,还应当了解各抽象层次之间的关系。

计算思维中的抽象最终要能够利用机器一步步地自动执行。为了确保机器的自动化就需要在抽象过程中进行精确和严格的符号转换和建立计算模型。

计算思维的抽象显得更为丰富,也更为复杂。数学抽象的特点是抛开现实事物的物理、化学和生物学等特性,仅保留量的关系和空间形式,而计算思维中的抽象不仅如此。例如,堆栈是计算学科中常见的一种抽象数据类型,这种数据类型不可能像数学中的整数那样进行简单的“相加”。再例如,算法是一种抽象,但不能将两个算法放在一起实现一个并行算法。同样,程序也是一种抽象,这种抽象也不能随意“组合”。

不仅如此,计算思维中的抽象还与现实世界中的最终实施有关。因此,需要考虑问题处理的边界,以及可能产生的错误。在程序运行中,如磁盘满、服务没有响应、类型检验错误甚至出现危及设备损坏的严重状况时,计算机需要知道如何进行处理。

1.3.4 计算思维与计算机的关系

技术进步已经使得现实世界的各种事物都可感知、可度量，进而形成数量庞大的数据或数据群，使得基于庞大数据形成仿真系统成为可能，因此依靠计算手段发现和预测规律成为不同学科的科学家进行研究的重要手段。例如，生物学家利用计算手段研究生命体的特性，化学家利用计算手段研究化学反应的机理，建筑学家利用计算手段研究建筑结构的抗震性，经济学家和社会学家利用计算手段研究社会群体网络的各种特性等。因此，计算手段与各学科结合形成了所谓的计算科学，如计算物理学、计算化学、计算生物学和计算经济学等。

计算机科学家迪科斯彻(Dijkstra)说过："我们使用的工具影响着我们的思维方式和思维习惯，从而也将深刻地影响着我们的思维能力"。各学科人员在利用计算手段进行创新研究的同时，也在不断地研究新型的计算手段。这种结合不同专业的新型计算手段的研究，需要专业知识与计算思维的结合。

周以真教授指出，计算思维是运用计算机科学的基础概念去求解问题、设计系统和理解人类行为的一系列思维活动的统称。它如同所有人都具备读、写、算能力一样，都必须具备的思维能力。计算思维建立在计算过程的能力和限制之上，由机器执行。因此，理解"计算机"的思维(即理解计算系统是如何工作的，计算系统的功能是如何越来越强大的)，以及利用计算机的思维(即理解现实世界的各种事物如何利用计算系统进行控制和处理，理解计算系统的一些核心概念，培养一些计算思维模式)，对所有学科的人员建立复合型的知识结构，进行各种新型计算手段研究以及基于新型计算手段的学科创新都有重要的意义。技术与知识是创新的支撑，但思维是创新的源头。

计算的发展在一定程度上影响着人类的思维方式，从最早的结绳计数，发展到目前的电子计算机，人类思维方式也随之发生了相应的改变。例如，计算生物学正在改变着生物学家的思维方式；计算机博弈论正在改变着经济学家的思维方式；计算社会科学正在改变着社会学家的思维方式；量子计算改变着物理学家的思维方式。计算思维已成为各个专业求解问题的一条基本途径。

1.4 计算模型

1.4.1 数据处理模型

数据处理模型是指把计算机定义为一个数据处理器，认为计算机是一个接收输入数据、处理数据并产生输出数据的黑盒子，如图 1-10 所示。数据处理模型能够体现现代计算机数据处理的功能，但定义太广泛，没有说明基于此模型的机器能够完成数据处理的类型和数量，更没有说明是专用机器还是通用机器。

图 1-10 数据处理模型

1.4.2 图灵模型

阿兰·图灵在1937年首次提出通用计算设备的设想，即所有的计算都可以在一种特殊的机器(图灵机)上执行。图灵模型是一个适用于通用计算机的模型，如图1-11所示，它在数据处理模型的基础上增加了程序元素。程序是用来告诉计算机对数据进行处理的指令集合。

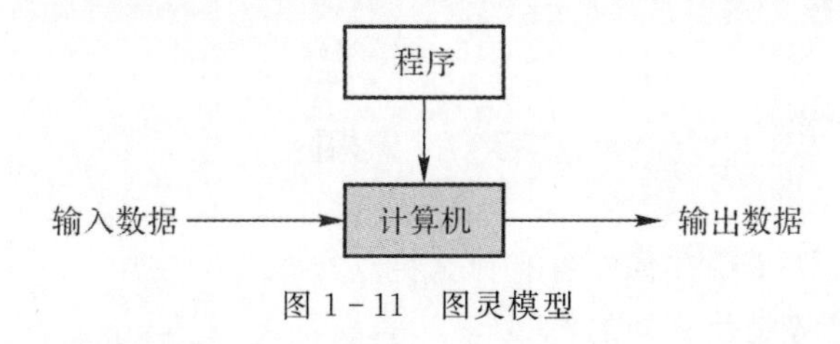

图1-11 图灵模型

在图灵模型中，输入数据和程序共同决定输出数据。对于相同的输入数据，改变程序，将产生不同的输出数据；对于相同的程序，改变输入数据，输出数据将不同；如果输入数据和程序都相同，输出数据将不变。通用图灵机是对现代计算机的首次描述，只要提供了合适的程序，通用图灵机就可以做任何运算。基于图灵模型建造的计算机在存储器中只存储数据，不存储程序，程序通过操作一系列开关或配线实现。

1.4.3 冯·诺依曼模型

1944—1945年，冯·诺依曼首次指出，图灵模型中的数据和程序在逻辑上是相同的，因此程序应与数据一样，都能存储在计算机的存储器中。基于冯·诺依曼模型建造的计算机由四部分组成：存储器、算术逻辑运算单元、控制单元和输入/输出单元，如图1-12所示

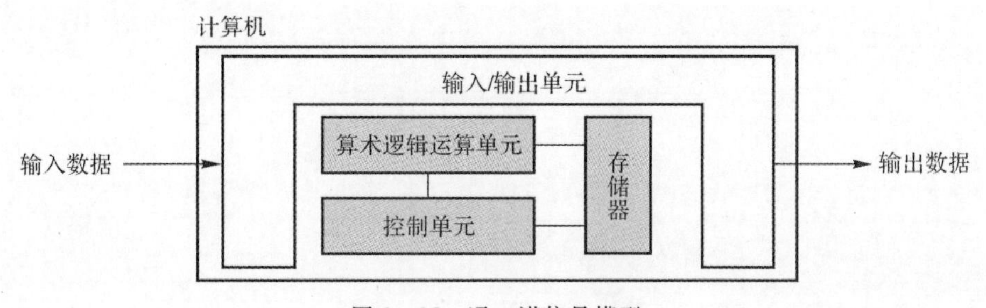

图1-12 冯·诺依曼模型

算术逻辑运算单元用于算术运算和逻辑运算。控制单元用于控制存储器、算术逻辑运算单元、输入/输出单元等子系统，让它们协调地工作。存储器用于存储计算机处理过程中的数据和程序。对于输入/输出单元，输入子系统负责接收计算机外部的数据和程序，输出子系统负责将计算机处理后的结果输出到计算机外部。与图灵模型不同，冯·诺依曼模型要求数据和程序都存储在存储器中，这意味着数据和程序应具有相同的格式。实际上，两者都是以二进制位(bit)的形式存储在存储器中。

冯·诺依曼模型清楚地将一台计算机定义为一台数据处理机，能接收输入数据，处理并输出相应的结果。今天的计算机硬件依然采用冯·诺依曼模型，并且包含四大部分，只是输入/输出系统有所不同。

1.5 本章小结

本章主要介绍计算机的基本概念、发展历程和发展趋势，从不同的角度介绍计算机的分类，重点阐述计算思维的概念和特征以及计算思维和计算机的关系，最后介绍常见的三类计算模型。

习　题

1.计算机的发展经历了哪几代？各有什么特点？

2.计算机的发展趋势是什么样的？

3.简述计算机的特点。

4.可以从哪些角度对计算机进行分类？

5.什么是计算思维？

6.计算思维的特征有哪些？

7.计算思维的本质是什么？

8.如何理解计算思维与计算机的关系？

9.冯・诺依曼模型的特点是什么？

第 2 章　数据存储基础

计算机将生活当中的所有信息都转换为数据进行存储和运算，任何计算机都需要进行数据的存储。计算机只能识别 0 和 1，在早期的电子管和晶体管计算机时代，使用其导通状态和截止状态进行对信号 0 和 1 的运算存储，反映到电信号上则为高低电平等信号。在计算机系统中，0 和 1 不但可以实现算术运算，也可以实现逻辑运算。在实际生活中人们习惯了十进制的运算，因此需要将十进制转换为二进制。同时为了编程的方便，也需要引入八进制和十六进制的概念。计算机的存储单位有位（bit）、字节（Byte）等，在数字的表示中使用编码的方式对数字进行处理。对英文字符和汉字也使用一定的格式对其进行数字化处理。在一些声音和图像信息中，使用采样量化的方法将这些信息进行二进制代码化进行进一步的信息处理。

2.1　数制及其转换

数制的概念在生活中无处不在，除了常用的十进制外，还有其他进制。例如，一周有 7 天，使用七进制；一天有 24 小时，使用二十四进制；古代中国使用的 16 两为 1 斤（俗话说的半斤八两），使用十六进制；等等。计算机系统常用的数制为二进制、十进制、八进制和十六进制。

2.1.1　数制

对于日常生活中的数值，必须有一个约定俗成的写法和读法，数值的这一约定俗成的写法和读法叫数制。

常用的数制是进位计数制，简称进位制，即按进位方式实现计数的制度。进位计数制包括两个基本的因素：基数和位权。基数是计数制中所用到的数码的个数。基数为 N 的计数制中，包含 0，1，…，$N-1$ 等数码，进位规律是"逢 N 进一"，每个数位计满 N 就向高位进 1。位权：在一个进位计数制表示的数中，处在不同数位的数码，代表着不同的数值，某一个数位的数值是由这一位数码的值乘以处在这位的一个固定常数得出。不同数位上的固定常数称为位权值，简称位权。因此，一个数的值为基数乘以位权的累加和。

计算机系统常用进制：二进制（binary）简写为后缀 B；八进制（octal）简写为后缀 O；十进制（decimal）简写为后缀 D；十六进制（hexadecimal）简写为后缀 H，在汇编语言中数字添加后缀为大写 H 或小写 h，C 语言编程中使用前缀 0X 或 0x 表示。为了区分各种进制通常采用 $(10)_2$，$(10)_{10}$，$(10)_8$，$(10)_{16}$ 或 $(10)_B$，$(10)_D$，$(10)_O$，$(10)_H$，即小括号加下标的写法。

1. 十进制

十进制（decimal）简写为 D，可直接使用数字进行编程及运算。十进制基数为 10，数字符号为 0、1、2、3、4、5、6、7、8、9。十进制中，每一位使用 0 ～ 9 十个数码来表示，超过 9 的数则用多位数表示，由低位向高位的进位规律是逢十进一。任何一个十进制数 N 可以表示为

$$(N)_{10} = \sum_{i=-m}^{n-1} a_i \times 10^i$$

式中，n 为整数部分的位数；m 为小数部分的位数；10 为基数，10^i 为第 i 位的权；a_i 为第 i 位的系数，$0 \leqslant a_i < 10$。

例如，十进制数 45.26 可以表示为

$$(45.26)_{10} = 4\times10^1+5\times10^0+2\times10^{-1}+6\times10^{-2}$$

2. 二进制

二进制(binary)简写为 B，在汇编语言中后缀为 B。二进制中基数为 2，数字符号为 0 和 1。2^i 为第 i 位的权，超过 2 的数则用多位数表示，由低位向高位的进位规律是逢二进一。任何一个二进制数 N 可以表示为

$$(N)_2 = \sum_{i=-m}^{n-1} a_i \times 2^i$$

利用上式，可以将任何一个二进制数转换为十进制数。例如：

$$(101.01)_2 = 1\times2^2+0\times2^1+1\times2^0+0\times2^{-1}+1\times2^{-2}=(5.25)_{10}$$

二进制的算数运算规则如下：

加法：0+0=0　0+1=1　1+0=1　1+1=10

乘法：0×0=0　0×1=0　1×0=0　1×1=1

除此之外，在程序设计和数字逻辑中的逻辑运算采用二进制进行逻辑运算，使用 0 代表假(false)的特征值，使用 1 代表真(ture)的特征值。

二进制的逻辑运算规则如下：

与(&)：0&0=0　0&1=0　1&0=0　1&1=1

或(|)：0|0=0　0|1=1　1|0=1　1|1=1

非(!)：! 0=1　! 1=0

3. 八进制

八进制(octal)简写为 O，在汇编语言中在数字添加后缀为 O，在 C 语言编程中使用前缀 0 表示。八进制的基数为 8，数字符号为 0、1、2、3、4、5、6、7。8^i 为第 i 位的权，进位规则是逢八进一。任何一个八进制数 N 可以表示为

$$(N)_8 = \sum_{i=-m}^{n-1} a_i \times 8^i$$

利用上式，可以将任何一个八进制的数转换为十进制数。例如：

$$(327.24)_8=3\times8^2+2\times8^1+7\times8^0+2\times8^{-1}+4\times8^{-2}=(215.3125)_{10}$$

4. 十六进制

十六进制(hexadecimal)简写为 H，在汇编语言中数字添加后缀为大写 H 或小写 h，在 C 语言编程中使用前缀 0X 或 0x 表示。十六进制的基数是 16，数字采用符号 0、1、2、3、4、5、6、7、8、9、A、B、C、D、E、F 表示。用 A、B、C、D、E、F 分别表示 10、11、12、13、14、15。16^i 为第 i 位的权，进位规则是逢十六进一。任何一个十六进制数 N 可以表示为

$$(N)_{16}=\sum_{i=-m}^{n-1}a_i\times 16^i$$

利用上式，可以将任何一个十六进制数转换为十进制数。例如，

$$(2F.EC)_{16}=2\times16^1+15\times16^0+14\times16^{-1}+12\times16^{-2}=(47.921\ 875)_{10}$$

每一位十六进制数，相当于 4 位二进制数。因此，在数字电子计算机的资料中常用十六进制，克服二进制数当位数较多时不便于书写和记忆且容易出错的缺点。

2.1.2　数制转换

1. 其他进制数转换为十进制数

将二进制、八进制、十六进制转换为十进制的方法是按权展开法：先将数的每一位系数与对应的权值相乘，再将所得乘积累加起来就可以得到该数的十进制数。

(1)二进制转换十进制：

$(1\ 011.101)_2=(11.625)_{10}$

$$(1\ 011.101)_2=1\times2^3+0\times2^2+1\times2^1+1\times2^0+0\times2^{-1}+1\times2^{-2}+1\times2^{-3}=$$
$$8+0+2+1+0.5+0+0.125=(11.625)_{10}$$

(2)八进制转换十进制：

$(264.37)_8=(180.484\ 375)_{10}$

$$(264.37)_8=2\times8^2+6\times8^1+4\times8^0+3\times8^{-1}+7\times8^{-2}=$$
$$128+48+4+0.375+0.109\ 375=(180.484\ 375)_{10}$$

一般小数点后面的数字长度是固定的，多余的部分可以舍去。此处，只作为示范。

(3)十六进制转换十进制：

$(1FC.D)_{16}=(508.8125)_{10}$

$$(1FC.D)_{16}=3\times16^2+15\times16^1+12\times16^0+13\times16^{-1}=$$
$$256+240+12+0.812\ 5=(508.812\ 5)_{10}$$

2. 十进制数转换为其他进制数

十进制数转换为其他进制数的方法为基数乘除法。

(1)十进制整数转换为其他进制数一般采用基数除法，也叫除基取余法。

十进制整数转换为 K 进制数，具体方法是将十进制整数连续除以 K，求得各次的余数，直到商等于 0，再将余数变换为 K 进制的数码，最后按照并列表示法将余数反序排列，即后得到的余数排在高位，先得到的余数排在低位，得到该数的 K 进制整数。

整数十进制转换二进制：采用除以 2 倒排余数。例如：

$(13)_{10}=(1101)_2$

```
2 | 13 ······ 1
   2 | 6 ······ 0
      2 | 3 ······ 1
           1
```

整数十进制转换八进制：采用除以 8 倒排余数。例如：

$(13)_{10}=(15)_8$

$$8 \,\underline{|\ 13}\ \cdots\cdots\ 5$$

$$1$$

整数十进制转换十六制：采用除以 16 倒排余数。例如：$(13)_{10}=(D)_{16}$

$$16 \,\underline{|\ 13}\ \cdots\cdots\ D$$

$$0$$

(2)进制小数转化为其他进制小数一般采用基数乘法，也叫乘基取整法。

将十进制小数转化为其他进制小数，具体方法是将十进制小数连续乘以 K，求得各次的整数部分，再将整数部分变换为 K 进制的数码，按照并列表示法将整数顺序排列，即先得到的整数排在高位，后得到的整数排在低位，得到该数的 K 进制小数。

小数十进制转换二进制：采用乘 2 取进位。例如：

$(0.687\,5)_{10}=(0.101\,1)_2$

$0.687\,5\times2=1.375=1+0.375$

$0.375\times2=0.75=0+0.75$

$0.75\times2=1.5=1+0.5$

$0.5\times2=1=1+0$

因为小数点后余数为 0，所以运算结束。

小数十进制转换八进制：采用乘 8 取进位。例如：

$(0.687\,5)_{10}=(0.54)_8$

$0.687\,5\times8=5.5=5+0.5$

$0.5\times8=4.0=4+0$

因为小数点后余数为 0，所以运算结束。

小数十进制转换十六进制：采用乘 16 取进位。例如：

$(0.687\,5)_{10}=(0.B)_{16}$

$0.687\,5\times16=B.0=B+0$

因为小数点后余数为 0，所以运算结束。

特殊情况，在使用基数乘法有可能还会有乘不尽的情况，此时应根据需要求得定长的小数位即可。在定长位后多乘一次基数，二进制采用 0 舍 1 入的方法，以此类推保留定长位数值。例如，小数点后定长为 4 位：

$(0.618\,4)_{10}=(0.1010)_2$

$0.618\,4\times2=1.236\,8=1+0.236\,8$

$0.236\,8\times2=0.473\,6=0+0.473\,6$

$0.473\,6\times2=0.947\,2=0+0.947\,2$

$0.947\,2\times2=1.894\,4=1+0.894\,4$

$0.894\,4\times2=1.788\,8=1+0.788\,8$

将小数点后第 5 位的 1 进位，得 $(0.1001)_2+(0.0001)_2=(0.1010)_2$

(3)二进制数、八进制数、十六进制数的相互转换。

由于 3 位二进制数的八种不同组合正好对应 1 位八进制数的八个数码，所以二进制数与八进制数有简单的对应关系：

二进制	000	001	010	011	100	101	110	111
八进制	0	1	2	3	4	5	6	7

利用这种对应关系，可以方便地将二进制与八进制数进行相互转换。

将二进制数由小数点开始分别向左右分成 3 位一组，每组便是一个八进制位，这样的表示法叫“二-八进制”，即用二进制形式表示的八进制。由二-八进制很容易转换为八进制。

二进制数转换为八进制数的方法是：以小数点为界，将二进制整数部分从低位开始，小数部分从高位开始，每 3 位一组，头尾不足 3 位的补 0，得到二-八进制，然后将各组的 3 位二进制分别转换为相应的八进制数，顺序排列。

由于 4 位二进制数的十六种不同组合正好对应 1 位十六进制的十六个数码，所以二进制数与十六进制数有简单的对应关系：

二进制	0000	0001	0010	0011	0100	0101	0110	0111
十六进制	0	1	2	3	4	5	6	7
二进制	1000	1001	1010	1011	1100	1101	1110	1111
十六进制	8	9	A	B	C	D	E	F

利用这种对应关系，可以很方便地将二进制数与十六进制数进行相互转换。

将二进制数由小数点开始分别向左右分成 4 位一组，每组便是一个十六进制位，这样的表示法叫“二-十六进制”，即用二进制形式表示的十六进制。由二-十六进制很容易转换为十六进制。

十进制、二进制、八进制、十六进制数之间的对应关系见表 2-1。

表 2-1　常用数制之间的对应关系

十进制	二进制	八进制	十六进制	十进制	二进制	八进制	十六进制
0	0000	0	0	8	1000	10	8
1	0001	1	1	9	1001	11	9
2	0010	2	2	10	1010	12	A
3	0011	3	3	11	1011	13	B
4	0100	4	4	12	1100	14	C
5	0101	5	5	13	1101	15	D
6	0110	6	6	14	1110	16	E
7	0111	7	7	15	1111	17	F

2.2　计算机中信息的表示

目前，所接触的所有的信息都可通过计算机将这些信息二进制代码化。例如，MP3 音频文件将声音这种模拟信号数字化后压缩为特殊的数字格式进行计算机系统处理；JPG 图形文件是将图片当中的图形位置信息、RGB 色彩量化后得到的图片文件格式，也是将图形信息转换为二进制代码进行计算机系统的处理。这些信息的二进制代码化,需要按一定的格式进行运算和存储等处理。

2.2.1 存储容量单位及地址

计算机系统存储时,所有计算机外部的数据都采用统一的数据表示法转换后存入计算机中,当数据从计算机输出时再还原回来。这种通用的格式称为位模式。位(bit,简写为 b)是存储在计算机中的最小单位,为 0 或 1,是能够存储一位二进制信息的最小单位。为了表示数据的不同类型,一个序列长度为 8 位的模式称为 1 个字节(Byte,简写为 B),字节是计算机系统存储的基本单位。除此以外的存储单位还有千字节(KB)、兆字节(MB)、吉字节(GB)、特字节(TB)等。1 KB=1 024 B=2^{10} B,1 MB=2^{20} B=1 024×1 024 B,1 GB=2^{30} B,1 TB=2^{40} B。字长(word)长度不固定,一般定义是字节的若干倍(特殊的 4 位机除外),字长与具体的计算机硬件系统有关。例如,常说的 8 位机,表示一次处理的数据位数为 8 bit,因此它的字长为 8 bit、1B;inter 的 8086CPU 的内部寄存器是 16 位的,它的字长为 2 B;8088CPU 虽然外部的数据总线只有 8 位,但其内部寄存器为 16 位,因此 8088CPU 的字长仍然为 2 B。

存储的寻址也与存储器和运算器的地址线位数有关。例如,若地址线为 10 位,数据线为 8 位,则存储的数据容量为 2^{10}×8 bit=1 024 B=1 KB;若地址线为 16 位,数据线为 8 位,则存储的数据容量为 2^{6+10}×8 bit=2^{6}×2^{10}×8 bit=64 KB。如果扩展一下,应用在其他方面,如存储一幅 16 行 40 列的黑白图形,用 0 表示白色、1 表示黑色,则该图形所需的存储容量为 16×40/8=80 B。

2.2.2 数值的表示及编码

1. 数值

在实际生活中,数字是分为整数和小数的,并且数字是有正负号的,这些都需要在计算机系统中进行处理。计算机中涉及的小数时,有两种表示方法:定点表示和浮点表示。

定点数:小数点位置固定不变;浮点数:小数点位置是浮动的。

(1)定点表示有三种用法。

1)定点整数:小数点位置固定在最后,不占存储空间,表示一个纯整数。

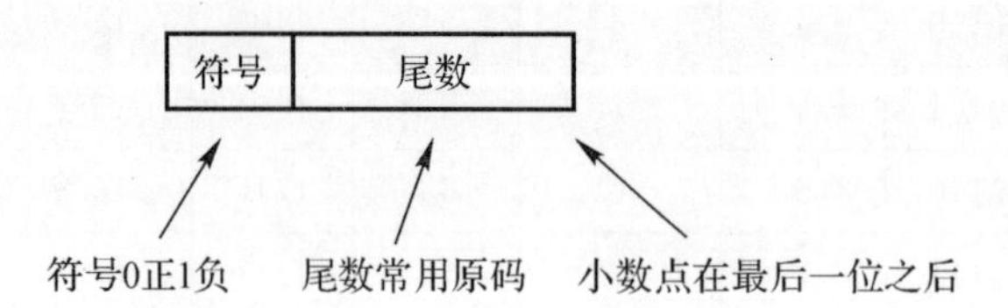

2)定点小数:小数点位置固定在符号位后,不占存储空间,表示一个纯小数。

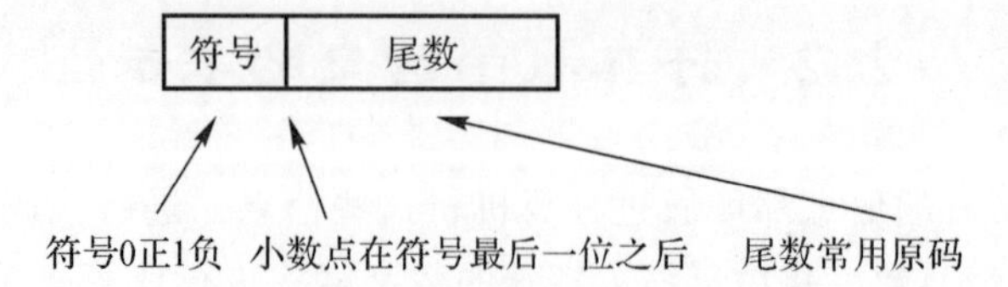

3)普通小数:小数点的位置由程序员预定,不占存储空间。

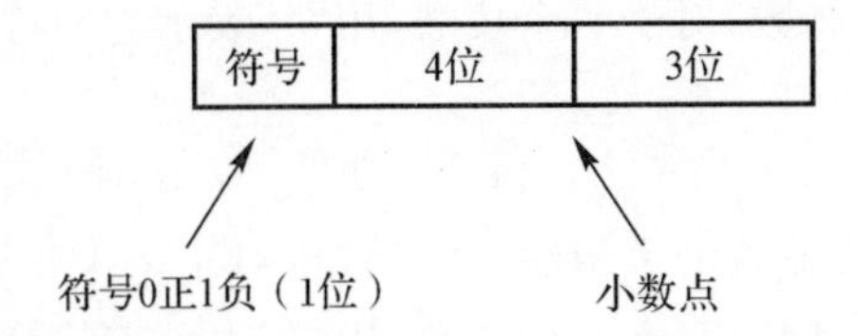

该用法可移植性不好，不常用。

(2)浮点表示。

1)浮点数形式：浮点数类似与十进制的科学计数法。

十进制的科学计数法：$N=3.141\ 5\times10^{2}$

二进制可以同样表示：$N=S\times2^{P}$　$1011.01=1.01101\times2^{3}$

因为 2 是固定的，所以只保存尾数 S 和阶码 P。

阶符	阶码	尾符	尾码

阶码常用补码表示　尾码常用原码表示，而阶码尾码占的空间不同机器是不同的，有 32 位短实数，64 位长实数，阶 12 尾 52，80 位临时实数。

2)浮点数规格化。

所谓的规格化浮点数就是绝对值 $0.5\leqslant X\leqslant1$，因为使用原码表示尾数，所以最高位为 1。

例如：$0.001001\times2^{1}=0.1001\times2^{-1}$

小数点左移，阶码加 1；小数点右移，阶码减 1。

阶符 1 阶码 111 1111 1111 尾符 0 尾码 10010000……00 47 个

整数是完整的数字（即没有小数部分）。例如，134 和－125 是整数，而 134.23 和－0.23 则不是。整数可被当作小数点位置固定：小数点固定在最右边。因此，定点表示法用于存储整数，规定小数点在最后一位整数之后，在这种假设中，小数点是假设的，但是并不存储。

(1)无符号表示法：无符号整数就是没有符号的整数，范围介于 0 到无穷大。在 n 位存储单元中，可以存储的无符号整数为 $0\sim2^{n}-1$。存储无符号整数的步骤：首先，将整数变成二进制数；再次，如果二进制位数不足 n 位，则在二进制整数的左边补 0，使它的总位数为 n 位。如果位数大于 n 位，则无法存储，导致溢出。

例：将 7 存储在 8 位存储单元中。

解：首先将整数转换为二进制数 $(111)_2$，左边加 5 个 0 使总位数为 8 位，即$(00000111)_2$，再将该整数保存在存储单元中。

(2)带符号数的表示及运算：实际的使用中，计算机系统只识别二进制，所有的编码均采用二讲制的形式进行转换。在此基础上需明确以下几个概念。

真值：带有正负符号的二进制数称真值。

$X=+1011$　　$Y=-0010$

机器数：把真值的“＋”和“－”机器化，即用“0”表示“＋”，用“1”表示“－”，其中符号位始终位于最高位，这样的数称为机器数，这种数据表示法便于在计算机中表示。

例如，$X=01011$ 表示$(+1011)_2$，真值为＋11；$Y=10010$ 表示$(-0010)_2$，真值为－2。

2. *数值及编码*

(1)原码。原码是一种机器数的表示法。它约定：对于一个正数，用“0”表示它的符号，后

面的数值部分就是它的二进制数;对于一个负数,用“1”表示它的符号,后面的数值部分就是它的二进制数。例如

$$[X]_{原} = 01011 \qquad [Y]_{原} = 10010$$

(2)反码。反码是一种机器数的表示法。它约定:对于一个正数,用“0”表示它的符号,后面的数值部分就是它的二进制数;对于一个负数,用“1”表示它的符号,后面的数值部分就是它的二进制数(即原码)逐位变反(即“0” 变“1” ,“1”变“0”)。例如:

$$[X]_{反} = 01011 \qquad [Y]_{反} = 11101$$

(3)补码。补码是一种机器数的表示法。它约定:对于一个正数,用“0”表示它的符号,后面的数值部分就是它的二进制数;对于一个负数,用“1”表示它的符号,后面的数值部分就是它的二进制数(即原码)逐位变反,然后加 1。例如:

$$[X]_{补} = 01011 \qquad [Y]_{补} = 11110$$

对负的补码进行还原的时候仍然采用数值位逐位变反,然后加 1 的方法。

实际应用中,原反补码的长度是定长的。即设定长为 8 位,有符号数 $X = 01011$,则 $[X]_{原} = 00001011$,$[X]_{反} = 00001011$,$[X]_{补} = 00001011$;有符号数 $Y = 10010$,则 $[Y]_{原} = 10000010$,$[Y]_{反} = 11111101$,$[Y]_{补} = 11111110$。

特殊的,在计算机系统中 0 原码是 00000000,-0 原码是 10000000;0 反码是 00000000,-0 反码是 11111111;0 补码是 00000000,补码没有正 0 与负 0 之分。因为 128 没有原码、反码和补码,但补码是 -128 到 +127,所以 -128 的补码应该是 10000000,-128 没有反码。-128的原码=1000 000。为什么规定-128 没有反码呢? 首先看-0,[-0]原码=1000000,其中 1 是符号位,根据反码规定,算出[-0]反码=11111111,再看 -128,[-128]原码=1000000。假如让-128 也有反码,根据反码规定,则[-128]反码=11111111,会发现,-128 的反码和-0 的反码相同,因此为了避免面混淆,有了-0,便不能有 -128,这是反码规则决定的。

(4)原码、反码、补码的计算。既然原码才是被人脑直接识别并用于计算的表示方式,为何还会有反码和补码呢?

首先,希望能用符号位代替减法,因为人脑可以知道第一位是符号位,在计算的时候会根据符号位选择对真值区域的加减。但是对于计算机,加减乘数是最基础的运算,要设计得尽量简单,计算机辨别“符号位”会让计算机的基础电路设计变得复杂,于是,人们想出了将符号位也参与运算的方法。根据运算法则,减去一个正数等于加上一个负数,即 $1-1 = 1 + (-1)$,因此机器可以只有加法而没有减法,这样计算机运算的设计就更简单了。

但是,用原码计算时有一些问题,于是人们就开始探索将符号位参与运算并且只保留加法的方法。

首先来看原码:

$$1-1=1+(-1)=[0000\_0001]_{原}+[1000\_0001]_{原}=[1000\_0010]_{原}=-2$$

如果用原码表示,让符号位也参与计算,显然对于减法来说结果是不正确的。这也就是为何计算机内部不使用原码表示一个数。

于是,反码出现了,但还有问题,为了解决原码做减法的问题,出现了反码:

$$1-1=1+(-1)=[0000\_0001]_{原}+[1000\_0001]_{原}=$$

$$[0000\_0001]_{反}+[1111\_1110]_{反}=[1111\_1111]_{反}=[1000\_0000]_{原}=-0$$

发现用反码计算减法，结果的真值部分是正确的，而唯一的问题其实就出现在“0”这个特殊的数值上。虽然人们理解上＋0 和－0 是一样的，但是 0 带符号是没有任何意义的，而且会有$[0000_0000]_{原}$和$[1000_0000]_{原}$两个编码表示 0。

补码解决了遗留的这个问题，于是补码出现了，它解决了 0 的符号以及两个编码的问题：

$$1-1=1+(-1)=[0000\_0001]_{原}+[1000\_0001]_{原}=$$
$$[0000\_0001]_{补}+[1111\_1111]_{补}=[0000\_0000]_{补}=[0000\_0000]_{原}=0$$

这样 0 用[0000_0000]表示，而以前出现问题的－0 则不存在了。

几乎所有的计算机都使用二进制补码表示法存储位于 n 位存储单元中的有符号整数。使用补码，可以将符号位和其他位统一处理；同时，减法也可按加法来处理。使用补码，不仅仅修复了 0 的符号以及存在两个编码的问题，而且还能够多表示一个最低数. 这就是为什么 8 位二进制，使用原码或反码表示的范围为[－127，＋127]，而使用补码表示的范围为[－128，127]。

补码的加减运算，在计算机中 CPU 只能执行加法运算，那如果要解决减法则需要用到补码，因为$[X+Y]_{补}=[X]_{补}+[Y]_{补}$，则有$[X-Y]_{补}=[X]_{补}+[-Y]_{补}$，这样可以很巧妙地解决减法的问题。

例　$X=33, Y=45$，用补码分别求 $X+Y$、$X-Y$。

解　$X=33=21H=0100001B$，　$Y=45=2DH=0101101B$

$[X]_{补}=00100001$，　$[Y]_{补}=00101101$，　$[-Y]_{补}=11010011$

$[X+Y]_{补}$：

$$\begin{array}{r} 00100001 \\ +\ 00101101 \\ \hline 01001110 \end{array}$$

$X+Y=+1001110B=+78$

$[X-Y]_{补}=[X]_{补}+[-Y]_{补}$：

$$\begin{array}{r} 00100001 \\ +\ 11010011 \\ \hline 11110100 \end{array}$$

$X-Y=-0001100B=-12$

3. 其他类型编码

二进制编码的十进制数编码(BCD)：即用 4 位二进制数表示 1 位十进制数。因为 4 位二进制数有 16 种状态，而 1 位十进制数只需 10 种状态，如何处理多余的 6 种状态，就形成了各种二-十进制编码。其中最通用的就是 BCD 码，其特点是依次取前面的 10 种状态(0～9)，不用最后 6 种。

8421 码：一种常见的二-十进制有权码，4 位二进制从高位至低位每位的权分别是 8、4、2、1。

5421 码和 2421 码：都是二-十进制有权码，第一个 4 位二进制从高位至低位每位的权分别是 5、4、2、1，第二个 4 位二进制从高位至低位每位的权分别是 2、4、2、1。

余三码：一种无权码，十进制数用余三码表示，要比 8421 码在二进制数制上加 3，故称余三码，它可由 8421 码加 0011 得到。各种码的十进制对照见表 2－2。

表 2－2　8421 码、5421 码、2421 码、余三码与十进制对照表

十进制	8421 码	5421 码	2421 码	余三码
0	0000	0000	0000	0011
1	0001	0001	0001	0100

续表

十进制	8421码	5421码	2421码	余三码
2	0010	0010	0010	0101
3	0011	0011	0011	0110
4	0100	0100	0100	0111
5	0101	1000	1011	1000
6	0110	1001	1100	1001
7	0111	1001	1101	1010
8	1000	1011	1110	1011
9	1001	1100	1111	1100

仔细观察2421码和余三码表，会发现这两种码是对9的自补码。即0和9，1和8，2和7，3和6，4和5的码按位取反。

4. 可靠性编码：格雷码、奇偶校验码和汉明码

格雷码是一种特殊的编码形式，其特点是：任意两个相邻的数，其格雷码只有一位有差别。格雷码是无权码。二进制数转换格雷码的规则：格雷码的第 i 位（G_i）是二进制数的第 i 位（B_i）和第 $i+1$ 位（B_i+1）的异或，即 $G_i = B_i \oplus B_i+1$，如果 B_i 为最高位，则 $B_i+1=0$。格雷码转换成二进制数的规则是：$B_n = G_n$，B_n 和 G_n 分别表示二进制数和格雷码的最高数和格雷码的最高位；$B_i = B_i+1 \oplus G_i$

说明：异或运算符号为“$\oplus$”，异或运算规则为

$0\oplus0=0$　　$0\oplus1=1$　　$1\oplus0=1$　　$1\oplus1=0$

奇偶校验码是一种增加二进制传输系统最小距离的简单和广泛采用的方法，是一种通过增加冗余位使得码字中“1”的个数恒为奇数或偶数的编码方法，它是一种检错码。

汉明码是一种线性分组码。线性分组码是指将信息序列划分为长度为 k 的序列段，在每一段后面附加 r 位的监督码，且监督码和信息码之间构成线性关系，即它们之间可由线性方程组联系。这样构成的抗干扰码称为线性分组码。它是一种检错码，可直接修改错位的码位。

2.2.3 字符的表示

1. ASCII 字符编码

现代计算机不仅用于处理数值领域的问题，而且要处理大量的非数值领域的问题。必然需要计算机能对数字、字母、文字以及其他一些符号进行识别和处理，而计算机只能处理二进制数，因此，通过输入/输出设备进行人机交换信息时使用的各种字符也必须按某种规则，用二进制数码0和1编码。ASCII(American Standard Code for Information Interchange，美国信息交换标准代码)使用指定的7位或8位二进制数组合表示128或256种可能的字符。标准ASCII码也叫基础ASCII码，使用7位二进制数（剩下的1位二进制为0）表示所有的大写和

小写字母、数字0到9、标点符号以及在美式英语中使用的特殊控制字符。

2. ANSI编码

为使计算机支持更多语言，通常使用0x80～0xFF的多个字节表示1个字符。例如：汉字“中”在简体中文Windows操作系统中，使用[0xD6，0xD0]这两个字节存储。对于ANSI(American National Standards Institute，美国国家标准学会)。编码而言，0x00～0x7F的字符，依旧是1个字节代表1个字符。这一点是ANSI编码与UTF-16编码之间最大也最明显的区别。例如，“A君是第131号”，在ANSI编码中，占用12个字节，而在UTF-16编码中，占用16个字节。因为A和1、3、1这4个字符，在ANSI编码中只各占1个字节，而在UTF-16编码中，是需要各占2个字节的。

3. Unicode

Unicode(统一码、万国码、单一码)是计算机科学领域里的一项业界标准，包括字符集、编码方案等。Unicode是为了解决传统的字符编码方案的局限而产生的，为每种语言中的每个字符设定了统一并且唯一的二进制编码，以满足跨语言、跨平台进行文本转换、处理的要求。1990年开始研发，1994年正式公布。

2.2.4　汉字的表示

1. 汉字国标码

每个汉字有个二进制编码，叫汉字国标码。在我国汉字国标码《信息交换用汉字编码字符集》(GB 2312—1980)中，对6 763个常用汉字规定了二进制编码。每个汉字使用2个字节，将代码表分为94个区，对应第一字节；每个区94个位，对应第二字节，两个字节的值分别为区号值和位号值加32(20H)，因此也称为区位码。01～09区为符号、数字区，16～87区为汉字区，10～15区、88～94区是有待进一步标准化的空白区。并且，在GB 2312—1980中将收录的汉字分成两级：第一级是常用汉字，计3 755个，置于16～55区，按汉语拼音字母/笔形顺序排列；第二级是次常用汉字，计3 008个，置于56～87区，按部首/笔画顺序排列。故而该国标码中最多能表示6 763个汉字。

2. 区位码

整个GB 2312—1980中的字符集分成94个区，每区有94个位，每个区位上只有一个字符，即每区含有94个汉字或符号，用所在的区和位对字符进行编码(实际上就是字符编号、码点编号)，因此称为区位码(或许叫“区位号”更为恰当)。

换言之，GB 2312—1980中的将包括汉字在内的所有字符编入一个94×94的二维表，行就是“区”，列就是“位”，每个字符由区、位唯一定位，其对应的区、位编号合并就是区位码。例如，因为“万”字在45区82位，所以“万”字的区位码是：45 82(注意，GB类汉字编码为双字节编码，因此，45相当于高位字节，82相当于低位字节)。

3. 内码(机内码)

不过国标码还不能直接在计算机上使用，因为这样还是会和早已通用的ASCII码冲突

(导致乱码)。例如,“万”字国标码中的高位字节 77 与 ASCII 的“M”冲突,低位字节 114 与 ASCII 的“r”冲突。因此,为避免与 ASCII 码冲突,规定国标码中的每个字节的最高位都从 0 换成 1,即相当于每个字节都再加上 128(十六进制为 80,即 80H;二进制为 1000 0000),从而得到国标码的“机内码”表示,简称“内码”。由于 ASCII 码只用了一个字节中的低 7 位,所以这个首位(最高位)上的“1”就可以作为识别汉字编码的标志,计算机在处理到首位是“1”的编码时就把它理解为汉字,在处理到首位是“0”的编码时就把它理解为 ASCII 字符。

总结一下:从区位码(国家标准定义)→区码和位码分别＋32(即＋20H)得到国标码→再分别＋128(即＋80H)得到机内码(与 ACSII 码不再冲突)。

因此,区位码的区和位分别＋160(即＋A0H,32＋128＝160)可直接得到内码。用十六进制表示就是:区位码(区码,位码) ＋ (20H,20H) ＋ (80H,80H) ＝区位码(区码,位码) ＋ (A0H,A0H) ＝ 内码(高字节,低字节)。

2.2.5 其他信息的表示和处理

1. 音频信息的存储与处理

音频信号是带有语音、音乐和音效的有规律的声波的频率、幅度变化信息载体。音频本质上与数字和文本是不同的。文本由可数的实体(文字)组成:可以数出文本中文字的数量。文本是数字数据,音频是模拟数据。音频是不可数的,即使能够在一段时间内度量所有的值,也不能把它全部存在计算机内存中,因为可能需要无限数量的内存单元。每个音频信号如果要应用于计算机系统,都需经过采样、量化、保持、降噪、A/D 转换、数据格式化等一系列过程,整个过程中任何一个环节的不同都可以使得音频信息有不同的数据存储量。

(1)采样(sampling):如果不能记录一段间隔的音频信号的所有值,至少可以记录其中的一些。采样意味着在模拟信号上选择数量有限的点来度量它们的值,并记录下来。(在采样过程中,应遵循奈奎斯特采样定律:当采样频率 $F_{s.max}$ 大于信号中最高频率 F_{max} 的 2 倍时($F_{s.max}>2F_{max}$),采样之后的数字信号能完整地保留原始信号中的信息(一般在实际应用中应保证采样频率为信号最高频率的 2.56～4 倍)。

(2)量化(quantization):在数字信号处理领域,量化指将信号的连续取值(或者大量可能的离散取值)近似为有限多个(或较少的)离散值的过程。量化主要应用于从连续信号到数字信号的转换中。连续信号经过采样成为离散信号,离散信号经过量化即成为数字信号。注意通常情况下离散信号,并不需要经过量化的过程,但可能在值域上并不离散,还是需要经过量化的过程 。

(3)编码(encoding)量化的样本值需要被编码成位模式。一些系统为样本赋正值或负值,另一些仅仅移动曲线到正的区间,从而只赋正值。称每样本位的数量[位深度(bit depth)]为 B,每秒样本数为 S,则需要为每秒的音频存储 $S\times B$ 位,该乘积称为位率(bit rate)。当今音频编码的主流标准是 MP3 (MPEG Layer 3 的简写),该标准是用于视频压缩方法的 MPEG (Motion Picture Experts Group 运动图像专家组) 标准的一个修改版,它采用每秒 44 100 个样本以及每样本 16 位,结果信号达到 705 600b/s 的位率,再使用那些人耳无法识别的信息的压缩方法进行压缩,这是一种有损压缩,与无损压缩相反。

2.图形图像信息的存储于处理

存储在计算机中的图像使用两种不同的技术：光栅图或矢量图。当需要存储模拟图像如照片时，就用到了光栅图或位图。一张照片由模拟数据组成，类似于音频信息，不同的是数据密度（色彩）因空间变化，而不是因时间变化，这意味着数据需要采样，然而，在这种情况下，采样通常被称作扫描，样本称为像素（代表图像的元素）。

(1)解析度又叫作分辨频率。光学鼠标的分辨频率是技术参数中极为重要的一项。一个800dpi解析度的鼠标意味着它每移动1英寸就回传800次坐标。解析度越高，为了传回坐标信息所需要的最小移动量就越低。随着显示器解析度的提高，这种现象就越明显。也就是说，在高解析度下，解析度越低，鼠标的拖拽表现就显得越迟钝。通俗地讲，高解析度的鼠标可以提供更快的移动速度。在量测的基本定义中，解析度被定义为量测设备所能显示读值之最小增量。

(2)色彩深度用于表现像素的位的数量，依赖于像素的颜色是如何由不同的编码技术来处理的。用于像素编码的技术之一称为真彩色，使用24位编码一个像素，每个三原色(RGB)都表示为8位，如224=16 777 216。由于该技术中的8位模式可以表示0～255之间的一个数，每种颜色都由0～255之间的三维数字表示。

几种用于图像编码的实际标准正在使用中：JPEG(Joint Photographic Experts Group，联合图像专家组）使用真彩色模式，但压缩图像减少位的数量。GIF(Graphic Interchange Format，图形交换格式），使用索引色模式。

(3)矢量图也称为面向对象的图像或绘图图像，在数学上定义为一系列由线连接的点。光栅图有两个缺点：①文件尺寸太大；②重新调整图像大小有麻烦。放大光栅图像意味着扩大像素，因此放大后的图像看上去很粗糙。矢量图图像编码方法并不存储每个像素的位模式。矢量文件中的图形元素称为对象。每个对象都是一个自成一体的实体，具有颜色、形状、轮廓、大小和屏幕位置等属性。矢量图根据几何特性绘制图形，矢量可以是一个点或一条线。矢量图只能靠软件生成，文件占用内在空间较小，因为这种类型的图像文件包含独立的分离图像，可以自由无限制地重新组合。它的特点是放大后图像不会失真，和分辨率无关，适用于图形设计、文字设计和一些标志设计、版式设计等。

3.视频的存储和处理

视频是图像在时间上的表示，称为帧(frames)每一幅图像或帧转化成一系列位模式并存储。这些图像组合起来就可表示视频。

2.3 本章小结

本章介绍数据在计算机系统的存储及处理方式。首先介绍计算机系统的常用数制，即二进制、八进制、十进制、十六进制，以及各种进制之间的转换方法。其次，介绍信息在计算机系统中的表示，阐述存储的单位和单位之间的关系、数的定点表示和浮点表示方法以及原码、反码、补码的概念和这几种码的转换关系，并介绍计算机系统的其他类型编码。最后，概述汉字及字符的表示方法，以及音频、视频、图形的信息采集、处理与存储过程。

习　题

一、填空

1. 完成下列进制转换。

$(11110111)_B=(\quad)_D=(\quad)_H$

$(6DF7)_{16}=(\quad)_2$ (143)10＝(　　$)_2$ (82)10 ＝(　　$)_2$

$(110111)_2=(\quad)_{10}$ $(110111110111)_2=(\quad)_{16}$

$(32)_{10}=(\quad)_{16}$

$(1AD)_H=(\quad)_B=(\quad)_D$

2. 一个汉字用(　　)个字节，(　　)个二进制位来表示。

二、选择

1. 在计算机内部，信息的存储和处理都采用二进制，最主要的原因是(　　)。

A. 便于存储　　B. 数据输入方便

C. 可以增大计算机存储容量　　D. 易于用电子元件实现

2. “半斤八两”指古时候用的是十六进制，一斤是十六两，半斤等于八两，如果不熟悉十、十六进制之间的转换时，可以借助的工具软件是(　　)。

A. 画图　　B. 记事本　　C. 录音机　　D. 计算器

3. $(2004)_{10}+(32)_{16}$ 的结果是(　　)。

A. $(2036)_{10}$　　B. $(2054)_{16}$　　C. $(4006)_{10}$　　D. $(100000000110)_2$

4. 算式 $(31)_{10}-(10001)_2$ 的运算结果是(　　)。

A. $(1101)_2$　　B. $(15)_{10}$　　C. $(1111)_2$　　D. $(E)_{16}$

5. 汉字“人”的内码是 11001000 1100 1011，那么它的十六进制编码是(　　)。

A. B8 CB　　B. B8 BA　　C. D8 DC　　D. C8 CB

6. 二进制数 1011 与十进制数 2 相乘的值是(　　)。

A. $(10110)_2$　　B. $(11010)_2$　　C. $(11100)_2$　　D. $(11111)_2$

7. 下列数中最大的是(　　)。

A. 1111B　　B. 111D　　C. 1101D　　D. 0AH

8. 十进制数 17 的二进制表示为(　　)。

A. 10011B　　B. 11110B　　C. 10001B　　D. 11101B

9. 二进制数 1001 转换成十进制数是(　　)。

A. 8　　B. 9　　C. 10　　D. 11

10. 在海上，早期没有无线电通信设备，人们通常使用 3 面由红、黄、蓝三种颜色的彩色小旗的排列表达某种信息，它最多能表示的信息个数是(　　)。

A. 12 种　　B. 27 种　　C. 64 种　　D. 8 种

11. 某军舰上有 5 盏信号灯，信号灯只有“开”和“关”两种状态，如果包括 5 盏信号灯全关的状态，则最多能表示的信号编码数有(　　)。

A. 120 种　　B. 31 种　　C. 32 种　　D. 5 种

12. 大写字母 B 的 ASCII 码为 1000010，则大写字母 D 的 ASCII 码是(　　)。

A. 1000010　　B. 1000011　　C. 1000100　　D. 1000101

13. 已知字母 Z 的 ASCII 码为 5AH，则字母 Y 的 ASCII 码是(　　)。

A. 101100H　　B. 1011010B　　C. 59H　　D. 5BH

14. 制定 ASCII 码、汉字国标码、商品条形码等标准化编码主要是为了信息表达的(　　)。

A 自由化　　B. 规范化　　C. 形象化　　D. 通俗化

15. 字母 A 的 ASCII 码是 65，则字母 D 的 ASCII 码是(　　)。

A. 61　　B. 68　　C. 69　　D. 62

16. ASCII 码表中的大写字母 Z 后有 6 个其他字符，接着便是小写字母。现在已知字母 Y 的 ASCII 码为(1011001)2，则字母 a 的 ASCII 码用十六进制表示是(　　)。

A. 61H　　B. 62H　　C. 63H　　D. 64H

17. 算式 1011B ＋ 10D 的运算结果是(　　)。

A 11101B　　B. 51H　　C. 15H　　D. 20D

第 3 章　计算机硬件基础

3.1　计算机硬件的基本结构

计算机系统是由硬件和软件组成的。半个多世纪以来，尽管计算机性能不断提高，体系结构也有了一些变化，但从本质上说，现代计算机的结构基础仍然是冯·诺依曼体系结构。计算机硬件除了计算机的运算器、控制器、存储器、输入设备和输出设备这五大部件之外，还有总线系统将它们连接起来，如图 3-1 所示。

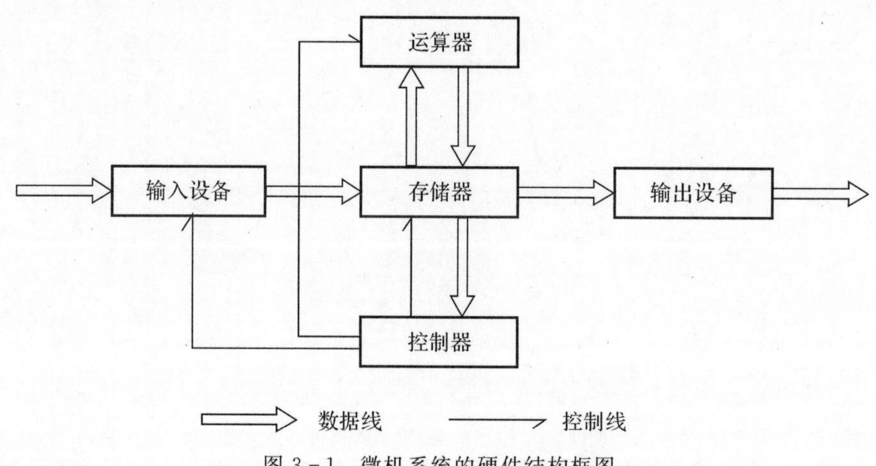

图 3-1　微机系统的硬件结构框图

运算器是计算机的执行部件，用于完成算术逻辑运算以及对数据的加工处理。运算器的核心是算术逻辑部件(Arithmetic and Logical Unit，ALU)。运算器中设有若干寄存器，用于暂存操作数据和中间结果。由于寄存器往往兼备多种用途，如用作累加器、变址寄存器、基址寄存器等，所以通常称为通用寄存器。

控制器是整个计算机的指挥中心，用于控制整个计算机系统中的各部件有条不紊地进行工作。计算机控制器是根据事先编好的程序进行指挥的。程序，就是解题步骤，控制器按照事先安排好的解题步骤，控制计算机各个部件有条不紊地自动工作。程序按指令序列的形式存放在存储器中，控制器依次读出存储器中存放的程序指令实施控制。这种工作方式称为存储程序方式。

存储器，用来存放计算机中的所有信息，包括程序、原始数据、运算的中间结果及最终结果等。按功能可分为内存储器、简称内存,外部存储器、简称外存,以及高速缓冲存储器(Cache)。按功存储介质可分为半导体存储器、磁性介质存储器、光介质存储器等。按存储器的使用类型可分为只读存储器(ROM)和随机存取存储器(RAM)。ROM是只读存储器(Read-Only Memory)的简称,RAM是随机存取存储器(Random Access Memory)的简称。

输入设备和输出设备通常合称为I/O(Input/Output)设备,包括打印机、显示器、键盘、鼠标等设备。

CPU的组成框图如图3-2所示。

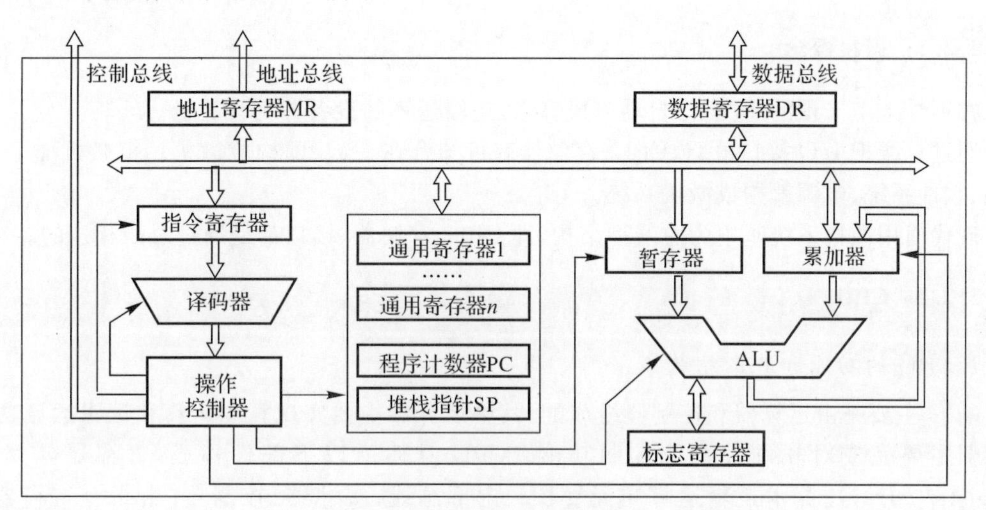

图3-2 CPU组成框图

操作控制器:根据译码器产生的微操作,产生控制各个部件的信号,控制各个部件完成指令的功能。

译码器:根据二进操作控制器:根据译码器产生的微操作,产生控制各个部件的信号,控制各个部件完成指令的功能。控制的机器指令产生完成指令功能的微操作指令。

寄存器组:用来保存参加运算的操作数和运算的中间结果。

PC(Program Counter,程序计数器):取指令的地址,存放下面要执行的指令的地址,取指令后自动更新指向下一条指令。

ALU:主要完成对二进制数据的算术运算、逻辑运算和各种移位操作。

总线系统,总线按结构和功能分为片内总线,系统总线,通信总线。系统总线是指CPU、主存、I/O设备各大部件之间的信息传输线。系统总线又分为地址总线AB(Address Bus)、数据总线DB(Data Bus)和控制总线CB(Control Bus)。数据总线用来传输各功能部件之间的数据信息。地址总线用来指出数据总线上的数据源或目的数据在主存单元的地址活I/O设备的地址。控制总线用来发出各种控制信号的传输线。按总线协议标准分为:ISA(Industrial Standard Architecture,工业标准结构)、EISA (Extended Industry Standard Architecture,扩展工业标准体系),VESA(video electronics standard association,视频电子标准协会)、PCI(Peripheral Component Interconnect,外设部件互连标准)、AGP(Accelerated Graphics Port,图形加速接口)、USB(Universal Serial Bus,通用串行总线)等。

3.2 计算机组成与相关名词术语

计算机的基本功能主要包括数据加工、数据保存、数据传送和操作控制等。

为了实现这些基本功能,计算机必须要有相应的功能部件(硬件)承担有关工作。计算机的硬件系统就是指组成一台计算机的各种物理装置,它是由各种实实在在的器件组成的,是计算机进行工作的物质基础。

3.2.1 微机概念

在不受人工干预的情况下,自动完成算术、逻辑运算的设备称为计算机。

通过总线把I/O接口电路、CPU、存储器有机结合在一起,即构成微机。把微机加上I/O设备、软件系统、电源就构成微机系统。

现代通用微机系统基本为总线型结构,即CPU、存储器、接口都是通过总线相连的。

3.2.2 CPU

1. CPU的功能和基本结构

CPU主要是由运算器和控制器组成的,其中运算器主要实现算术运算和逻辑运算功能;控制器主要完成对软硬件系统控制功能。CPU具体由以下部件构成:寄存器阵列RA(Register Array)、算术逻辑运算单元ALU、内部总线、缓冲器、控制器[由指令寄存器IR(Instruction Register)、指令译码器ID(Instruction Decoder)、控制信号产生电路]。

(1)控制器的功能。计算机对信息进行处理(或计算)是通过程序的执行实现的,程序是完成某个确定算法的指令序列,要预先存放在存储器中。控制器的作用是控制程序的执行,它必须具有以下基本功能:

1)取指令。

2)分析指令。

3)执行指令。

计算机不断重复顺序执行上述三种基本操作:取指、分析、执行;再取指、再分析、再执行,如此循环,直到遇到停机指令或外来的干预为止。

4)控制程序和数据的输入与结果输出。

根据程序的安排或人的干预,在适当的时候向输入、输出设备发出一些相应的命令完成I/O功能,这实际上也是通过执行程序完成的。

5)对异常情况和某些请求的处理。

当机器出现某些异常情况时,如算术运算的溢出和数据传送的奇偶错等;或者当出现某些外来请求时,如磁盘上的成批数据需送存储器或程序员从键盘送入命令等,此时由这些部件或设备发出:

a.“中断请求”信号。

b. DMA(Direct Memory Access,直接存储器访问)请求信号。

(2)控制器的组成。根据对控制器功能分析,得出控制器的基本组成如下:

1)程序计数器PC。程序计数器即指令地址寄存器。在某些计算机中用来存放当前正在执行的指令地址；在另一些计算机中则用来存放即将要执行的下一条指令地址；在有指令预取功能的计算机中，一般还需要增加一个程序计数器用来存放下一条要取出的指令地址。

有两种途径形成指令地址，其一是顺序执行的情况，通过程序计数器加"1"形成下一条指令地址（如存储器按字节编址，而指令长度为4个字节，则加"4"）；其二是遇到需要改变顺序执行程序的情况，一般由转移类指令形成转移地址送往程序计数器，作为下一条指令的地址。

2）指令寄存器IR。用以存放当前正在执行的指令，以便在指令执行过程中，控制完成一条指令的全部功能。

3）指令译码器或操作码译码器。对指令寄存器中的操作码进行分析解释，产生相应的控制信号。

在执行指令过程中，需要形成有一定时序关系的操作控制信号序列，为此还需要下述组成部分。

4）脉冲源及启停线路。脉冲源产生一定频率的脉冲信号作为整个机器的时钟脉冲，是机器周期和工作脉冲的基准信号，在机器刚加电时，还应产生一个总清信号（reset）。启停线路保证可靠地送出或封锁时钟脉冲，控制时序信号的发生或停止，从而启动机器工作或使之停机。

5）时序控制信号形成部件。在机器启动后，在时钟作用下，根据当前正在执行的指令的需要，产生相应的时序控制信号，并根据被控功能部件的反馈信号调整时序控制信号。例如，当执行加法指令时，若产生运算溢出的异常情况，一般不再执行将结果送入目的寄存器（或存储单元）的操作，而发出中断请求信号，转入中断处理；当执行条件转移指令时，根据不同的条件产生不同的控制信号，从而进入适当的程序分支。

2.数据通路的基本结构

CPU的数据通路是连接CPU内部各部件以及和CPU外部各部件之间的数据和控制信号的连接关系图。

数据通路的基本结构：数据通路：数字系统中，各个子系统通过数据总线连接形成的数据传送路径称为数据通路。数据通路的设计直接影响到控制器的设计，同时也影响到数字系统的速度指标和成本。一般来说，处理速度快的数字系统，它的独立传送信息的通路较多。但是独立数据传送通路一旦增加，控制器的设计也就复杂了。因此，在满足速度指标的前提下，为使数字系统结构尽量简单，一般小型系统中多采用单一总线结构。在较大系统中可采用双总线或三总线结构。

3.控制器的工作原理

控制器控制信号的产生采用逻辑电路，也称组合逻辑电路控制方式。"时序控制信号形成部件"是由硬逻辑布线完成的。实际设计中，需要几十至几百条指令，确定每条指令所需的机器周期，将情况相同的指令归并在一起，列出表达式，画出逻辑图。

（1）时序与节拍。每一步由一个机器周期完成，假设采用4个机器周期，则需要4个不同的信号输出。

（2）操作码译码器。指令的操作码部分指出本指令将执行什么指令，如加法、减法等。对于不同的指令，采用不同的代码表示。

（3）操作控制信号的产生。以加法指令为例，加法指令的完成是由4个机器周期cy1、

cy2、cy3 和 cy4 组成，分别是取指、计算地址、取数、计算 4 个机器周期。

将所有机器周期的操作控制信号的逻辑表达式全部写出来，就会得到各个操作控制信号的所有表达式，再将这些表达式按每个操作控制信号组合起来，就得到某个操作控制信号的表达式。

4. 相关知识

主频也叫时钟速度(clock speed)，表示在 CPU 内数字脉冲信号振荡的速度。主频越高，CPU 在一个时钟周期内所能完成的指令数也就越多，CPU 的运算速度也就越快。CPU 主频的计算公式为主频＝外频×倍频。

外频是 CPU 与主板之间同步运行的速度，目前绝大部分电脑系统中外频也是内存与主板之间同步运行的速度。

倍频是 CPU 的运行频率与整个系统外频之间的倍数。高倍频会出现明显的“瓶颈”(CPU 从系统中得到的数据的极限速度不能够满足 CPU 运算的速度)效应。

前端总线指的是数据传输的速度与外频不同。例如，800 MHz 外频特指数字脉冲信号在每秒钟振荡 8 000 万次，而 800 MHz 前端总线则指的是每秒钟 CPU 可接受的数据传输量是 800 MHz×64 bit÷8 bit/Byte＝6 400 MB。就处理器速度而言，前端总线比外频更具代表性。

CPU 芯片的制造工艺为 0.09 μm，使得 CPU 的核心面积可以做得更小，更加省电，因此发热量有望进一步降低，而频率可再次提升(超频)。

指令集是为了增强 CPU 在某些方面的功能而特意开发的一组程序代码集合。MMX(多媒体扩展)指令集是 Intel 公司 1996 年推出的一项多媒体指令增强技术。SSE(单指令多数据流扩展)指令集和 SSE 2 指令集在多媒体应用中起到全面强化的作用。SSE 3 指令集有助于增加 Intel 超线程 HT 的处理能力。AMD 的 3DNow！指令集能够提高 3D 处理性能。

CPU 插座 INTEL 的 LGA 775 又称 Socket T，是英特尔公司最新规格的处理器插座，用作取代 Socket 478。它最大不同的地方是，其针脚设在底板上，CPU 自身不带针脚。AMD 的 Socket AM2 插槽标准。940 个针脚插孔，取代原有的 Socket 754 和 Socket 939。

3.2.3 存储器

存储器(memory)是计算机系统中的记忆设备，用来存放程序和数据。计算机中的全部信息，包括输入的原始数据、计算机程序、中间运行结果和最终运行结果都保存在存储器中。它根据控制器指定的位置存入和取出信息。

1. 存储器的分类

存储器(见图 3-3)按基本功能分，可分为内存(也称为主存，包括 RAM 和 ROM 等半导体存储器)，外存(也称为辅助存储器，包括磁盘、磁带、光盘等磁介质存储器和光介质存储器，Flash Memory(快擦除存储器，也称为闪存)和高速缓冲存储器(Cache)。

ROM 是只读存储器(Read-Only Memory)的简称。其中，MROM(Mask Read-Only Memory，掩膜型 ROM)信息写入存储器后不可修改；PROM(Programmable Read-Only Memory，可编程 ROM)存储器内的信息通过编程只可修改一次；EPROM(Erasable Programmable Read-Only Memory，可擦除可编程 ROM)可使用紫外线照射擦除存储器内信息，可擦除多次，并可重新编程写入信息；EEPROM(Electrically Erasable Programmable

Read-Only Memory,电可擦除可编程只读存储器)使用电信号擦除存储器内信息,可擦除多次,并可重新编程写入信息。RAM(Random Access Memory,随机存取存储器),包括 SRAM (Static Random Access Memory,静态随机存取存储器)和 DRAM(Dynamic Random Access Memory,动态随机存取存储器)

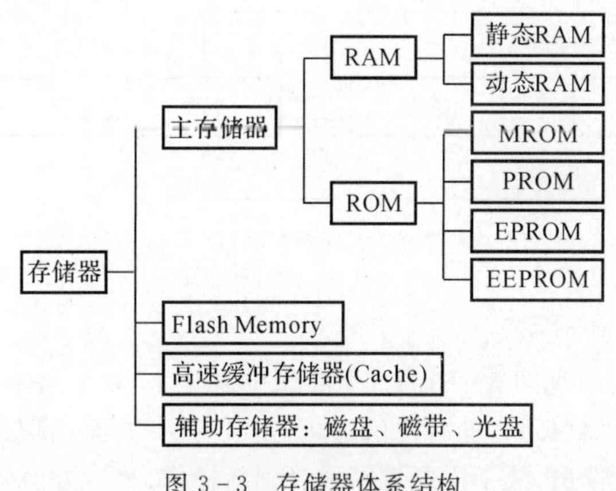

图 3-3　存储器体系结构

SRAM 和 DRAM 之间的比较。目前,DRAM 的应用比 SRAM 要广泛得多,其原因主要有以下几点:同样大小的芯片中的 DRAM 的集成度远高于 SRAM;DRAM 的基本单元电路为一个 MOS 管,SRAM 的基本单元电路可为 4～6 个 MOS 管;DRAM 行、列按先后顺序输送,减少了芯片引脚,封装尺寸也减少;DRAM 的功耗比 SRAM 小;DRAM 的价格比 SRAM 的价格便宜。DRAM 也有缺点:由于使用动态元件(电容),因此它的速度比 SRAM 低;DRAM 需再生,需配置再生电路,也消耗一部分功率。通常容量不大的高速缓冲存储器大多用 SRAM 实现存储器与 CPU 连接。

2. *存储器的层次化结构*

存储器有 3 个重要的指标:速度、容量和每位价格,一般来说,速度越快,每位价格越高;容量越大,每位价格越低;容量越大,速度就越慢。上述三者的关系如图 3-4 所示。

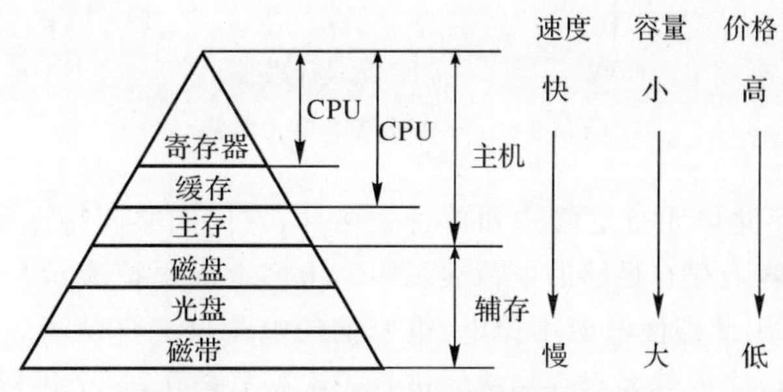

图 3-4　存储器三项指标间的关系

存储系统层次结构主要体现在缓存-主存-辅存这两个存储层次上,如图 3-5 所示:缓存-主存层次主要解决 CPU 和主存速度不匹配的问题;主存-辅存层次主要解决存储系统的容量问题。

从 CPU 角度看,缓存-主存层次的速度接近于缓存,高于主存;其容量和价位却接近于主存，这就从速度和成本的矛盾中获得了理想的解决办法。主存-辅存层次从整体分析，其速度接近于主存，容量接近于辅存，平均价位也接近于低速的、廉价的存储价位，这又解决了速度、容量、成本这三者之间的矛盾。

现代计算机系统几乎都具有这两个存储层次，构成缓存、主存、辅存三级存储系统。

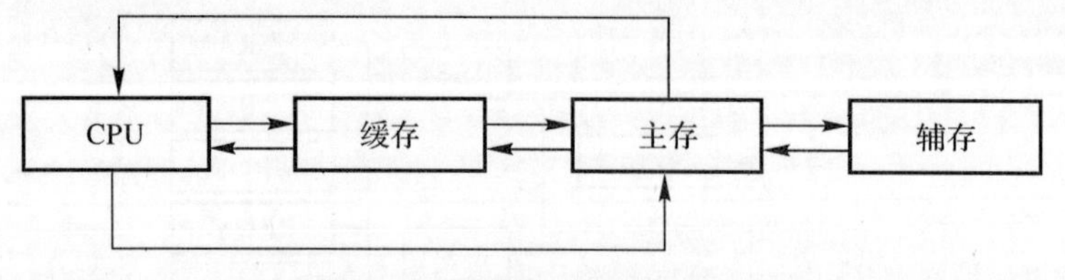

图 3-5　主存和 CPU 的关系

3. 半导体随机存取存储器

SRAM 静态存储单元(见图 3-6)的每个存储位需要 4～6 个晶体管组成。比较典型的是六管存储单元，即一个存储单元存储一位信息“0”或“1”。一方面，静态存储单元保存的信息比较稳定，信息为非破坏性读出，故不需要重写或者刷新操作；另一方面，其结构简单，可靠性高，速度较快，但占用元件较多，占硅片面积大，且功耗大，因此集成度不高。

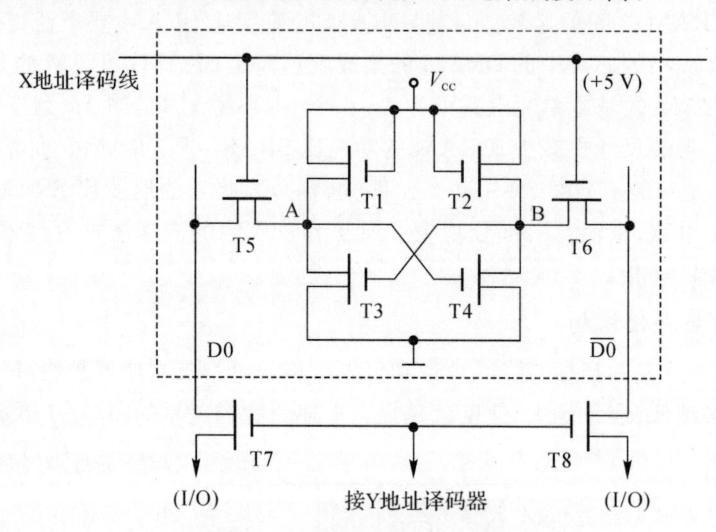

图 3-6　SRAM 基本单元电路

常见的 DRAM 存储单元有三管式和单管式两种，它们的共同特点是靠电容存储电荷的原理寄存信息。若电容上存有足够的电荷表示“1”，电容上无电荷表示“0”。电容上的电荷一般只能维持 1～2 ms，因此即使电源不掉电，电容上的电荷也会自动消失。因此，为保证信息的不丢失，必须在 2 ms 之内就要对存储单元进行一次恢复操作，这个过程称为再生或者刷新。与 SRAM 相比，DRAM 具有集成度更高，功耗低等特点，目前被各类计算机广泛使用。

4. 只读存储器

前面介绍的 DRAM 和 SRAM 均为可任意读/写的随机存储器，当掉电时，所存储的内容消失，因此是易失性存储器。只读存储器即使停电，存储内容也不丢失。根据半导体制造工艺不同，可分为 ROM、PROM、EPROM、E2ROM 和 Flash Memory。

(1)只读存储器(ROM)。MROM即通常所说的ROM,由芯片制造商在制造时写入内容,以后只能读而不能再写入。其基本存储原理是以元件的"有/无"表示该存储单元的信息("1"或"0"),可以用二极管或晶体管作为元件,显而易见,其存储内容是不会改变的。

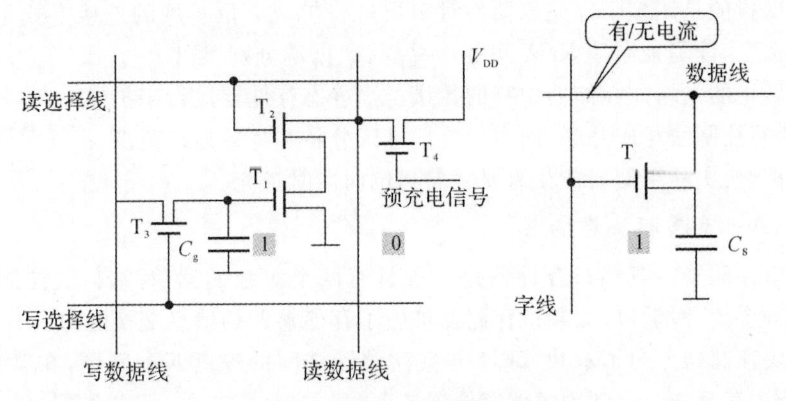

图3-7　DRAM基本单元电路

(2)PROM可由用户根据自己的需要确定ROM中的内容,常见的熔丝式PROM是以熔丝的通和断开表示所存的信息为"1"或"0"。刚出厂的产品,其熔丝是全部接通的。实际中,根据需要可以断开某些单元的熔丝(写入)。显而易见,断开后的熔丝是不能再接通了,因而一次性写入的存储器掉电后不会影响其所存储的内容。

(3)为了能修改ROM中的内容,出现了EPROM。利用浮动栅MOS电路保存信息,改写信息时用紫外线照射即可擦除。

(4)EEPROM的编程序原理与EPROM相同,擦除原理完全不同,重复改写次数有限制(因氧化层被磨损),一般10万次。

其读写操作可按每个位或每个字节进行,类似SRAM,但每字节的写入周期需要几毫秒,比SRAM长得多。EEPROM每个存储单元采用2个晶体管。其栅极氧化层比EPROM薄,因此具有电擦除功能。

(5)Flash Memory(快擦除存储器,也称为闪存,以下简写为Flash),是一种电子式可清除程序化只读存储器的形式,允许在操作中被多次擦或写的存储器。它是在EPROM与EEPROM基础上发展起来的,其读写过程和EEPROM不同,Flash Memory的读写操作一般是以扇区为单位。Flash和EEPROM的最大区别是Flash按扇区操作,EEPROM则按字节操作,两者寻址方法不同,存储单元的结构也不同。Flash的电路结构较简单,同样容量占芯片面积较小,成本自然比EEPROM低,因而适合用作程序存储器,EEPROM麻烦得多,故更"人性化"的CPU设计会集成Flash和EEPROM两种非易失性存储器。而廉价型设计往往只有Flash,EEPROM在运行中可以被修改,FLASH在运行时不能修改,EEPROM可以存储一些修改的参数,Flash中存储程序代码和不需要修改的数据,所谓的Flash是用来形容整个存储单元的内容可以一次性擦除。因此,理论上凡是具备这样特征的存储器都可以称为Flash Memory。

5. 主存储器与CPU的连接

1个存储器的芯片的容量是有限的,它在字数或字长方面与实际存储器的要求都有很大差距，因此需要在字向和位向进行扩充才能满足需要。根据存储器所需的存储容量和所提供的芯片的实际容量，可以计算出总的芯片数。一个存储器的容量为 $M \times N$ 位，若使用 $L \times K$ 位存储器芯片，那么这个存储器共需要 $M/L \times N/K$ 存储器芯片。

(1)位扩展指的是用多个存储器器件对字长进行扩充。位扩展的连接方式是将多片存储器的地址，片选己，读写控制端 R/W 可相应并联，数据端分别引出。

(2)字扩展指的是增加存储器中字的数量。当静态存储器进行字扩展时，将各芯片的地址线、数据线、读写控制线相应并联，而由片选信号区分各芯片的地址范围。

(3)字位扩展：实际存储器往往需要字向和位向同时扩充。

6. 双口 RAM 和多模块存储器

(1)双端口存储器。双端口存储器是一种具有两个单独的读/写端口及控制电路的存储器，通过增加一个读/写端口，双端口存储器扩展了存储器的的信息交换能力。

(2)多模块存储器。为了解决 CPU 与主存储器之间的速度匹配问题，在高速存储器中，普遍采用并行主存系统。即利用类似存储器扩展(位扩展、字扩展、字位扩展)的方法，将 n 个字长为 W 位的存储器并行连接，构建一个更大的存储器。并行主存有单体多字方式、多体并行方式和多体交叉方式。

7. 高速缓冲存储器

实际上，Cache 是来自法文的一个单词，意思是隐蔽之所或藏东西的地方。Cache 通常由两部分组成：快表和快速存储器。其工作原理是：处理机按主存地址访问存储器，存储器地址的高段通过主存-Cache 地址映象机构借助查表判定该地址的存储单元是否在 Cache 中，如果在，则 Cache 命中，按 Cache 地址访问 Cache；否则，Cache 不命中，则需要访问主存，并从主存中调入相应数据块到 Cache 中，若 Cache 中已写满，则要按某种算法将 Cache 中的某一块替换出去，并修改有关的地址映象关系。

从这个工作原理可以看出，它已经涉及两个问题。首先是定位，然后是替换的问题。Cache 的存在对程序员是透明的，其地址变换和数据块的替换算法均由硬件实现。

由于处理机访问都是按主存地址访问的，而 Cache 的空间远小于主存，如何知道这一次的访问内容是不是在 Cache 中？在 Cache 中的哪一个位置呢？这就需要地址映象，即把主存中的地址映射成 Cache 中的地址。让 Cache 中一个存储块(空间)与主存中若干块相对应，因此访问一个主存地址时，就可以对应地知道在 cache 中哪一个地址了。

地址映象的方法有三种：直接映象、全相联映象和组相联映象。

(1)直接映象就是将主存地址映象到 Cache 中的一个指定地址。在任何时候，主存中存储单元的数据只能调入 Cache 中的一个位置，这是固定的，若这个位置已有数据，则产生冲突，原来的块将无条件地被替换出去。

(2)全相联映象就是任何主存地址可映象到任何 Cache 地址的方式。在这种方式下，主存中存储单元的数据可调入 Cache 中的任意位置。只有在 Cache 中的块全部装满后才会出现块冲突。

(3)组相联映象指的是将存储空间的页面分成若干组，各组之间是直接映象，而组内各块之间则是全相联映象。

8. 虚拟存储器

(1)虚拟存储器的基本概念。虚拟存储器是主存的扩展,虚拟存储器的空间大小取决于计算机的访存能力,而不是实际外存的大小,实际存储空间可以小于虚拟地址空间。从程序员的角度看,外存被看作逻辑存储空间,访问的地址是一个逻辑地址(虚地址),虚拟存储器使存储系统既具有相当于外存的容量,又有接近于主存的访问速度。

虚拟存储器的访问也涉及虚地址与实地址的映象和替换算法等,这与Cache中的类似。前面讲的地址映象以块为单位,而在虚拟存储器中,地址映象以页为单位。设计虚拟存储系统需考虑的指标是主存空间利用率和主存的命中率。

虚拟存储器与Cache存储器的管理方法有许多相同之处,它们都需要地址映象表和地址变换机构。但是两者也是不同的。

虚拟存储器的三种不同管理方式:按存储映象算法,分为段式、页式和段页式等,这些管理方式的基本原理是类似的。

(2)页式虚拟存储器。页式管理是把虚拟存储空间和实际空间等分成固定大小的页,各虚拟页可装入主存中的不同实际页面位置。页式存储中,处理机逻辑地址由虚页号和页内地址两部分组成。实际地址也分为页号和页内地址两部分,由地址映象机构将虚页号转换成主存的实际页号。

页式管理用一个页表,包括页号、每页在主存中起始位置、装入位等。页表是虚拟页号与物理页号的映射表。页式管理由操作系统进行,对应用程序员是透明的。

(3)段式虚拟存储器。段式管理是把主存按段分配的存储管理方式。它是一种模块化的存储管理方式,每个用户程序模块可分到一个段,该程序模块只能访问分配给该模块的段所对应的主存空间。段长可以任意设定,并可放大和缩小。

系统中通过一个段表指明各段在主存中的位置。段表中包括段名(段号)、段起点、装入位和段长等。段表本身也是一个段。段一般是按程序模块分的。

(4)段页式虚拟存储器。段页式管理是页式管理和段式管理两种方法的结合,它将存储空间按逻辑模块分成段,每段又分成若干页,访存通过一个段表和若干页表进行。段的长度必须是页长的整数倍,段的起点必须是某一页的起点。

5)TLB。TLB(Translation Lookaside Buffer)根据功能可以译为快表,直译可以翻译为旁路转换缓冲,也可以把它理解成页表缓冲。在虚拟存储器中进行地址变换时,需要虚页号变换成主存中实页号的内部地址变换,这一般通过查内页表实现。

当表中该页对应的装入位为真时,表示该页在主存中,可按主存地址访问主存;当装入位为假时,表示该页不在存储器中,会产生页失效中断,需从外存调入页。

中断处理时先通过外部地址变换,一般通过查外页表,将虚地址变换为外存中的实际地址,到外存中去选页,然后通过I/O通道调入内存。当外存页面调入主存中时,还存在一个页面替换的问题。

提高页表的访问速度是提高地址变换速度的关键,因为每次访存都要读页表,如果页存放在主存中,就意味着访存时间至少是两次访问主存的时间,这样查表的代价太大。只有内部地址变换速度提高到使访问主存的速度接近于不采用虚拟存储器时的访问主存速度时,虚拟存储器才能实用。

根据访存的局部性,表内各项的使用的概率不是均匀分布的。在一段时间内,可能只用表中的很少几项,因此应重点提高使用概率高的这部分页表的访问速度,可用快速硬件构成全表小得多的部分表格,而将整个表格放在主存中,这就引出快表和慢表的概念和技术。

查表时,根据虚页表同时查找快表和慢表,当在快表中查到该虚页号时,就能很快找到对应的实页号,将其送入主存实地址寄存器,同时使慢表的查找作废,这时主存的访问速度没降低多少。

如果在快表中查不到,则经过一个访主存的时间延迟后,将从慢表中查到的实页送入实地址寄存器,同时将此虚页号和对应的实页号送入快表,这里也涉及用一个替换算法从快表中替换出一行。

快表的存在对所有的程序员都是透明的。

9. NAND flash 和 NOR flash

flash 闪存是非易失存储器,可以对称为块的存储器单元块进行擦写和再编程。任何 flash 器件的写入操作只能在空或已擦除的单元内进行,因此大多数情况下,在进行写入操作之前必须先执行擦除。

(1)NAND flash 和 NOR flash 的性能比较。NAND 器件执行擦除操作是十分简单的,而 NOR 则要求在进行擦除前先要将目标块内所有的位都写为 0。由于擦除 NOR 器件时是以 64～128KB 的块进行的,执行一个写入/擦除操作的时间为 5 s,与此相反,擦除 NAND 器件是以 8～32KB 的块进行的,执行相同的操作最多只需要 4 ms。执行擦除时块尺寸的不同进一步拉大了 NOR 和 NADN 之间的性能差距,统计表明,对于给定的一套写入操作(尤其是更新小文件时),更多的擦除操作必须在基于 NOR 的单元中进行。这样,当选择存储解决方案时,设计师必须权衡以下的各项因素:

1)NOR 的读速度比 NAND 稍快一些。

2)NAND 的写入速度比 NOR 快很多。

3)NAND 的 4 ms 擦除速度远比 NOR 的 5 s 快。

4)大多数写入操作需要先进行擦除操作。

5)NAND 的擦除单元更小,相应的擦除电路更少。

(2)NAND flash 和 NOR flash 的接口差别。NOR flash 带有 SRAM 接口,有足够的地址引脚来寻址,可以很容易地存取其内部的每一个字节。

NAND 器件使用复杂的 I/O 口来串行地存取数据,各个产品或厂商的方法可能各不相同。8 个引脚用来传送控制、地址和数据信息。NAND 读和写操作采用 512 字节的块,这一点有点像硬盘管理此类操作,很自然地,基于 NAND 的存储器就可以取代硬盘或其他块设备。

(3)NAND flash 和 NOR flash 的容量和成本。NAND flash 的单元尺寸几乎是 NOR 器件的一半,由于生产过程更为简单,因此 NAND 结构可以在给定的模具尺寸内提供更高的容量,也就相应地降低了价格。

NOR flash 占据了容量为 1～16MB 闪存市场的大部分,而 NAND flash 只是用在 8～128MB 的产品当中,这也说明 NOR 主要应用在代码存储介质中,NAND 适合于数据存储,NAND 在 CompactFlash,Secure Digital,PC Cards 和 MMC 存储卡市场上所占份额最大。

(4)NAND flash 和 NOR flash 的可靠性和耐用性。当采用 flahs 介质时,一个需要重点考虑的问题是可靠性。对于需要扩展 MTBF 的系统来说,Flash 是非常合适的存储方案。可以从寿命(耐用性)、位交换和坏块处理三个方面比较 NOR 和 NAND 的可靠性。

10. 硬磁盘存储器、磁盘阵列和光盘存储器

(1)硬磁盘存储器的类型。

1)固定磁头和移动磁头。固定磁头的磁盘存储器,其磁头位置固定不动,磁盘上的每一个磁道都对应着一个磁头,盘片也不可更换,其特点是省去了磁头沿着盘片径向运动所需的寻道时间,存取速度快,只要磁头进入工作状态即可以进行读写操作。

移动磁头的磁盘存储器在存取数据时,磁头在盘面上做径向运动,这类存储器可以由一个盘片组成,也可以由多个盘片装在一个同心的主轴上,每个纪录面各有一个磁头。

2)可换盘和固定盘。可换盘磁盘存储器是指盘片可脱机保存,这种磁盘可在互为兼容的磁盘存储器间交换数据,便于扩大存储容量。固定盘磁盘存储器是指磁盘不能从驱动器上取下,更换时要把整个头盘组合体一起更换。

3)硬磁盘存储器的磁道记录格式。一个具有 n 个盘片的磁盘组,可将 n 个面上的同一半径的磁道看成一个圆柱面,这些磁道存储的信息称为柱面信息。盘面又分为若干个扇区,每条磁道有被分割为若干个扇段。因此,寻制用的磁盘地址应该由头号、磁道号、盘面号和扇段号等字段组成,也可以将扇段号用扇区号代替。

(2)磁盘阵列。

1)廉价冗余磁盘阵列(Redundant Arrays of Inexpensive Disk,RAID)。其原理是将并行处理原理引入磁盘系统。它采用低成本的小温盘,使多台磁盘构成同步化的磁盘阵列,数据展开存储在多台磁盘上,提高了数据传输的带宽,并利用冗余技术提高可靠性,类似于存储器中的多体交叉技术。

磁盘阵列还具有容量大,数据传输速率高,功耗低,体积小,成本低和便于维护等优点,其发展前途十分光明。同步磁盘阵列的关键技术是对多台磁盘机进行同步控制,包括采用缓冲器使数据同步。

2)RAID 分类。工业界公认的标准有 6 级别,分别为 RAID0～RAID5:

a. RAID－0 级采用无冗余无校验的数据分块技术。

b. RAID－1 级采用磁盘镜像阵列技术。

c. RAID－2 级采用海明纠错码的磁盘阵列,通过增加校验磁盘实现单纠错双检错功能。

d. RAID－3 级采用奇偶校验冗余的磁盘阵列,也采用数据位交叉,阵列中只用一个校验盘。

e. RAID－4 级是一种独立传送磁盘阵列,采用数据块交叉,用一个校验盘。

f. RAID－5 也是一种独立传送磁盘阵列,采用数据块交叉和分布的冗余校验,将数据和校验位都分布在各磁盘中,没有专门的奇偶校验驱动器。

(3)光盘存储器。

1)光盘存储器。光盘存储器利用激光束在介质表面烧蚀凹坑存储信息,根据激光束及其反射光的强弱不同,完成信息的读和写。

光盘存储器称光盘,是目前广泛使用的一种外存储器,更是多媒体计算机不可缺少的设备。它以介质材料的光学性质(如反射率和偏振方向)的变化表示所存储信息的"1"和"0"。其突出的优点是,激光束可以聚焦到 1 μm 以下,记录密度可达 645 Mb/in^2(1 in＝2.54 cm)。

光盘的种类根据光盘的可读写性分为只读光盘、写一次/多次读光盘和可重写光盘。

2)CD－ROM 光盘。

a. 光盘的信息记录方式。光盘的信息记录方式以凹坑方式永久性存储。当激光束聚焦点照射在两个凹坑之间的盘面上时，大部分光将返回，而当照在凹坑上时，发生衍射，反射率低，将反射光的光强变化再转换成电信号，即可读出记录信息。

b. 光盘的扇区数据结构。光道上划分出一个个的扇区，这是光盘最小的可寻址单元。光盘扇区分为4个区域。2个全0字节和10个全1字节组成的同步(SYNC)区，标志着扇区的开始。4字节的扇区标示(ID)区用于说明此扇区的地址和工作模式。

硬盘、软盘比较见表3-1。

表3-1 硬盘、软盘比较表

项目	硬盘	软盘
速度	高	低
磁头	固定、活动、浮动	活动、接触盘片
盘片	固定盘、盘组大部分不可换	可换盘片
价格	高	低
环境	苛刻	

11. 存储器相关知识

(1)三级存储体系。

高速缓存(Cache)：位于CPU内部，速度快(同CPU相同速度工作)，容量小，成本高。缓存分为两种，即L1 Cache(一级缓存)和L2 Cache(全速二级缓存)。Pentium和赛扬的区别就在于缓存。

内存：以内存条形式提供，介于高速缓存和外存之间。内存分为两类，即RAM随机存储器和ROM只读存储器。DDR SDRAM是目前最流行的内存。它允许在时钟脉冲的上升沿和下降沿传输数据，这样不需要提高时钟的频率就能成倍提高SDRAM(同步动态随机存取存储器)的速度，并具有比SDRAM多1倍的传输速率和内存带宽。

因为DDR 400的数据吞吐率＝200 MHz×2×64 bit÷8 bit/Byte＝3.2 GB/s，所以与P4配合组建双通道是必要的。

而赛扬的数据吞吐率＝533 MHz×64 bit÷8 bit/Byte＝4.2 GB/s。

外存：包括硬盘和光盘。

硬盘：硬盘是一个密封好的大铁盒子，硬盘内部被抽成真空，硬盘盘片放置在主轴电机上，磁头和盘片保持着极微小的距离(这个距离比一根头发丝还要细)。当硬盘工作时，主轴电机带动盘片高速旋转，通常这个速度为5 400 r/m或7 200 r/m，甚至高达10 000 r/m，而磁头随着机械臂在盘片上移动，读取保存在盘片上的数据。

平均寻道时间指硬盘在盘面上移动读写头至指定磁道寻找相应目标数据所用的时间，它描述硬盘读取数据的能力，单位为ms。

并口硬盘ATA(IDE)和串口硬盘(SATA)。ATA-133只能接4个设备，最高外部数据吞吐率为133 MB/s，而SATA理论上没有限制，1.0标准仍可达到150 MB/s，未来的SATA 2.0/3.0更可提升到300 MB/s甚至600 MB/s。而最大内部数据传输率一般小于上述速度，是瓶颈。

光盘：光盘分为 CD 和 DVD，是用激光读取盘片的凹凸点。光盘价格便宜，而且随着网络的普及，其使用率逐渐降低，所以不太关心相关参数。

光盘的轨道是螺旋型由中心向外发散(由中心向外擦)，而硬盘是同心圆。

CD 单倍速为 150 KB/s，而 DVD 单倍速相当于 CD 的 9 倍，为 1.35 MB/s。

区码限制：CSS 规定，软硬件都必须同时经过授权认证才可以成功地解码播放 DVD 影片，也就是说 DVD-ROM、DVD 硬解压卡和 DVD 播放软件都必须同时通过区码的授权。

(2)存储器的地址与内容。假设 CPU 有 8 条 DB 和 8 条 AB，则最大可以寻址 $2^8=256$ 的存储单元，每个单元有自己唯一的地址(00H～0FFH)，可以存放一个 8 位二进制信息；地址和信息是不同的。读写过程：AB 选通单元，CB 发控制信号，DB 传送数据。

3.2.4　输入输出(I/O)系统

1. I/O 系统基本概念

除了 CPU 存储器两大模块之外，计算机硬件系统的第三个关键部分就是输入/输出模块，也称输入/输出系统。

输入/输出(I/O)系统的发展概况：①早期分散连接，CPU 和 I/O 设备串行工作，采用程序查询方式。②接口模块和 DMA 阶段总线连接，CPU 和 I/O 设备并行工作，采用中断方式和 DMA 方式。③具有通道结构的阶段。④具有 I/O 处理机的阶段。

I/O 系统应该由 I/O 软件和 I/O 硬件两部分组成，I/O 系统软件的主要任务是：如何将用户编制的程序(或数据)输入至主机内，如何将运算结果输送给用户，如何实现 I/O 系统与主机工作的协调等。

I/O 设备与主机的联系方式如下：

(1)I/O 编址方式。通常将 I/O 设备码视为地址码，对 I/O 地址码的编址可采用以下两种方式：

1)统一编址，即将 I/O 设备地址看作是存储器地址的一部分。例如，在 64 KB 地址的存储空间中，划出 8 KB 地址作为 I/O 设备的地址。凡是在这 8 KB 地址范围内的访问，就是对设备 I/O 的访问，所用的指令与访存指令相似。

2)独立编址，即将 I/O 设备地址和存储器地址分开，所有对 I/O 设备的访问必须有专用的 I/O 指令。

显然，统一编址占用了存储空间，减少了主存容量，但无需专用的 I/O 指令。独立编址由于不占用主存空间，故不影响主存容量，但需设 I/O 专用指令。因此，当设计机器时，需根据实际情况权衡考虑选取何种编址方式。

(2)设备寻址。由于每台设备都被赋予一个设备号，因此当要启动某一设备时，可由 I/O 指令的设备码字段直接指出该设备的设备号。通过接口电路中的设备选择电路，便可选中要交换信息的设备。

(3)传送方式。有两种传送方式，即并行传送和串行传送。

(4)联络方式。有三种联络方式，即立即响应方式、应答信号联络方式和同步时标联络方式。

(5)I/O 与主机的连接方式。I/O 设备与主机的连接方式通常有两种：辐射式和总线式。

当采用辐射式连接方式时，要求每台 I/O 设备都有一套控制线路和一组信号线，因此所用的器件和连线较多，对 I/O 设备的增删都比较困难。这种连接方式大多出现在计算机发展的初期阶段。

总线式连接方式通过一组总线（包括地址线、数据线和控制线等），将所有的 I/O 设备与主机连接。这种连接方式是现代大多数计算机系统所采用的方式。

为了进一步提高 CPU 的工作效率，又出现了 DMA(Direct Memory Access)技术，其特点是 I/O 设备与主存之间有一条直接数据通路，I/O 设备可以与主存直接交换信息，使 CPU 在 I/O 与主存交换信息时，能继续完成自身的工作，故其资源利用率得到了进一步的提高。

I/O 接口的基本功能如下：

1)实现设备的选择。

2)实现数据缓冲达到速度匹配。

3)实现数据串并格式转换。

4)实现电平转换。

5)传送控制命令。

6)反映设备的状态。

2. 外部设备

计算机外部设备结构如图 3－8 所示。

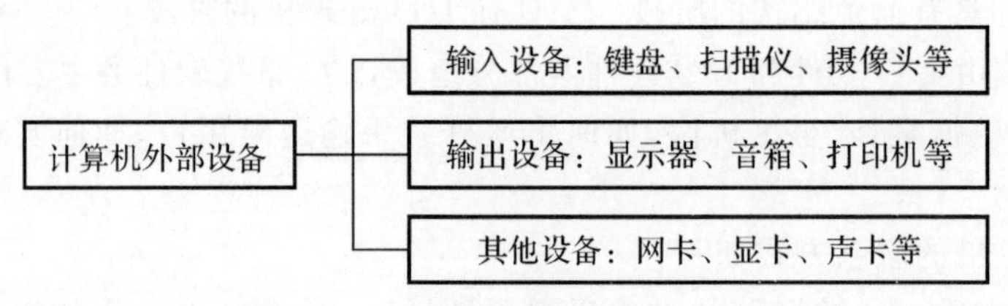

图 3－8　计算机外部设备结构示意图

(1)输入设备：键盘和鼠标。

1)键盘。键盘是目前应用最普遍的一种输入设备，与 CRT 显示器一同组成终端设备。

键盘是由一组排列成阵列形式的按键开关组成的，每按下一个键，产生一个相应的字符代码（每个按键的位置码），然后将它转换成 ASCII 码或其他码，送入主机。目前常用的标准键盘有 101 个键，除了提供通常的 ASCII 字符以外，还有多个功能键（由软件系统定义功能），光标控制键（上、下、左、右移动等）与编辑键（插入或消去字符）等。

2)鼠标。鼠标主要有机械式和光电式两种。

机械式：金属球、电位器。

光电式：光电转换器。

(2)输出设备：显示子系统、声音子系统和打印机。

1)显示子系统。

显卡：显卡拥有自己的图形函数加速器和显存，用来执行图形加速任务。主流显卡都是 PCI－E，16 × 带宽 250 MB/s × 16 ＝ 4 GB/s，将来有 32 × AGP 8 × 带宽 66 MHz × 32/8＝ 2.1GB/s。

指标：核心频率（超频）、显示芯片位宽（和 CPU 字长类似）、显存容量、频率、显存带宽＝

显存频率×显存位宽÷8。

显示器有以下几种分类方式：

按器件分：①CRT(Cathode Ray Tube，阴极射线管)。尺寸和可视面积：尺寸以对角线长度为准，可视面积要略小于实际尺寸。分辨率：分辨率是屏幕上可以容纳像素点的总和。点距：点距一般是指显像管水平方向上相邻同色像素间的距离。刷新频率：扫描完整个屏幕为一次刷新，每秒钟扫完屏幕的次数即为刷新频率。视频带宽：理论上视频带宽＝水平像素×垂直像素×刷新频率。显像管分为球型和平面直角型两种。②LED(Light Emitting Diode，发光二极管)显示器。③等离子显示器。④LCD液晶显示器，尺寸和可视面积：尺寸为对角线长度，可视面积一般等于实际尺寸。分辨率：厂商会提供最佳的分辨率，无特殊情况时最好使其工作在最佳分辨率状态下，否则会出现错误。亮度与对比度是液晶显示器较重要的技术指标之一，因为液晶本身是不发光的，而是靠后面的光源(4个灯管)，亮度单位为CD/m^2；液晶显示器的对比度越高，显示的效果也越佳。响应时间以ms为单位，是指一个亮点转换为暗点的速度。坏点是指颜色不会再发生任何变化的点。可视角度：CRT显示器有180°的可视角度，而液晶显示器可视角度小一些，当人眼与显示屏之间的角度稍大一点时，就无法看清显示的内容。

按显示内容分：①字符显示器：字符显示器通过字符发生器在CRT上显示字符。②图形显示器：显示主观图像，用点、线(直线和曲线)、面(平面和曲面)组合成平面或立体图形的显示设备。图形显示器主要用于计算机辅助设计和计算机辅助制造等。③图像显示器：显示客观图像，图像显示器所显示的图像(如遥感图形、医学图像、自然景物和新闻图片等)通常来自客观世界，又被称为客观图像。图像显示器是把由计算机处理后的图像(数字图像)以点阵的形式显示出来，通常以光栅扫描方式，其分辨率可达256×256像素，或者512×512像素，也可以与图形显示器兼容，其分辨率可达到1 024×1 024像素，灰度等级可达64～256级。

2)声音子系统。声卡和插口：SPEAKER用于连接音响设备，标准的接口为绿色；LINE IN用于将品质较好的声音信号输入声音处理芯片中，处理后录制成文件，标准的接口为蓝色；MIC IN用于连接话筒，输入外界语音以制成文件或配合语音软件进行语音识别，标准的接口颜色为红色。除此以外还有一个MIDI/游戏摇杆接口，可以连接电子合成乐器实现在电脑上进行MIDI音乐信号的传输和编辑，游戏摇杆和MIDI共用一个接口。LINE OUT与SPEAKER类似。声道为5.1。

3)打印机。打印机分为以下几种：

点阵针式打印机的印字原理是由打印针(钢针)印出$n×m$个点阵组成字符或图形。西文字符点阵有5×7，7×7，7×9，9×9几种，汉字点阵有16×16，24×24，32×32，48×48几种。打印头中的钢针数与打印机的型号有关，有7针，9针，也有双列14(2×7)针或双列24(2×12)针。

激光打印机采用激光技术和照相技术，印字质量最好，在计算机系统中被广泛采用。激光打印机完成打印操作的基本工作过程大致是充电→曝光→显影→转印→分离→定影→放电，清洁。

静电打印机是基于静电成像原理(像许多复印机一样)的打印设备。静电打印机将充电版材上或是喷嘴中释放的色粉树脂或是染料传递到承印材料上，然后对它进行热固化处理。

喷墨打印机是串行非打击式打印机，印字原理是将墨水喷射到普通打印纸上。若采用红、绿、蓝三色喷墨头，便可实现彩色打印。喷墨打印机按照喷墨方式分为连续式和随机式两大类。连续喷射方式是给墨水加压，使墨水流通过喷嘴连续喷射而粒子化。随机式是指墨水只有在打印需要时才喷射，因此又称为按需打印式。目前，随机式喷墨打印机采用的喷墨技术主要有压电式和气泡式。

3.2.5 总线

1. 总线的基本概念

总线是连接各个部件的信息传输线，是各个部件共享的传输介质，总线上信息的传送分为串行和并行传输。

2. 总线的分类

(1)片内总线：芯片内部的总线。

(2)系统总线：系统总线(System Bus)是一个单独的计算机总线，是连接计算机系统的主要组件。它的开发是用来降低成本和促进模块化。系统总线结合数据总线的功能来搭载信息，地址总线来决定将信息送往何处，控制总线来决定如何动作。

系统总线包含有三种不同功能的总线，即数据总线(Data Bus，DB)、地址总线(Address Bus，AB)和控制总线(Control Bus，CB)。

数据总线用于传送数据信息。数据总线是双向三态形式(双向是指可以两个方向传输，可以 A→B 也可以 A←B；三态指 0 状态——低电平，1 状态——高电平和高阻态——非 0 非 1)的总线，既可以把 CPU 的数据传送到存储器或 I/O 接口等其他部件，也可以将其他部件的数据传送到 CPU。数据总线的位数是微型计算机的一个重要指标，通常与微处理的字长相一致。

地址总线是专门用来传送地址的，因为地址只能从 CPU 传向外部存储器或I/O端口，所以地址总线总是单向三态的，这与数据总线不同。地址总线的位数决定了 CPU 可直接寻址的内存空间大小。例如 8 位微机的地址总线为 16 位，则其最大可寻址空间为 $2^{16}=64$ KB，16 位微型机的地址总线为 20 位，其可寻址空间为 $2^{20}=1$ MB。一般来说，若地址总线为 n 位，则可寻址空间为 2^n(2 的 n 次方)个地址空间(存储单元)。

控制总线用来传送控制信号和时序信号。控制信号中，有的是微处理器送往存储器和I/O接口电路的，如读/写信号，片选信号、中断响应信号等；也有是其他部件反馈给 CPU 的，如中断申请信号、复位信号、总线请求信号、设备就绪信号等。因此，控制总线的传送方向由具体控制信号而定，一般是双向的，控制总线的位数要根据系统的实际控制需要而定。实际上控制总线的具体情况主要取决于 CPU。

(3)通信总线：用于计算机系统之间或计算机系统，与其他系统(如控制仪表和移动通信等)之间的通信。

传输方式：串行通信总线和并行通信总线。

3. 总线的组成

总线的结构通常分为单总线结构和多总线结构。

单总线结构是将 CPU、主存和 I/O 设备(通过 I/O 接口)都挂在一组总线上。

多总线结构的特点是将速度较低的 I/O 设备从单总线上分离出来，形成主总线与 I/O 设备总线分开的结构。

4. 总线仲裁

由于总线上连接着多个部件，何时由哪个部件发送信息，如何定时，如何防止信息丢失，如何避免多个设备同时发送，如何规定接收部件等一系列问题都需要总线控制器统一管理，主要包括总线的判优控制（仲裁逻辑）和通信控制。

总线仲裁逻辑可分为集中式和分布式两种，前者将控制逻辑集中在一处（如在CPU中），后者将控制逻辑分散在总线的各个部件之上。

(1)集中仲裁方式。集中仲裁方式有以下三种：

1)链式查询。当一个或多个设备同时发出总线使用请求信号BR(BUS Resqnest)时，中央仲裁器发出的总线授权信号BG沿着菊花链串行的从一个设备依次传送到下一个设备，到达离出发点最近的发出总线请求的设备之后就不再往下传。

2)计数器定时查询。总线上各设备通过总线请求信号BR，发出请求，中央仲裁器接收到请求信号后，在总线忙信号BS(Bus Busy)为“0”的情况下，让计数器开始计数，计数值通过一组地址线发往各设备。每个设备有一个地址判别电路，如果地址线上的计数值与总线请求设备地址一致，则该设备对BS线置“1”，表示该设备获得了总线使用权，同时中止计数器查询。

3)独立请求方式。每个连接到总线的设备都有一组单独的总线请求信号BR与总线授权信号BG(BUS Guarantee)。每个设备请求使用总线时，它们各自发出自己的总线请求信号。中央仲裁器中设置了一个专门的排队电路，由它根据一定的优先次序决定优先响应哪个设备的请求，然后给该设备总线授权信号BG。

(2)分布仲裁方式。同集中式仲裁相比，分布式仲裁不需要中央仲裁器，而是让各个主设备功能模块都有自己的仲裁号和仲裁电路。当需要使用总线时，各个设备的功能模块将自己唯一的仲裁号发送到共享的总线上，各自的仲裁电路再将从仲裁总线上获得的仲裁号和自己的仲裁号相对比，获胜的仲裁号将保留在仲裁总线上，相应设备的总线请求获得响应。

1)同步定时方式。同步定时方式要求所有的模块由统一的始终脉冲进行操作的控制，各模块的所有动作均在时钟周期的开始产生，并且多数动作在一个时钟周期内完成。

2)异步定时方式。异步定时方式是一种应答方式或者互锁机制的定时方式。对于异步操作，操作的发生由主设备或从设备的的特定信号来确定。总线上一个事件的发生取决于前一个事件的发生，双方互相提供联络信号。

5. 总线标准

总线标准就是系统与各模块，模块与模块之间的一个互连的标准界面。

目前流行的总线标准有以下几种：

(1)系统总线。

1)工业标准体系(Industry Standard Architecture，ISA)，它是最早出现的微型计算机总线标准，应用在IBM的AT机上。直到现在，微型计算机主板或工作站主板上还保留有少量的ISA扩展槽。

2)扩展工业标准体系(Extended Industry Standard Architecture，EISA)，主要用于286微机。EISA对ISA完全兼容。

3)视频电子标准协会(Video Electronic Standard Association，VESA)，是按照局部总线

标准设计的一种开放总线，只适合于486的一种过渡标准，已淘汰。

4)外围设备互联(Peripheral Component Interconnection,PCI),PCI局部总线是高性能的32位或64位总线，它是专门为高集成度的外围部件，扩充插板和处理器/存储器系统而设计的互连机制。

5)图形加速接口(Accelerated Graphics Port,AGP)是一种新型的视频接口的技术标准，专用于连接主存和图形存储器。AGP总线宽32位，时钟频率66 MHz，能以133 MHz工作，最高的传输速率可达533 Mb/s。

(2)设备总线。

1)集成驱动电子设备(Integrated Drive Electronics,IDE)，是一种在主机处理器和磁盘驱动器之间广泛使用的集成总线。绝大部分PC的硬盘和相当数量的CD-ROM驱动器都是通过这种接口和主机连接的。

2)小型计算机系统接口(Small Computer System Interface,SCSI)，现在这种接口不再局限于将各种设备与小型计算机直接连接起来，已经成为各种计算机(包括工作站和小型机，甚至大型机)的系统接口。

3)RS-232(Recommended Standard-232C)，是由美国电子工业协会(Electronic Industries Association,EIA)推荐的一种串行通信总线标准。

4) USB(Universal Serial Bus)接口基于通用的连接技术，可实现外设的简单快速连接，已达到方便用户、降低成本和扩展微机连接外设范围的目的。

6.总线相关概念总结

总线：连接各个功能部件的一组公共信号线。一般分为以下三类：

数据总线DB:用于双向传送数据。与字长相关，一般等于字长。

地址总线AB:用于传送地址信号，以寻址存储器和外设。

与寻址能力相关：20条为$2^{20}=1M$。

控制总线CB:用于传送各种控制信号，WR、RD、INT。

主板：总线由主板印刷电路板物理实现。

主板是机箱中最大的一块集成电路板，在它上面集成有CPU插座、存储器插座、扩展版插座(显卡、声卡、网卡)、I/O系统、总线系统(PCI、USB等)和电源接口(相当于躯干)等。管理这些不同的设备需要不同的基本功能芯片，像并行口8255、定时器/计数器8253和中断8259等，这些芯片形成了主板的芯片组(南北桥)。

3.3 指令系统及执行

指令系统是一个CPU所能够处理的全部指令的集合，是CPU的一个根本属性。

通常一条指令包括两方面的内容：操作码和操作数。操作码决定要完成的操作，操作数指参加运算的数据及其所在的单元地址。

3.3.1 指令执行过程

1.指令执行的时序

计算机工作的过程是取指令，分析指令，执行指令三个基本动作的重复。考虑到所有的器件(主要考虑寄存器、存储器)中存储器的速度最慢,因此,取最慢的器件工作时间(周期)作为整个工作的最长同步标准。

计算机的工作时序是按照存储器的工作周期划分的。每个存储器工作周期又称为机器周期。因此,每个机器周期至少完成一个基本操作。一般最长的操作是访问存储器(读/写),这个时间也用于访问外设接口(寄存器)。某个操作,利用运算器执行一次运算,如果不访问存储器,即使占用的时间很短,也必须为其划分一个机器周期。因此,机器周期是计算时序划分的最大单位。

现在为计算机的执行时间进行最基本的划分。由于计算机不断地重复执行每个指令,因此将执行的时间划分为一条一条指令执行所占用的时间。

将每条指令占用的时间称为指令周期。由于每条指令的功能不一样,因此执行的时间也不同,则指令周期长短不一样。

而每条指令的执行,又可以是取指令、分析指令和执行指令。由于取指令必须访问存储器,所以占用一个机器周期。分析指令是由指令译码电路完成的,所占用的时间极短,无需分配一个完整的机器周期。一般是在取指周期后期(结束之前的很短时间内)就可以完成。执行指令较为复杂:可能不访问存储器;访问一次存储器;访问两次存储器等。因此,执行指令可能需要一个机器周期到几个机器周期。

因此,每条指令的执行过程如下:

取指周期	执行周期1	执行周期2	执行周期3	执行周期4

第一个机器周期总是取指周期,而指令的地址总是从PC中获得,当发出读取存储器命令后,指令总是从数据总线DB送回,CPU接受到指令之后,将指令放在指令寄存器IR之中。指令在IR中一直保留到取下一条指令为止。

从第二个机器周期开始,根据指令有所不同:

执行一次ALU运算:分配一个机器周期。

执行访问一次存储器:分配一个机器周期。

因此,根据指令执行的不同情况,将会得到不同指令执行所占用的机器周期。根据每个机器周期完成的任务不同,可以将每个机器周期按照任务命名。如同用取指周期命名第一个机器周期一样。

2. 指令执行过程举例

假设指令格式如下:

操作码	rs,rd	rs1	imm(disp)

其中,rs,rd,rsl为通用寄存器地址;imm(或disp)为立即数(或位移量)。

加法指令功能:将寄存器(rs)中的一个数与存储器中的一个数[其地址为(rsl)+disp]相加,结果放在寄存器rd中,rs与rd为同一寄存器。

加法指令完成以下操作:

(1)取指周期。从存储器取指令,送入指令寄存器,并进行操作码译码(分析指令)。

程序计数器加1,为下一条指令做好准备。

控制器发出的控制信号:PC→AB,W/R=0,M/IO=1;DB→IR;PC+1。

(2)计算地址周期。计算数据地址,将计算得到的有效地址送地址寄存器 AR(Address Register)。

控制器发出的控制信号:rsl→GR(General register,通用寄存器),(rsl)→ALU,disp→ALU(将 rsl 的内容与 disp 送 ALU);“+”(加法命令送 ALU);ALU→AR(有效地址送地址寄存器)。

(3)取数周期。到存储器取数。

控制器发出的控制信号:AR→AB,W/R=0,M/IO=1;DB→DR(将地址寄存器内容送地址总线,同时发访存读命令,存储器读出数据送数据总线后,打入数据寄存器)。

(4)执行周期。进行加法运算,结果送寄存器,并根据运算结果将标志寄存器的状态位置位。置状态位 N,Z,V,C。

控制器送出的控制信号:rs,rd→GR, (rs)→ALU,DR→ALU(两个源操作数送 ALU);ALU→rd(运算结果送寄存器 rd)

取指周期需要产生的操作控制信号如下:

PC→AB=cy1 ;将 PC 送地址总线

ADS=cy1・T1 ;存储器地质有效

M/IO=cy1 ;存储器操作

W/R=cy1 ;读操作

DB→IR=cy1 ;将读出的结果送 IR

PC+1=cy1 ;将程序计数器加 1

计算地址周期 cy2 需要完成有效地址[(rs1)+disp]的计算。产生的操作控制信号如下:

rs1→GR=加法指令・cy2 ;送通用寄存器地址

(rs1)→ALU=加法指令・cy2 ;通用寄存器送 ALU

Disp→ALU=加法指令・cy2 ;偏移量送 ALU

“+”=加法指令・cy2 ;ALU 执行加法操作

ALU→AR=加法指令・cy2 ;运算结果送地址总线

设机器有 7 位操作码(OP0~OP6),假设加法指令的操作码为 0001100,则形成的加法指令信号的逻辑表达式为

加法指令= OP0OP1OP2OP3OP4OP5OP6

例如,某机器有 128 条指令,有 7 位操作码(OP0~OP6),如果其中有 16 条算术逻辑运算指令,可以将这些指令的 3 位操作码都设计相同的编码,如 OP0OP1OP2= 001,而其他位 OP3~OP6 编码表示 16 个不同的指令。

设命令 A 是所有算术逻辑运算在 cy2 周期需要产生的,逻辑表达式:

A=加法指令・cy2+减法指令・cy2+逻辑加指令・cy2+…=

(加法指令・+减法指令+逻辑加指令+…)・cy2=

OP0・OP1・OP2・cy2

于是,只需要一个与门,就可实现命令 A。

3.寻址方式

指令获得操作数的方式,分为三种类型:在指令中、在寄存器中和在存储器中。

(1)立即寻址。立即寻址可以看作指令中的常数,在汇编中可以以不同进制给出。二进

制，后缀 B，如 01010010B；十进制，后缀 D 或缺省，如：20D 或 20；十六进制，后缀 H，如 1000H。

例如：

```
MOV   AX, 300H
 └──── 立即数，0→AL，30H→AH
AND   AL, 120
 └──── 立即数，AL 的 8 位"与"0111 1000B
```

(2)在 CPU 的寄存器中——寄存器寻址，指明寄存器。

不同的 CPU 有不同的寄存器。寄存器有确定的位宽，同时寄存器的使用可能有限制，具体限制因指令的不同而异。例如：AL：8 位寄存器，AX 的低 8 位。

BX：16 位寄存器

CH：8 位寄存器，CX 的高 8 位

例如：

```
ADD   AX, BX
 └──── 寄存器数，AX+BX→AX，16 位加
OR    AL, AH
 └──── 寄存器数，AL∨AH →AL，8 位或
```

(3)在存储器中——存储器寻址。

根据地址的存在方式不同，可细分为多种具体的寻址方式，主要包括：

指令中存在存储器地址——直接寻址，依照在 Intel x86 汇编中的写法，地址值可以写成二进制、十进制或十六进制。

例如：[100H]、[230D]等。

存储器地址在寄存器中——间接寻址。

可以用于存放地址的寄存器有 BX、BP、SI 和 DI。

例如：[BX]、[SI]等。

由在寄存器和指令中的多部分合成。

例如：[BX+1000H]、[SI+180]。

(4)指令系统及执行——x86 指令举例。

数据传送指令

```
MOV   dest, src; (src) → (dest)
          ; dest 可以是寄存器或存储器类型字节或字
          ; src 可以是寄存器、存储器或立即数类型字节或字
```

例如：

```
MOV   [1000H],  CX
```

将 CX 寄存器的值复制到地址为 1000H 的存储器单元。

加减算术指令

```
ADD   dest, src; (dest)+(src) → (dest)  加运算
```

```
SUB  dest, src ; (dest)－(src) → (dest)  减运算
               ; dest 和 src 同 MOV 指令
```

例如：

```
ADD  AX, 1000D
```

将寄存器 AX 的值与十进制 1000 数求和，结果存放到 AX。

无符号乘除算术指令

```
MUL  r8     ; (AL)×(r8)→(AX)  无符号字节乘
MUL  r16    ; (AX)×(r16)→(DX.AX)  无符号字乘
DIV  r8     ; (AX)÷(r8)商→(AL),余数→(AH) 无符号字节除
DIV  r16    ; (DX.AX)÷(r16)商→(AX),余数→(DX) 无符号字除
            ; r8 为 8 位寄存器,r16 为 16 位寄存器
```

例如：

计算 12345678H÷5000H，商＝3A41H，余数＝678H

```
MOV  DX, 1234H
MOV  AX, 5678H
MOV  BX, 5000H
DIV  BX       ; 12345678H÷5000H
              ; 商→AX (＝3A41H)  余数→DX (＝678H)
```

逻辑运算指

```
NOT  dest      ; (dest)→(dest)  逻辑非
AND  dest, src ; (dest)∧(src)→(dest)  逻辑与
OR   dest, src ; (dest)∨(src)→(dest)  逻辑或
               ; dest 和 src 同 MOV 指令
```

例如：

```
NOT  CX     ; 将 CX 寄存器的值逐位求反
```

例如：

```
AND  AX, 00FFH    ; 将 AX 寄存器的值与 00FFH
                  ; AX 的高 8 位被强行置为 0
```

例如：

```
OR  BX, 000FH     ; 将 BX 寄存器的值或 000FH
                  ; 将 BX 寄存器最低 4 位强行置为 1
```

逻辑位移指令

```
SHL  dest, CL    ; (dest)逻辑左移(CL)位→(dest)
SHR  dest, CL    ; (dest)逻辑右移(CL)位→(dest)
                 ; 移入位为 0
                 ; CL 寄存器存放移位位数,也可以是 1
                 ; dest 可以是寄存器或存储器类型字或字节
```

循环位移指令

```
ROL  dest, CL    ; (dest)循环左移(CL)位→(dest)
```

```
ROR    dest, CL     ;(dest)循环右移(CL)位→(dest)
                    ;移出位进入移入位
                    ;CL 寄存器存放移位位数,也可以是 1
                    ;dest 可以是寄存器或存储器类型字或字节
```

4. 指令流水线

(1)指令流水线的基本概念。指令流水线技术是一种显著提高指令执行速度与效率的技术。具方法是指令取指完成后,不等该指令执行完毕即可取下一条指令。

如果把一条指令的解释过程进一步细分,例如,把分析和执行两个过程分成取指、译码、执行、访存和写回寄存器五个子过程,并用五个子部件分别处理这五个子过程,这样只需在上一指令的第一子过程处理完毕进入第二子过程处理时,在第一子部件中就开始对第二条指令的第一子过程进行处理。随着时间推移,这种重叠操作最后可达到五个子部件同时对五条指令的子过程进行操作。

常见的六级流水线将指令流的处理过程划分为取指(FI)、译码(DI)、计算操作数地址(CO)、取操作数(FO)、执行指令(EI)、写操作数(WO)等几个并行处理的过程段。这就是指令六级流水时序(见图 3-9)。在这个流水线中,处理器有 6 个操作部件,同时对这 69 条指令进行加工,加快了程序的执行速度。几乎所有的高性能计算机都采用了指令流水线。

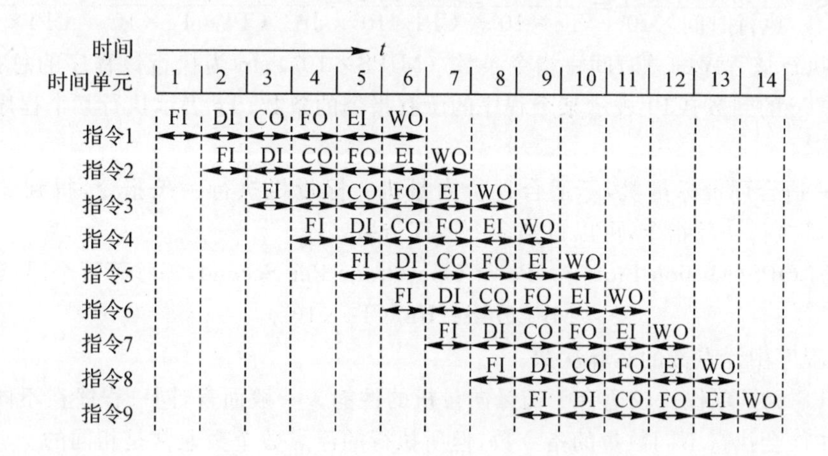

图 3-9 指令六级流水时序图

(2)影响指令流水线性能的因素。在指令流水线中会出现三种相关,影响指令流水线的畅通流动,这三种相关是结构相关,数据相关和控制相关。

结构相关是当多条指令进入指令流水线后,硬件资源满足不了指令重叠执行的要求时产生的。

数据相关是指令在指令流水线中重叠执行时,当后继指令需要用到前面指令的执行结果时发生的。

控制相关是当流水线遇到分支指令和其他改变 PC 值的指令时引起的。

3.4 微机系统的性能指标

1. 吞吐量和响应时间

(1)吞吐量：单位时间内的数据输出数量。

(2)响应时间：从事件开始到事件结束的时间，也称执行时间。

2. CPU 时钟周期、主频、CPI 和 CPU 执行时间

(1) CPU 时钟周期：机器主频的倒数，TC。

(2)主频：CPU 工作主时钟的频率，机器主频 Rc。

(3)CPI：执行一条指令所需要的平均时钟周期。

(4)CPU 执行时间：

$$TCPU=In\times CPI\times TC$$

其中，In 执行程序中指令的总数；CPI 执行每条指令所需的平均时钟周期数；TC 时钟周期时间的长度。

3. MIPST MFLOPS

(1)MIPS：

$$MIPS=\frac{指令条数}{执行时间\times 10^6}=\frac{In}{Te\times 10^6}=\frac{时钟频率}{CPI\times 10^6}=\frac{In}{In\times CPI\times Tc\times 10^6}=\frac{Rc}{CPI\times 10^6}$$

其中，Te 为执行该程序的总时间＝指令条数/(MIPS×10^6)；In 为执行该程序的总指令数；Rc 为时钟周期 Tc 的到数；CPI 表示某个程序的所有指令的条数；Tc 表示执行某个程序所花费的时钟周期。

MIPS 只适合评价标量机，不适合评价向量机。标量机执行一条指令，得到一个运行结果。而向量机执行一条指令，可以得到多个运算结果。

(2) MFLOPS(Million Floating Point Operations Per Second，每秒百万个浮点操作)：

$$MFLOPS=Ifn/(Te\times 10^6)$$

其中，Ifn 为程序中浮点数的运算次数。

MFLOPS 测量单位比较适合于衡量向量机的性能。一般而言，同一程序在不同的计算机上运行时，往往会执行不同数量的指令数，但所执行的浮点数个数通常是相同的。

特点：MFLOPS 取决于机器和程序两方面，不能反映整体情况，只能反映浮点运算情况。同一机器的浮点运算具有一定的同类可比性，而非同类浮点操作仍无可比性。衡量存储器的标准有容量、速度和成本等。

硬盘存储器的性能指标有存储密度、存储容量、寻址时间、数据传输率和误码率。

4. CPU 流水线性能指标

流水线的性能通常用吞吐率、加速比和效率 3 项指标来衡量：

(1)吞吐率：在指令流水线中，吞吐率是指单位时间内流水线所完成的指令或输出结果的数量。

(2)加速比：流水线的加速比是指 m 段流水线的速度与等功能的非流水线的速度之比。

(3)效率：效率是指流水线中个功能段的利用率。

5.总线的性能指标

(1)总线宽度:数据总线的根数。

(2)总线带宽:数据传输率。

(3)时钟同步/异步:总线上的数据与时钟同步的称为同步总线,与时钟不同步的称为异步总线。

(4)总线复用:一条信号线上分时传送两种信号。

(5)信号线数:地址总线,数据总线和控制总线三种总线数的总和。

(6)总线控制方式:包括突发工作、自动配置、总裁方式、逻辑方式和技术方式等。

(7)其他指标:负载能力,电源电压,总线宽度能否扩展等。

3.5　本章小结

本章介绍计算机系统的硬件基础知识。首先,介绍冯·诺依曼型架构的计算机的五大部件及其基本功能。其次,介绍微机组成与相关名词术语,对微机系统的定义、CPU的结构及内部功能、存储器的分类、存储器的存储管理和各种存储体的内部结构做了详细的介绍。同时,对I/O系统的输入输出方式和I/O设备进行介绍,并介绍总线系统的分类和部分总线的标准。再次,介绍计算机内部的指令系统、需要掌握指令系统的执行过程及指令系统的相关概念。最后,介绍微机系统的一系列性能指标,并对微机系统的指标进行概要性的解析。

习　题

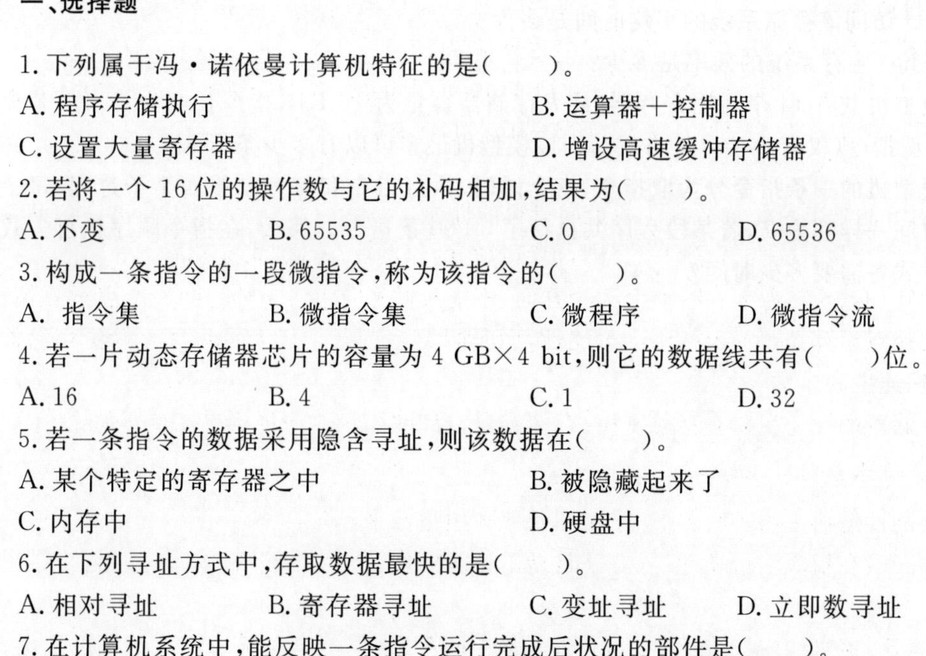

一、选择题

1.下列属于冯·诺依曼计算机特征的是(　　)。

A.程序存储执行　　B.运算器＋控制器

C.设置大量寄存器　　D.增设高速缓冲存储器

2.若将一个16位的操作数与它的补码相加,结果为(　　)。

A.不变　　B.65535　　C.0　　D.65536

3.构成一条指令的一段微指令,称为该指令的(　　)。

A. 指令集　　B.微指令集　　C.微程序　　D.微指令流

4.若一片动态存储器芯片的容量为4 GB×4 bit,则它的数据线共有(　　)位。

A.16　　B.4　　C.1　　D.32

5.若一条指令的数据采用隐含寻址,则该数据在(　　)。

A.某个特定的寄存器之中　　B.被隐藏起来了

C.内存中　　D.硬盘中

6.在下列寻址方式中,存取数据最快的是(　　)。

A.相对寻址　　B.寄存器寻址　　C.变址寻址　　D.立即数寻址

7.在计算机系统中,能反映一条指令运行完成后状况的部件是(　　)。

A.控制器　　B.指令寄存器　　C.程序计数器　　D.状态寄存器

8. 在计算机系统中，引入“cache-主存”层次是为了（　　）。

A. 提高 CPU 访问存储器的效率　　B. 提高 CPU 访问存储器的速度

C. 支持存储器的并发访问能力　　C. 提高存储器的容量

9. CPU 响应外部设备的中断请求必须遵循的规则是（　　）。

A. 中断源提出请求后即刻响应　　B. 在取指周期结束之后

C. 在下一个节拍脉冲开始后　　D. 在执行周期结束之后

10. 在集中式总线控制方式中，响应速度最快的是（　　）。

A. 链式查询　　B. 独立请求　　B. 计数器查询　　D. 三者的速度相等

二、计算题

1. 分别写出二进制数 1001 1011 1110 1011 的十六进制表示和十六进制数 0xA7B9 的二进制表示。

2. 将二进制数 1110 0111 0101 1010 0011 0100 1000 1111 0001 转换为 IEEE754 格式。

3. 若某存储器芯片有 24 位地址线和 16 位数据线，该存储器能够存储多少字节的信息？

4. 某模型机的字长为 16 位，若数据采用原码表示，则最大正数和最小负数分别是多少？

5. 现有一片 256 KB×2 bit 的动态存储器芯片，若它的刷新间隔不等低于 2.56 ms，则该存储器刷新信号的频率至少不应低于多少？

三. 分析与计算

1. 某计算机系统的存储器由 Cache 和 RAM 构成，Cache 的存取周期为 10 ns，RAM 的存取周期为 200 ns。在给定的时间内，CPU 访问 Cache 3 800 次，访问 RAM 200 次。问：

(1)Cache 命中率是多少？

(2)CPU 访问该存储系统的平均时间是多少？

(3)Cache-主存系统的效率是多少？

2. 某模型机共有 14 个通用寄存器，最大存储器容量为 16 KB，指令长度为 24 位，若该机器只有 RS 型指令(仅有直接寻址方式)，则该模型机最多可以有多少条指令？

3. 某模型机的一条指令分为取指令、指令译码、执行指令和保存结果四个子过程，每个过程的执行时间一样都为 T，若某段程序共执行了 5 000 条指令。那么，在指令顺序执行方式和指令流水方式各需要多少时间？

第4章　计算机软件基础

软件作为计算机系统中灵魂，是计算机系统的必需部分，起着非常重要的作用。软件主要分为系统软件和应用软件，实际应用中，无论是使用计算机的某种应用，还是使用计算机编写程序，都是以操作系统为基础的，因此必须学习操作系统的知识及应用。另外，日常办公学习都离不开办公软件，Office 系列软件的应用能力也是每个人应当必备的。

4.1　计算机软件系统概述

计算机系统是由硬件系统和软件系统组成的。硬件和软件就像人的驱体和灵魂一样，两者缺一不可。为了使得计算机系统中的所有资源能够有条不紊地工作，必须有一个专门的软件进行统一的管理和调度，这个软件称作操作系统。操作系统是最基本的软件，是管理和控制计算机中所有资源的一组程序。

没有安装任何操作系统的计算机称为裸机，运行在裸机之上的系统就是操作系统。从用户角度看，操作系统为用户构建了一个方便、有效、友好的使用环境，它是其他应用程序与硬件的接口，也是用户和计算机硬件交流的接口。平时使用的其他软件，如 Word 等软件称为应用软件，这类软件运行在操作系统之上。计算机硬件系统、软件系统、软件应用及用户之间的关系如图 4－1 所示。

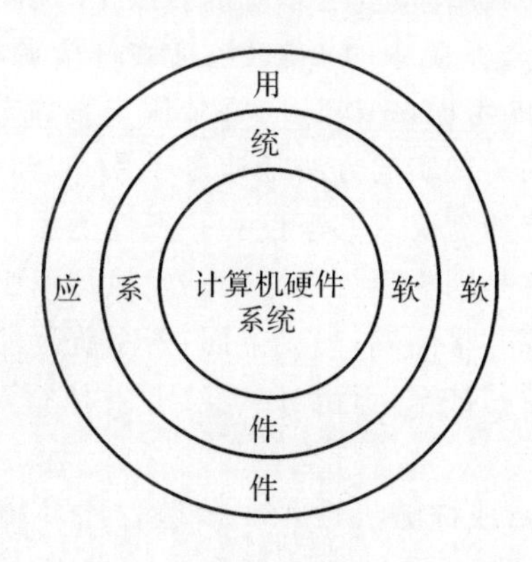

图 4－1　计算机系统软硬件层次结构

4.2 操作系统概述

4.2.1 操作系统的主要作用

操作系统(Operating System,OS)是管理软硬件资源、控制程序执行、改善人机界面、合理组织计算机工作流程和为用户使用计算机提供良好运行环境的一种系统软件。操作系统有两个重要的作用:

(1)通过资源管理,提高计算机系统的效率。操作系统是计算机系统的资源管理者。在计算机系统中,能分配给用户使用的各种硬件和软件设施总称为资源。资源包括两大类:硬件资源和信息资源。其中,硬件资源分为处理器、存储器、I/O设备等,而I/O设备又分为输入型设备、输出型设备和存储型设备;信息资源则分为程序和数据等。操作系统的重要任务之一是有序地管理计算机中的硬件、软件资源,跟踪资源使用状况,满足用户对资源的需求,协调各程序对资源的使用冲突,为用户提供简单、有效的资源使用方法,最大限度地实现各类资源的共享,提高资源利用率,从而使得计算机系统的效率有很大提高。

(2)改善人机界面,向用户提供友好的工作环境。操作系统依据计算机硬件并在其基础上提供许多新的设施和能力,从而使得用户能够方便、可靠、安全、高效地操纵计算机硬件和运行自己的程序。操作系统负责合理组织计算机的工作流程,协调各个部件有效工作,为用户提供一个良好的运行环境。经过操作系统改造和扩充过的计算机不但功能更强,使用也更为方便,用户可以直接调用操作系统提供的许多功能,而无需了解许多软硬件的使用细节。

4.2.2 操作系统的功能及特征

1. 操作系统的特征

操作系统的主要特性有三条:并发性、共享性和异步性。

(1)并发性(concurrence):指两个或两个以上的运行程序在同一时间间隔段内同时执行。每一个运行的程序称为一个进程。操作系统是一个并发系统,并发性是它的重要特征,它应该具有处理多个同时执行程序的能力。发挥并发性能够消除计算机系统中部件和部件之间的相互等待,有效地改善系统资源的利用率,改进系统的吞吐率,提高系统效率。

(2)共享性(sharing):指操作系统中的资源(包括硬件资源和信息资源)可被多个并发执行的进程所使用。出于经济上的考虑,一次性向每个用户程序分别提供它所需的全部资源不但是浪费的,有时也是不可能的。现实的方法是让多个用户程序共用一套计算机系统的所有资源,因而必然会产生共享资源的需要。共享性和并发性是操作系统两个最基本的特征,它们互为依存。一方面,资源的共享是因为运行程序的并发执行而引起的,若系统不允许运行程序并发执行,自然也就不存在资源共享问题;另一方面,若系统不能对资源共享实施有效的管理,必然会影响运行程序的并发执行,甚至运行程序无法并发执行,操作系统也就失去了并发性,导致整个系统效率低下。

(3)异步性(asynchronism):或称随机性。在多道程序环境中,允许多个进程并发执行。由于资源有限而进程众多,进程以不可预知的速度向前推进。内存中的每个进程何时执行?何时暂停?以怎样的速度向前推进?每道程序总共需要多少时间才能完成等,都是不可预知的，这时进程是以异步方式运行的。异步性有可能导致与时间有关的错误，但只要运行环境相同，操作系统必须保证多次运行作业，都会获得完全相同的结果。

2. 操作系统的功能

操作系统的主要功能是资源管理、程序控制和人机交互等。

(1)资源管理。资源管理是操作系统的一项主要任务，而控制程序执行、扩充其功能、屏蔽使用细节、方便用户使用、组织合理工作流程、改善人机界面等都可以从资源管理的角度去理解。在资源管理中，操作系统主要完成处理器管理、存储管理、设备管理、信息管理等。

(2)程序控制。一个用户程序的执行自始至终是在操作系统控制下进行的。一个用户将他要解决的问题用某一种程序设计语言编写了一个程序后，就将该程序连同对它执行的要求输入到计算机内，操作系统就根据要求控制这个用户程序的执行直到结束。操作系统控制用户的执行主要有以下一些内容：调入相应的编译程序，将用某种程序设计语言编写的源程序编译成计算机可执行的目标程序，分配内存储等资源将程序调入内存并启动，按用户指定的要求处理执行中出现的各种事件以及与操作员联系请示有关意外事件的处理等。

(3)人机交互。人机交互功能靠输入、输出的外部设备和相应的软件完成。操作系统的人机交互功能是决定计算机系统"友善性"的一个重要因素。可供人机交互使用的设备主要有键盘显示、鼠标、各种模式识别设备等。与这些设备相应的软件就是操作系统提供人机交互功能的部分。人机交互功能部分的主要作用是控制有关设备的运行和理解，并执行通过人机交互设备传来的有关的各种命令和要求。

4.2.3　操作系统的类型

1. 批处理操作系统

批处理(batch processing)操作系统的工作方式是：用户将作业交给系统操作员，系统操作员将许多用户的作业组成一批作业输入计算机中，在系统中形成一个自动转接的连续的作业流，然后启动操作系统，系统自动、依次执行每个作业，并将结果输出给用户。批处理可以使系统资源利用率高，作业的吞吐量大，批处理系统的主要特征如下：

(1)用户脱机工作：用户提交作业之后直至获得结果之前不再和计算机其他的作业交互，批处理系统的这种特征实质上是利用作业控制语言对脱机工作的作业进行控制的，但这种工作方式对调试和修改程序是极不方便的。

(2)成批处理作业：操作员集中一批用户提交的作业，输入计算机成为后备作业。后备作业由批处理操作系统一批批地选择并调入主存执行。

(3)多道程序运行：按预先规定的调度算法，从后备作业中选取多个作业进入主存，并启动它们运行，实现了多道批处理。

(4)作业周转时间长：由于作业进入计算机成为后备作业后要等待选择，因此，作业从进入计算机开始到完成并获得最后结果为止所经历的时间一般相当长，一般需等待数小时至几天。

2. 分时操作系统

在批处理系统中，用户不能干预自己程序的运行，无法得知程序运行情况，对程序的调试和排错不利。为了克服这一缺点，便产生了分时操作系统。

允许多个联机用户同时使用一台计算机系统进行计算的操作系统称为分时操作系统。其实现思想如下：每个用户在各自的终端上以问答方式控制程序运行，系统把 CPU 时间划分成时间片，轮流分配给各个联机终端用户，每个用户只能在极短时间内执行，若时间片用完，而程序还未做完，则挂起等待下次分得时间片。这样一来，每个用户的每次要求都能得到快速响应，每个用户好像独占了这台计算机一样。实质上，分时系统是多道程序的一个变种，不同之处在于每个用户都有一台联机终端。分时操作系统具有以下特性：

(1)同时性：若干个终端用户同时联机使用计算机，分时就是指多个用户分享使用同一台计算机，每个终端用户感觉上好像他独占了这台计算机。

(2)独立性：终端用户彼此独立，互不干扰。

(3)及时性：终端用户的立即型请求(即不要求大量 CPU 时间处理的请求)能在足够快的时间之内得到响应。这一特性与计算机 CPU 的处理速度、分时系统中联机终端用户数和时间片的长短密切相关。

(4)交互性：人机交互，联机工作，用户直接控制其程序的运行，便于程序的调试和排错。

3. 实时操作系统

虽然多道批处理操作系统和分时操作系统获得了较佳的资源利用率和快速的响应时间，但它们难以满足实时控制和实时信息处理领域的需要。于是，便产生了实时操作系统。

实时操作系统(real time operating system)是指当外界事件或数据产生时，能够以足够快的速度予以处理，其处理的结果又能在规定的时间内控制监控的生产过程，并控制所有执行任务协调一致运行的操作系统。

目前有三种典型的实时系统；过程控制系统、信息查询系统和事务处理系统。计算机用于生产过程控制时，要求系统能现场实时采集数据，并对采集的数据进行及时处理，进而能自动地发出控制信号控制相应执行机构，使某些参数(压力、温度、距离、湿度)能按预定规律变化，以保证产品质量。导弹制导系统、飞机自动驾驶系统和火炮自动控制系统都是实时过程控制系统。计算机还可用于控制进行实时信息处理，情报检索系统就是典型的实时信息处理系统。计算机接收成百上千从各处终端发来的服务请求和提问，系统应在极快的时间内做出回答和响应。事务处理系统不仅对终端用户及时响应，而且要对系统中的文件或数据库频繁更新。例如，对于银行业务处理系统，每次银行客户发生业务往来，均需修改文件或数据库。要求这样的系统要响应快、安全保密，可靠性高。

评价一个实时操作系统一般可以从任务调度、内存管理、任务通信、内存开销、任务切换时间、最大中断禁止时间等几个方面衡量。因此，实时操作系统一般具备以下要求：

(1)可确定性(deterministic)。操作系统的可确定性是指它可以按照固定的、预先确定的时间或时间间隔执行操作。当多个任务竞争使用资源和处理器时，没有哪个系统是完全可确定的。在实时操作系统中，任务请求服务是用外部事件和时间安排进行描述的。操作系统可以确定性地满足请求的程度，首先取决于它响应中断地速度，其次取决于系统是否具有足够的能力在要求的时间内处理所有的请求。

操作系统可确定性能力的一个非常有用的度量是从高优先级中断到达到开始服务之间的延迟。在非实时操作系统中，这个延迟可以是几十到几百毫秒，而在实时操作系统中，这个延迟的上限可以从几微秒到 1 ms。

(2)响应性(responsiveness)。确定性关注的是操作系统获知有一个中断之前的延迟，响应性关注的是在知道中断之后操作系统为中断提供服务的时间。确定性和响应性共同组成了对外部事件的响应时间。对实时系统来说，响应时间的要求非常重要，因为它必须满足外部事件的时间要求。

(3)用户控制(user control)。用户控制在实时操作系统中通常比在普通操作系统中更广泛。在典型的非实时操作系统中，用户或者对操作系统的调度功能没有任何控制，或者仅提供了概括性的指导，如把用户分成多个优先级组。但在实时操作系统中，允许用户细粒度地控制任务的优先级是必不可少的。用户应该能够区分硬任务和软任务，并且确定其相对优先级。实时系统还允许用户指定一些特性，如哪个任务必须常驻 Cache。

(4)可靠性(reliability)。可靠性在实时系统中比非实时系统中更重要。在非实时系统中，暂时性故障可以通过重新启动系统解决，多处理器非实时系统中的处理器失败可能导致服务级别降低，直到发生故障的处理器被修复或替换。但实时系统是实时地响应和控制事件，性能的损失或降低可能产生灾难性的后果，从资金损失到损坏主要设备甚至危及生命。

(5)故障弱化运行(fail - soft running)。与其他领域一样，实时操作系统和非实时操作系统的区别只是一个程度问题，即使实时系统也必须设计成响应各种故障模式。故障弱化运行是指在系统故障时实时系统将试图改正这个问题或者最小化它的影响并继续运行。

当前的实时操作系统包括以下典型特征：

(1)快速的任务切换。当某种原因使一个任务退出运行时，实时操作系统保存它的运行现场信息，插入相应队列并依据一定的调度算法重新选择一个任务使之投入运行，这一过程所需时间称为任务切换时间。任务切换时间一般在毫秒或微秒数量级上。

(2)体积小(只具备最小限度的功能)。实时操作系统的设计过程中，最小内存开销是一个较重要的指标，这是因为在工业控制领域中的某些工控机，基于降低成本的考虑，其内存的配置一般都不大，而在这有限的空间内不仅要装载实时操作系统，还要装载用户程序。

4. 网络操作系统

网络操作系统是基于计算机网络的，是在各种计算机操作系统上按网络体系结构协议标准开发的软件，包括网络管理、通信、安全、资源共享和各种网络应用。其目标是通过相互通信及资源结合完成网络的通信任务。网络操作系统与一般操作系统有所不同，它除了应具有通常操作系统应具有的处理机管理、存储器管理、设备管理和文件管理外，还应具有以下两大功能：

(1)提供高效、可靠的网络通信能力。

(2)提供多种网络服务功能，如远程作业录入并进行处理的服务功能、文件转输服务功能、电子邮件服务功能和远程打印服务功能等。

5. 分布式操作系统

分布式操作系统是将网络中一些独立自治的计算机通过分布式操作系统连接成一个逻辑上的有机整体的集合，对系统的用户而言，系统就像一台计算机一样。分布式操作系统是建立在网络之上的软件系统，分布式系统将大量的计算机通过网络连接在一起，可以获得极高的运算能力及广泛的数据共享。

分布式操作系统在资源管理、通信控制和操作系统的结构等方面都与其他操作系统有较大的区别。由于分布式计算机系统的资源分布于系统的不同计算机上，就要求操作系统在分布式系统的各台计算机上搜索，找到所需资源后才可进行分配，同时还必须考虑资源的一致性。为了保证一致性，操作系统须控制文件的读、写操作，使得多个用户可同时读一个文件，而任何时刻最多只能有一个用户在修改文件。

分布式操作系统的通信功能类似于网络操作系统。由于分布式计算机系统不像网络分布得很广，同时分布式操作系统还要支持并行处理，因此它提供的通信机制和网络操作系统提供的有所不同，要求通信速度高。分布式操作系统的结构也不同于其他操作系统，它分布于系统的各台计算机上，能并行地处理用户的各种需求，有较强的容错能力。

分布式操作系统是网络操作系统的更高形式，它保持了网络操作系统的全部功能，而且还具有透明性、可靠性和高性能等。网络操作系统和分布式操作系统虽然都用于管理分布在不同地理位置的计算机，但最大的差别是：网络操作系统知道确切的网址，而分布式系统则不知道计算机的确切地址；分布式操作系统负责整个的资源分配，能很好地隐藏系统内部的实现细节，如对象的物理位置等，这些都是对用户透明的。

4.3 常用操作系统简介

操作系统多种多样，目前常用的操作系统有 DOS、OS/2、UNIX、Linux、NetWare 和 Windows 等，下面分别介绍这些操作系统的发展过程和功能特点。

1. DOS 操作系统

DOS(Disk Operation System)，即磁盘操作系统，用字符命令方式操作，只能运行单个任务。从 1981 年问世至今，DOS 经历了 7 次大的版本升级，从 1.0 版到现在的 7.0 版，不断地改进和完善。但是，DOS 的单用户、单任务、字符界面和 16 位的大格局没有变化，因此它对于内存的管理也局限在 640 KB 的范围内。

常用的 DOS 有三种不同的品牌，它们是 Microsoft 公司的 MS - DOS、IBM 公司的 PC - DOS 以及 Novell 公司的 DR DOS，其中使用最多的是 MS - DOS。

2. Windows 系统

Windows 系统最早是 Microsoft 公司在 1985 年 11 月发布的第一代窗口式多任务系统，它使 PC 机进入了所谓的图形用户界面(Graphic User Interface，GUI)时代。在图形用户界面中，每一种应用软件(即由 Windows 支持的软件)都用一个图标(icon)表示，用户只需在某图标上，连续两次按下鼠标器的拾取键即可进入该软件，这种界面方式为用户提供了很大的方便，把计算机的使用提高到了一个新的阶段。

Windows 1. X 版是一个具有多窗口及多任务功能的版本，但由于当时的硬件平台为 PC/XT，速度很慢，所以 Windows 1. X 版本并未十分流行。1987 年底，Microsoft 公司又推出了 MS - Windows 2. X 版，它具有窗口重叠功能，窗口大小也可以调整，并可把扩展内存和扩充内存作为磁盘高速缓存，从而提高了整台计算机的性能，此外它还提供了众多的应用程序：文本编辑 Write、记事本 Notepad、计算器 Calculator、日历 Calendar 等。随后在 1988 年、1989 年又先后推出了 MS - Windows/286 - V2. 1 和 MS - Windows/386 V2. 1 这两个版本。

1990 年，Microsoft 公司推出了 Windows 3. 0，它的功能进一步加强，具有强大的内存管理，且提供了数量相当多的 Windows 应用软件，因此成为 386、486 微机新的操作系统标准。随后，Windows 发布了 3. 1 版，而且推出了相应的中文版。3. 1 版较 3. 0 版增加了一些新的功能。

1995 年，Microsoft 公司推出了 Windows 95(也称为 Chicago 或 Windows 4.0)。在此之前的 Windows 都是由 DOS 引导的，而 Windows 95 是一个完全独立的系统，并在很多方面作了进一步的改进，还集成了网络功能和即插即用(plug and play)功能，是一个全新的 32 位操作系统。

1998 年，Microsoft 公司推出了 Windows 95 的改进版 Windows 98，Windows 98 的一个最大特点就是把微软的 Internet 浏览器技术整合到了 Windows 95 里面。

Windows NT 是真正的 32 位操作系统，与普通的 Windows 系统不同，它主要面向商业用户，有服务器版和工作站版之分。Microsoft 公司在 1999 年将最新的工作站版本 NT 5.0 和普通的 Windows 98 统一为一个完整的操作系统，即 Windows 2000 Professional。

Windows XP 是建立在 Windows NT 系统核心之上，也是 Windows 系列使用最多的、最易用的操作系统之一，Windows XP 分成 Windows XP Professional、Windows XP Home Edition 和 Windows XP 64 - Bit Edition 三个主要版本。

Windows XP 之后，Microsoft 公司相继推出了 Windows Vista、Windows 7、Windows 8、Windows 10 等操作系统，服务器版现在主流是 WindowsServer 2003、WindowsServer 2008、WindowsServer 2012、WindowsServer 2016，移动版主要有 WindowsMobile、WindowsPhone、Windows10Mobile，另外还有一个工业上用的嵌入式系统 WindowsCE。

3. Linux 系统

Linux 是目前全球最大的一个自由免费软件，其本身是一个功能可与 Unix 和 Windows 相媲美的操作系统，具有完备的网络功能。

Linux 最初由芬兰人 Linus Torvalds 开发，其源程序在 Internet 网上公开发布，引发了全球电脑爱好者的开发热情，许多人下载该源程序并按自己的意愿完善某一方面的功能，再发回网上，Linux 也因此被雕琢成为一个全球最稳定的、最有发展前景的操作系统。

目前最流行的 Linux 系统的版本有 Fedora Core、Redhat Linux、Mandriva/Mandrake、SuSE Linux、Debian、Ubuntu、Gentoo、Slackware、红旗 Linux 等，其中 Redhat Linux 俗称小红帽系统，是 Linux 系统中推广最广泛的版本，红旗 Linux 是国内自行开发的服务器操作系统。国内大部分 Linux 服务器都是使用 Redhat Linux 的系统。

Linux 操作系统主要具有如下特点：

(1)免费并且可以自由安装并任意修改软件的源代码。

(2)Linux 操作系统与主流的 Unix 系统兼容。

(3)支持几乎所有的硬件平台，包括 Intel 系列、680x0 系列、Alpha 系列、MIPS 系列等，并广泛支持各种周边设备。

4. Unix 系统

Unix 系统是 1969 年问世的，最初是在中小型计算机上应用。最早移植到 80286 微机上的 Unix 系统，称为 Xenix。Xenix 系统的特点是短小精干，系统开销小，运行速度快。经过多年的发展，Xenix 已成为十分成熟的系统，最新版本的 Xenix 是 SCO Unix 和 SCO CDT。当前的主要版本是 Unix 3.2 V4.2 以及 ODT 3.0。

Unix 是一个多用户系统，一般要求配有 8 MB 以上的内存和较大容量的硬盘。Apple 的

Mac 系统也是建立在 Unix 系统的基础之上，Unix 系统是迄今为止最安全的、最稳定的系统。Unix 系统目前主要有 IBM、HP、SUN、MAC 等几个版本，其中使用最多的是 MAC 系统。Windows 系统的 GUI 开发均来自 MAC，包括现在使用的 PC 系统模型等很多设计都是仿造 Apple。我国自行开发的麒麟操作系统也是基于 Unix 基础之上。

5. OS/2 系统

1987 年，IBM 公司在激烈的市场竞争中推出了 PS/2（Personal System/2）个人电脑。PS/2系列电脑大幅度突破了现行 PC 系统的体系，采用了与其他总线互不兼容的微通道总线 MCA，并且 IBM 自行设计了该系统约 80%的零部件，以防止其他公司仿制。OS/2 系统正是为 PS/2 系列机开发的一个新型多任务操作系统。OS/2 克服了 DOS 系统 640 KB 主存的限制，具有多任务功能。OS/2 也采用图形界面，它本身是一个 32 位系统，不仅可以处理 32 位 OS/2 系统的应用软件，也可以运行 16 位 DOS 和 Windows 软件。OS/2 系统通常要求在 4 MB内存和 100 MB 硬盘或更高的硬件环境下运行。但 IBM 公司在 2006 年 12 月 31 日停止销售该系统，其系统平台也逐步过渡到了 Linux 系统上。

4.4 Windows 7 应用

Windows 7 是微软公司 2010 年发布的一款视窗操作系统。主要的版本包括简易版、家庭基础版、家庭高级版、专业版、企业版和旗舰版等。

4.4.1 Windows 7 基本操作及设置

1. 启动及桌面设置

要使用 Windows 7，必须先启动操作系统，它是把操作系统的核心程序从磁盘调入内存并执行的过程。启动操作系统的内部处理过程非常复杂，但用户无需担心，因为这一切都是自动执行的。对于 Windows 来说，主要的启动方法有冷启动和复位启动。

在启动时系统可能会要求输入用户密码，这一过程称为“登录”。桌面是登录到系统后用户看到的屏幕界面，是用户与计算机进行交流的窗口。在系统桌面上有很多图标，图标是指在桌面上排列的小图像，它包含图形和说明文字两部分，双击图标就可以打开相应的内容。一般 Windows 7 系统桌面默认图标包括“计算机”图标、“网络”图标和“回收站”图标。用户也可以修改桌面图标相关项目，操作如下：

（1）右击桌面空白处，在弹出的快捷菜单中选择“个性化”命令。

（2）在对话框中左上角处用鼠标左键单击 “更改电脑图标”，打开“桌面图标设置”对话框，如图 4－2 所示。

（3）在“桌面图标设置”对话框中通过桌面图标的复选框的选择可对桌面图标进行显示/隐藏操作，对系统图标样式进行更改等操作。

（4）设置完毕后单击“确定”按钮。

桌面上的图标部分是系统自带的，部分是由用户创建的。因此，图标的创建是很常见的操作，用户只需要在桌面的空白处单击鼠标右键，在弹出的快捷菜单中选择“新建”（见图 4－3），用户便可以创建新文件夹、快捷方式、Office 文档等常用项目。

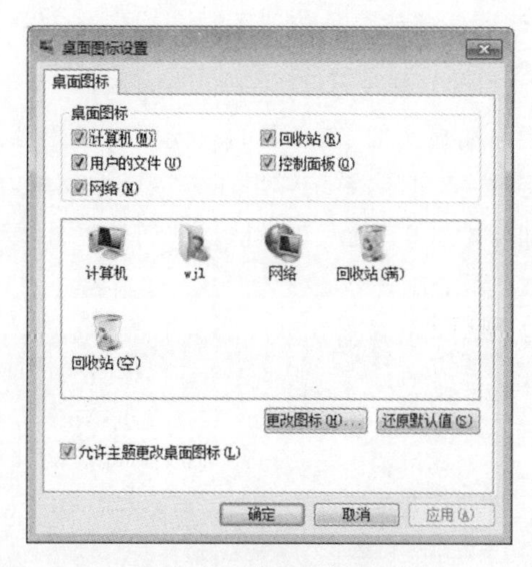

图 4－2　桌面图标设置

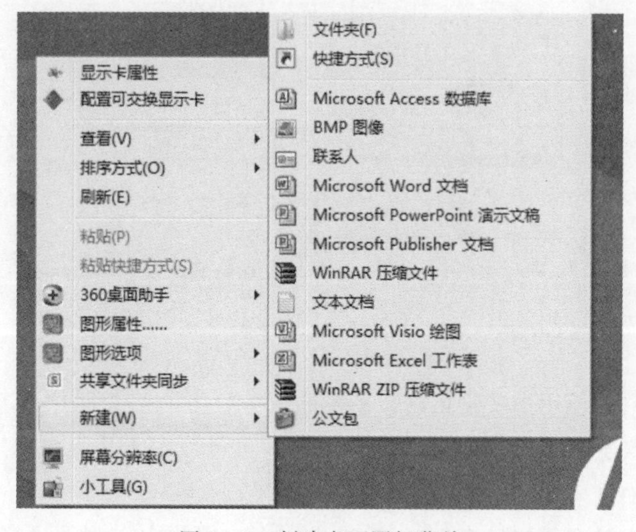

图 4－3　创建桌面图标菜单

桌面的最下方区域叫做任务栏，它显示了系统正在运行的程序和打开的窗口以及当前时间等内容，用户可以通过任务栏完成很多工作，同时也可以对它进行一系列的设置。任务栏可以分为“开始”菜单按钮、快速启动工具栏、窗口按钮栏语言栏和应用程序图标区等几部分，如图 4－4 所示。

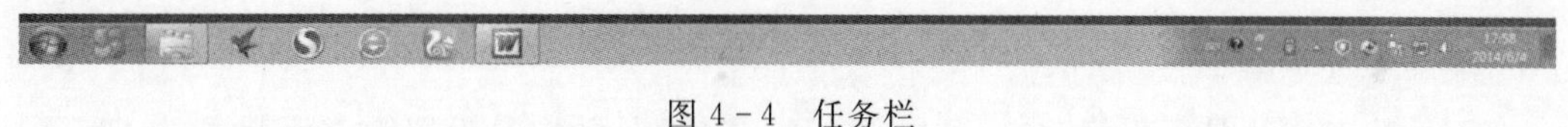

图 4－4　任务栏

2. 任务栏显示

任务栏的显示样式是可以改变的。例如，在未锁定任务栏的前提下，可以通过鼠标拉动改变任务栏的高度，改变快速启动栏的宽度，也可以通过按住左键不放并移动鼠标到桌面窗口的其他位置(上、下、左、右侧)改变任务栏显示位置等。

3. 任务栏自动隐藏

任务栏默认是一直处于前端显示的,在必要的时候可以设置隐藏任务栏。操作方法如下:

(1)用鼠标右键单击任务栏空白区,系统弹出任务栏操作菜单,单击"属性"命令。

(2)系统打开"任务栏和开始菜单属性"对话框,在"任务栏外观"选项卡中,选中"自动隐藏任务栏"复选框即可,如图 4-5 所示。

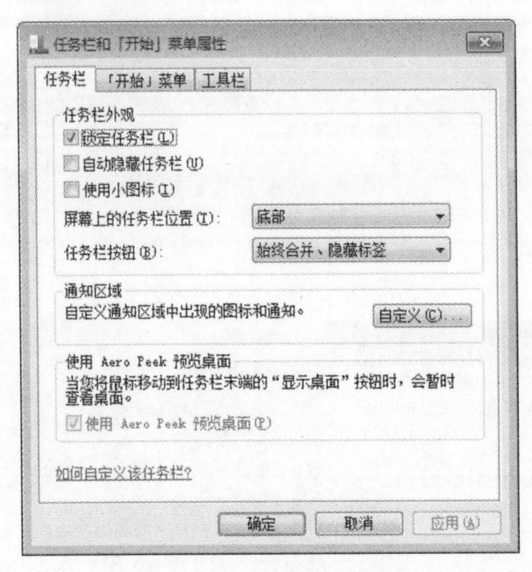

图 4-5　任务栏自动隐藏

4. 输入法设置

用户输入汉字时要使用中文输入法。系统的任务栏上有一个输入法图标,用于设置用户的输入法。使用中文输入法时,可以通过鼠标选择,也可以按下快捷键【Ctrl+Shift】组合键,系统就会按顺序切换输入法。

系统提供的输入法一般比较多,对一般用户而言常用的中文输入法只有一种。如果用户要输入中文和英文混排的文字的话,可以使用【Ctrl+Shift】组合键进行输入法的切换,也可以使用【Ctrl+Space】组合键。【Ctrl+Space】组合键可以在用户最近一次使用过的中文输入法和英文输入法(两种输入法)之间相互切换。

如果操作系统没有用户所需的输入法,则可以通过手工的方式添加或下载安装所需输入法。

5. 桌面背景设置

桌面的背景图片是可以修改的,可以把一个系统之外的图片设置为桌面背景,如把一副风景图片作为桌面背景,具体操作步骤如下:

(1)用鼠标右键单击桌面上空白区域,系统弹出菜单,选择"个性化"选项。

(2)系统弹出"个性化"对话框,在对话框下方单击"桌面背景"项目,如图 4-6 所示。

(3)系统进入"桌面背景"对话框窗口,在"图片位置"右侧点击"浏览"按钮,打开"选择文件夹”对话框，选中计算机中一幅图片，并在图片位置处点选某种效果后，单击“保存修改”即可，如图 4－7 所示。

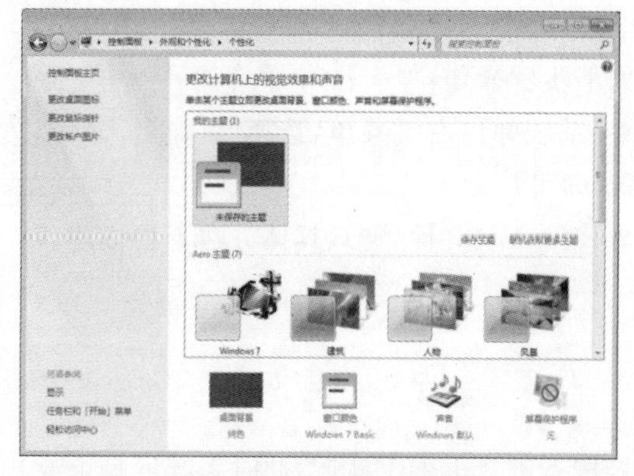
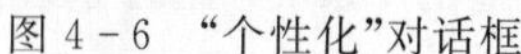

图 4－6　“个性化”对话框

图 4－7　桌面背景对话框

除了以上这些设置操作以外，常见的还有设置显示器分辨率、更改计算机名等，操作过程比较简单，在此不再详述。

4.4.2　Windows 7 文件及文件夹的相关操作

1. 文件(夹)的选择

在对文件进行操作之前，必须选中它们。在“资源管理器”中，选定文件有几种方法。如果只要选中一个文件或文件夹，只要单击文件(夹)的图标即可。文件(夹)被选中以后会以高亮度方式显示。如果要选中两个以上的文件(夹)，可以按以下步骤进行：

(1)如果要选择连续的一片区域，可以用鼠标框选；也可以先选中第一个文件(夹)，再按住 Shift 键不放，然后点选最后一个文件(夹)，此时被选中的两个文件(夹)之间所有的连续文件(夹)均被选中。

(2)如果要选择的文件(夹)是不连续的，那么操作时先按住 Ctrl 键不放，再用鼠标左键一个一个地点选即可。

(3)已选中的文件(夹)如果要取消选择，可以在空白区域单击鼠标左键，所有被选中的文件标志消失。

(4)如果要选定此目录中所有的文件，执行“编辑”菜单→“全部选定”命令。也可以按【Ctrl＋A】组合键选定所有文件。

2. 文件(夹)的复制

复制是指把一份文件(夹)变成两份或多份存储，最原始文件称为源文件，复制会把源文件进行“克隆”，生成一份新的与源文件内容一模一样的文件(副本)存储在其他地方。文件的复制方法非常多，常见操作如下：

(1)选中要复制的的文件(夹)。

(2)用鼠标右键单击被选中图标，系统弹出菜单，选择“复制”命令。

(3)进入另一个目标文件夹界面，用鼠标右键单击空白处，在弹出的菜单中选中“粘贴”即可。

除此之外，还可以使用键盘组合键【Ctrl＋C】与【Ctrl＋V】及鼠标“拖放”方式进行文件(夹)复制粘贴操作。

3. 文件(夹)重命名

重命名一个文件(夹)的方法很多，通常可按如下步骤操作：

(1)用鼠标右键单击要重命名的文件或文件夹，系统弹出右键菜单，选择“重命名”命令。

(2)直接输入一个新的名称，并按 Enter 键确认即可。

另外，还可以通过先选中在单击文件(夹)的方式重命名文件(夹)，具体方法不再详述。

4. 文件(夹)的删除及恢复

删除文件的操作步骤如下：

(1)选中要删除的文件或文件夹。

(2)在“文件”菜单中执行“删除”命令或者直接按下键盘上的 Del 键，此时系统屏幕上会出现一个删除确认对话框。

(3)如果确认要删除此文件，则单击“是”按钮，否则单击“否”按钮。

在 Windows 7 中，这种删除操作并不是将文件真正意义上的删除，而是把它们放入“回收站”中。因为“回收站”其实还是硬盘的一部分，所以这样被删除的文件还是被保存在硬盘中的，只是存储位置变了，用户在桌面上打开“回收站”时可看到被删除的文件，但不可直接打开这些文件，如要继续使用这些文件，用户可以将它们恢复到原来的位置。恢复删除的文件的操作步骤如下：

(1)在桌面上双击“回收站”图标，打开回收站窗口。

(2)在“回收站”窗口中选择要进行恢复的文件(夹)。

(3)用鼠标右键单击文件组图标，在弹出的快捷菜单中选择“还原”，即可将选中的文件恢复到原来的位置上。

如果要将某些文件永久删除，只需要在回收站中用鼠标右键单击该文件，选择“删除”命令即可，被永久删除后的文件是不可恢复的。

永久删除还有一种快速方法，在执行删除命令之前先按住 Shift 键不放，再执行删除命令，文件不会放入“回收站”，而是直接彻底删除，当然彻底删除后的文件是不可恢复的。

5. 文件(夹)的只读和隐藏

有些文件在保存以后，一般不再做更改了，用户可把这些文件设为只读的或隐藏的，以便更好地保护好文件免于误操作。方法如下：

(1)找到文件(夹)，并用鼠标右键单击文件(夹)，系统弹出快捷菜单。

(2)选中执行“属性”命令，系统会打开一个对话框，如图 4－8 所示，把界面中的“只读”或“隐藏”复选框选中，单击确定即可。

“只读”的文件是默认可见的，可以打开，只是不能改变它的内容；“隐藏”的文件默认是不可见的，不可直接操作。如果要对只读的文件进行修改，那么只要再次打开文件的属性对话框，把只读前面的勾去掉即可。隐藏的文件(夹)首先要将其显示出来，操作过程如下：

(1)在隐藏的文件(夹)所在目录的资源管理器窗口中单击“组织”，在弹出的菜单中选择

“文件夹及搜索选项”命令。

(2)打开“文件夹选项”对话框,选择“查看”选项卡,如图4-9所示。

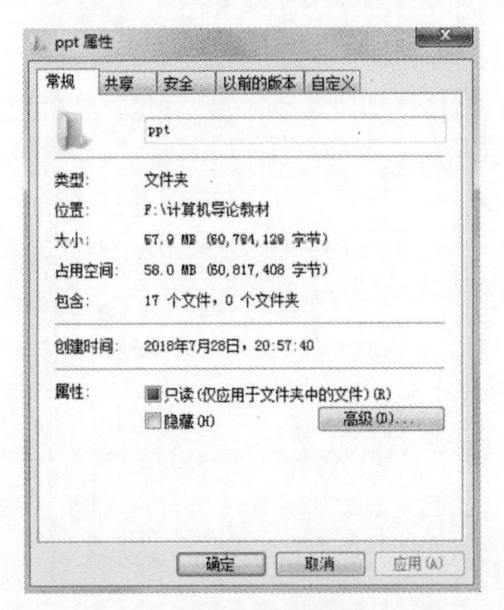

图4-8　文件(夹)属性设置对话框

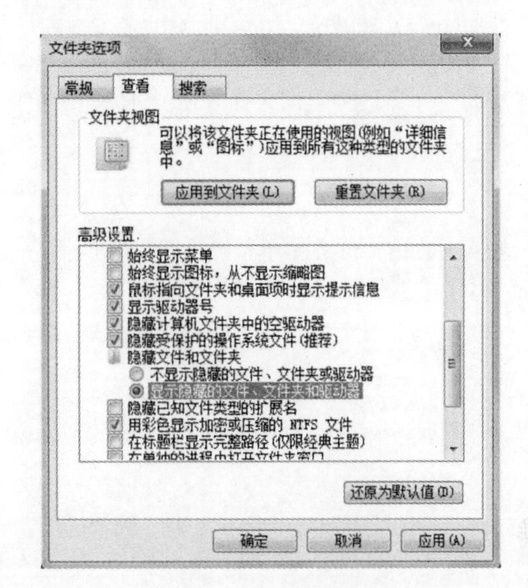

图4-9　“查看”选项卡

(3)在对话框中将“隐藏文件或文件夹”中的“显示隐藏的文件、文件夹或驱动器”单选框选中,隐藏的文件被暗色显示出来。

隐藏文件显示出来后,可对文件进行其他设置。

6. Windows 7 的共享

如果计算机处于一个局域网中,可以进行相关的设置,让网络上其他用户也可以读取本计算机中的文件,实现资源共享。设置文件夹共享的步骤如下:

(1)打开“开始”菜单,在菜单右上角处单击用户名称,系统会打开一个当前用户的公用文件夹,如图4-10所示。

(2)把需要共享的文件复制到此文件夹下。

(3)在任务栏图标区用鼠标右键单击当前网络图标,弹出菜单中选择“打开网络和共享中心”命令,在弹出的窗口中点选“高级共享设置”命令。

(4)在对话窗口中展开“公用(当前配置文件)”组别,选择“公用文件夹”类目下的启用共享单选按钮,并保存修改,如图4-11所示。

如果需要直接共享文件夹或整个驱动器,则需要启用“高级共享”,操作步骤如下:

(1)用鼠标右键单击驱动器或文件夹,先单击“共享对象”,然后单击“高级共享”菜单项,系统弹出磁盘属性对话框。

(2)在“共享”选项卡中单击“高级共享”命令按钮,系统会弹出“高级共享”对话框,勾选“共享此文件夹”,并设置好权限后确认。

图 4-10　用户文件夹

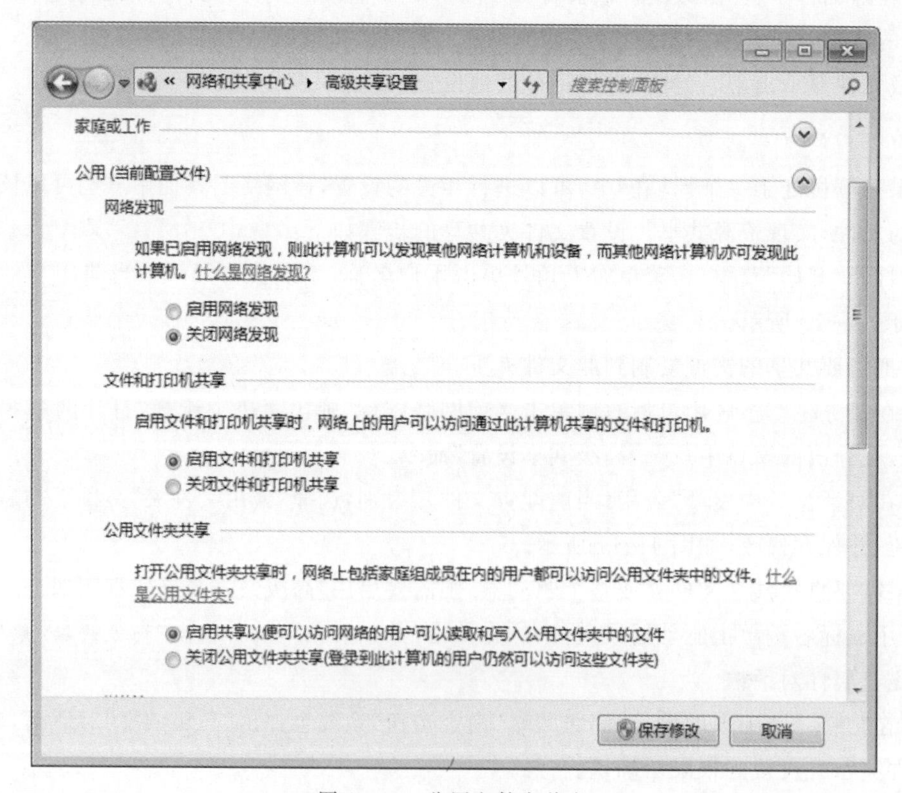

图 4-11　公用文件夹共享

7. 搜索文件和文件夹

现在的计算机磁盘空间一般都比较大，存储文件会很多，如果想打开某一个文件而又忘记了这个文件的存放位置，此时可以使用 Windows 配备的查找功能寻找这些文件，查找文件的步骤如下：

(1)打开“开始”菜单，在“搜索”栏输入文件或文件夹的名称即可开始搜索，Windows 7 会将搜索的结果显示在当前的对话框中。

(2)双击搜索后显示的文件或文件夹，即可打开该文件或文件夹。

另外，用户也可以在“资源管理器”窗口中进行指定目录中的文件查找，方法与上述方法相同。

Windows 7 支持通配符查找。Windows 7 的文件通配符有两个，分别为“?”和“*”。可以把“?”和“*”写在要查找的文件名中进行查找。每一个“?”在文件名中表示一个长度的字符；每一个“*”号在文件名中表示 0 至多个长度的字符。例如，查找 D 盘上的文件名含“报告”二字的 PowerPoint 文档，可在 D 盘根目录的搜索栏中输入“*报告*.ppt*”，系统自动完成搜索过程。这里需要注意的是，Office 2003 以前的版本，PowerPoint 文件的扩展名为 ppt，之后版本 PowerPoint 文件的扩展名为 pptx。两个通配符可以联合使用且通配符必须是英文半角符号。

除了以上这些文件(夹)操作以外，常见的操作还有新建文件夹、文件夹查看等，这些操作过程比较简单，在此不再详述。

4.4.3 磁盘管理

1. 格式化磁盘

格式化磁盘通常是指格式化硬盘分区和格式化 U 盘。格式化硬盘分区又可分为高级格式化和低级格式化，高级格式化是指在 Windows 7 操作系统下对硬盘进行的格式化操作；低级格式化是指在高级格式化操作之前，对硬盘进行的分区和物理格式化，低级格式化操作通常由磁盘厂家完成。磁盘一定要格式化以后才能存取数据。用户进行高级格式化磁盘的操作如下：

(1)打开“资源管理器”窗口，用鼠标右键单击某个要进行格式化的磁盘分区，选择“格式化”命令，系统会弹出格式操作窗口，如图 4-12 所示。

(2)选择对应的“文件系统”和“分配单元大小”，若需要快速格式化，可选中“快速格式化”复选框。

(3)单击“开始”按钮，将弹出“格式化警告”对话框，若确认要进行格式化，单击“确定”按钮即可开始进行格式化操作。

需要注意的是，格式化磁盘将删除磁盘上的所有信息，且数据较难恢复。

2. 清理磁盘

使用磁盘清理程序可以帮助用户释放硬盘驱动器空间，删除临时文件、Internet 缓存文件和不需要的文件，腾出它们占用的系统资源，以提高系统性能。磁盘清理的操作过程如下：

(1)单击“开始”按钮，选择“更多程序”→“附件”→“系统工具”→“磁盘清理”命令，打开“选择驱动器”对话框。

(2)选择要进行清理的驱动器，单击“确定”按钮可弹出该驱动器的“磁盘清理”对话框，选择“磁盘清理”选项卡，如图 4-13 所示。

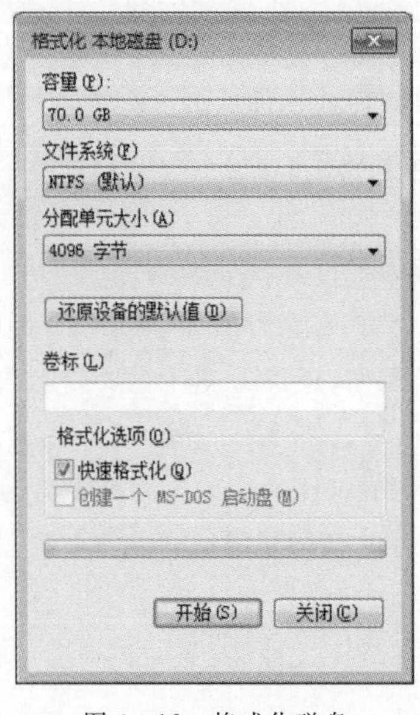

图 4-12 格式化磁盘

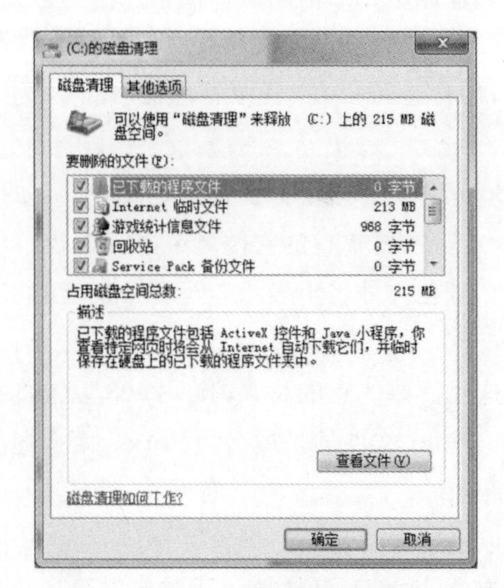

图 4-13 “磁盘清理”对话框

(3)在该选项卡中的“要删除的文件”列表框中列出了可删除的文件类型及其所占用的磁盘空间大小，选中某文件类型前的复选框，在进行清理时即可将其删除。

(4)单击“确定”按钮，将弹出“磁盘清理”确认删除对话框，单击“是”按钮，弹出“磁盘清理”对话框，清理完毕后，该对话框将自动消失。

3. *整理磁盘碎片*

磁盘(尤其是硬盘)经过长时间的使用后，难免会出现很多零散的空间和磁盘碎片，一个文件可能会被分成若干个小块存放在不同的磁盘空间中，这样在访问该文件时系统就需要到不同的磁盘空间中去查找，从而影响了访问速度。使用磁盘碎片整理程序可以重新安排文件在磁盘中的存储位置，将文件的存储位置整理到一起，同时合并可用空间，提高运行速度。磁盘碎片整理程序的操作过程比较简单，在此不再详述。

4.4.4 控制面板

“控制面板”是 Windows 7 的功能控制和系统配置中心，提供丰富的 Windows 设置工具，这些设置几乎控制有关 Windows 外观和工作方式的所有设置。用户可以通过开始菜单打开控制面板，首次打开时，看到的是“控制面板”分类视图，在控制面板窗口“查看方式”中选择“小图标”，可以查看所需的具体项目，如图 4-14 所示，双击项目图标，即可打开该项目。通过控制面板可以设置的项目很多，这里只介绍常见几种。

图 4 - 14　所有控制面板项

1. 用户账户

Windows 7 是多用户系统，不同的用户可以使用该系统进行不同的设置。在 Windows 7 中切换用户账户，只要在“用户账户”窗口中更改用户登录名和注销方式中快速切换，不用关闭所有程序就可以快速切换到另一个用户账户。

Windows 7 系统中有三种类型的账户：标准账户、管理员账户和来宾账户。标准账户可防止用户做出对该计算机的所有用户造成影响的更改，从而帮助保护计算机；管理员账户可以对计算机进行最高级别的控制，拥有计算机管理员账户的人拥有对计算机上其他用户账户的完全访问权，管理员账户可以创建和删除计算机上的其他用户账户，可以为计算机上其他用户账户创建账户密码，也可以更改其他人的账户名、图片、密码和账户类型；来宾账户主要针对需要临时使用计算机的用户，是在计算机上没有账户的用户可以使用的账户。

用户账户的设置可分为创建新用户、修改用户密码和设置用户登录方式等。创建新用户操作步骤如下：

(1)打开控制面板，并以小图标模式查看，单击“用户账户”图标。

(2)在“用户账户”窗口，单击“管理账号”命令。

(3)在“管理账户”窗口，单击“创建新账户”命令。

(4)在“创建新账户”窗口中输入一个新账户名，并选择账户类型，最后单击创建账户即可，如图 4 - 15 所示。

创建完用户以后，用户就可以用新建的用户名登录 Windows，为了账户与系统的安全，通常要设置密码。设置密码步骤如下：

(1)在用户账户列表中，单击要设置密码的用户图标。

(2)系统进入该用户的操作列表对话框，单击“创建密码”选项，如果该用户已有密码，只能选择“更改密码”选项。

(3)系统进入“创建密码”对话框，输入所设密码以后单击“创建密码”按钮即可，如图4 - 16 所示。

除了以上用户管理功能以外,还有更改名称、更改图标和更改账户类型等功能,操作比较容易,在此不再详述。

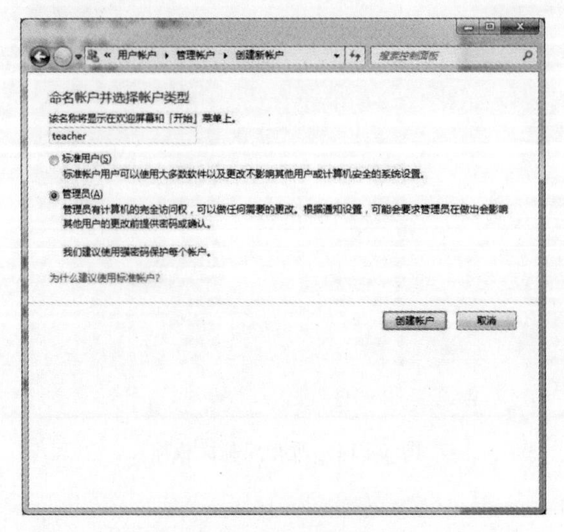

图 4-15　创建新用户

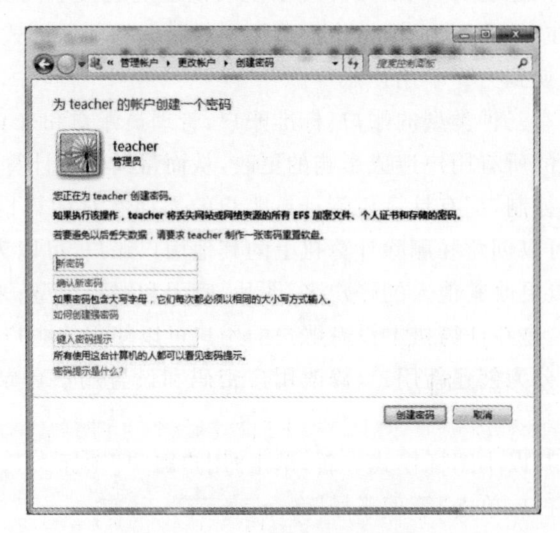

图 4-16　创建用户密码

2. 添加或删除程序

用户如果要对系统中已安装的软件进行删除或更新操作,就可以使用“添加或删除程序”。“添加或删除程序”程序包括:更改或删除程序;添加新程序;添加/删除 Windows 组件;设定程序访问和默认值等功能。在 Windows 7 中进行删除(卸载)程序操作步骤如下:

(1)在“控制面板”中单击“程序和功能”图标。

(2)系统进入“卸载或更改程序”界面,在应用程序列表框中选中要删除的程序。

(3)在组织栏上单击“卸载”命令,确认后执行应用程序的卸载或更改。

如果要添加或删除 Windows 某项功能,操作过程如下:

(1)在“程序和功能”窗口左侧列表中选择“打开或关闭 Windows 功能”命令，打开“Windows 功能”对话框。

(2)“Windows 功能”窗口中列出了 Windows 的所有功能，若某项功能前复选框被选中，表示该项功能已打开(安装)，未选中表示该项功能关闭(未安装)，复选框被填充表示该项目功能的部分子项已打开(安装)，如图 4－17 所示。

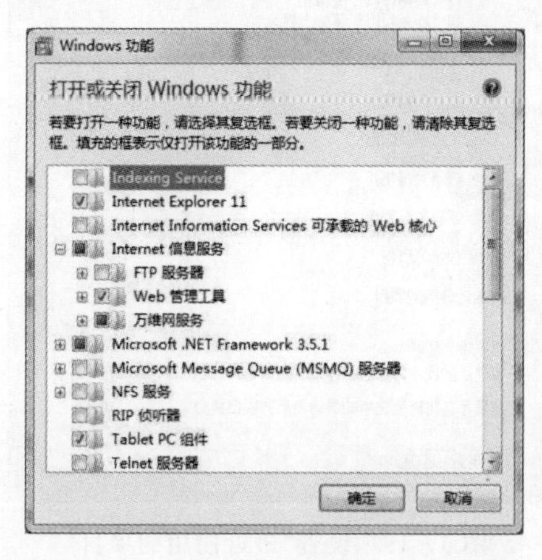

图 4－17　打开或关闭 Windows 功能

(3)在某项目功能前选中或取消选中，单击确定即可完成 Windows 功能的打开或关闭。

以上是“控制面板”中较常用的功能，除此之外，可设置的功能还有很多，如设置鼠标、设置 Windows 防火墙、设置电源使用方案、安装打印机、安装字体等操作，这些操作在此不再详述。

4.4.5　Windows 常用程序和其他操作

1. 最近使用的项目

用户最近一段时间可能都要对某些文档经常操作，为了便于用户查看近期操作的文档，Windows 7 提供了“最近使用的项目”功能，操作如下：

(1)在开始菜单上单击鼠标右键，打开“任务栏和【开始】菜单属性”，选择“开始菜单”选项卡，如图 4－18 所示。

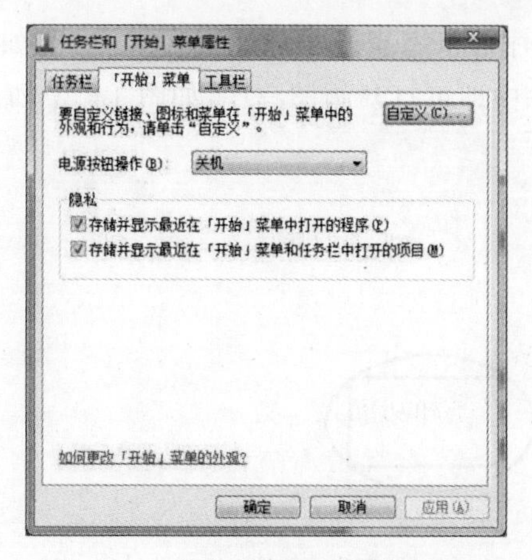

图 4－18　任务栏和【开始】菜单属性

(2)单击“自定义”按钮,打开“自定义【开始】菜单”对话框,将“最近使用的项目”的复选框选中,并设置“开始菜单大小”中的两项内容均为10,单击确定,如图4-19所示。

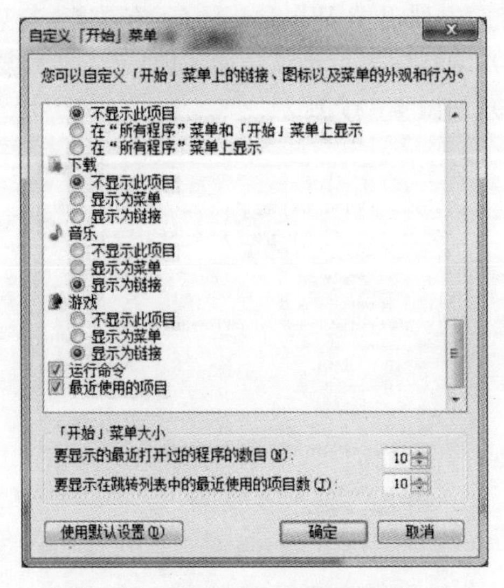

图4-19　设置“最近使用的项目”

(3)单击开始菜单,在“最近使用的项目”中即可查看最近使用过的10项文档。

2.屏幕截图

在键盘上有一个功能特殊的键PrintScreen(或Prt sc)键,作用为截图。直接按下该键,复制当前整个系统屏幕作为一幅图像,如果按下键盘组合键【Alt+PrintScreen】,则复制当前活动窗口,屏幕复制后,可在需要的地方粘贴图像。

3.计算器

打开“开始”菜单,选择“所有程序”,打开“附件”文件夹,执行“计算器”命令,即可打开Windows计算器,可以使用计算器标准模式进行加、减、乘、除等简单的运算,也可以使用计算器科学型、程序员型及统计信息型等模式进行更复杂的运算。

4.画图

Windows自带的画图程序可以用来进行简单的图像处理,如剪裁图像、着色、输入文字、用户绘图等,在开始菜单附件中即可打开画图程序,如图4-20所示。

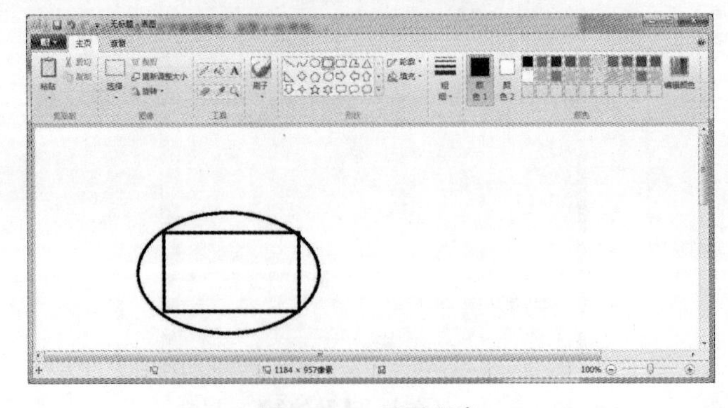

图4-20　画图程序

4.5　Office　应用

Office 2010 是 Microsoft 公司推出的新一代办公软件，也是目前市场上广受欢迎的办公软件。Office 2010 简体中文专业版包括 Word、Excel、PowerPoint、Access、Outlook、OneNote 和 PuNisher 等组件，本书主要介绍常用的三大组件 Word、Excel 和 PowerPoint。

4.5.1　文字处理 Word

在现代企业办公中，不论是企业管理人员还是专业技术人员，在日常办公中都需要处理大量的文字工作，现在一般都是用计算机的文档处理软件书写和管理各种办公文件。Word 2010 是 Microsoft 公司推出的智能办公软件 Microsoft Office 2010 的核心组件之一，具有界面美观、操作方便、实用性强等特点。

1. Word 2010 的启动与退出

启动 Word 2010 最常用的方法有以下三种：

(1)使用"开始"菜单栏启动。

(2)使用桌面快捷方式启动。如果在 Word 2010 的安装过程中，根据屏幕的提示在桌面中建立了快捷图标，用户只需双击该快捷图标，即可启动 Word 2010。

(3)直接启动。在资源管理器中，找到要编辑的 Word 文档，直接双击此文档即可启动 Word 2010。

Word 2010 退出有五种方式：

(1)单击"Office"按钮，在弹出的菜单中选择"关闭"命令。

(2)双击"Office"按钮。

(3)单击 Word 2010 标题栏右侧的"关闭"按钮。

(4)单击"文件"菜单中的"退出"命令。

(5)按快捷键【Alt＋F4】。

注意：如果用户在退出 Word 2010 时对文档进行了修改且未保存，系统将自动弹出一个是否保存信息的提示框，用户可根据需要选择相应按钮。

2. Word 2010 的工作界面

Word 2010 工作界面如图 4－21 所示，各部分含义分别如下：

(1)标题栏：显示正在编辑的文档的文件名以及所使用的软件名。

(2)"文件"选项卡：基本菜单命令集合，如"新建""打开""关闭""另存为…"和"打印"等常见菜单命令。

(3)快速访问工具栏：使用它可以快速访问用户频繁使用的工具，用户可以将命令添加到快速访问工具栏，从而对其进行自定义。

(4)功能区：功能区是菜单和工具栏的主要替代控件。为了便于浏览，功能区包含若干个围绕特定方案或对象进行组织的选项卡(如图 4－21 中的"开始""插入"和"页面视图"等)。而且每个选项卡的控件又细化为几个组。功能区能够比菜单和工具栏承载更加丰富的内容，包括按钮、库和对话框内容。

(5)编辑区：显示正在编辑的文档。

(6)视图切换区：可用于切换正在编辑的文档的显示视图。

(7)滚动条：可用于切换正在编辑的文档的显示位置。

(8)比例缩放区：可用于更改正在编辑的文档的显示比例。

(9)状态栏：显示正在编辑的文档的状态信息。

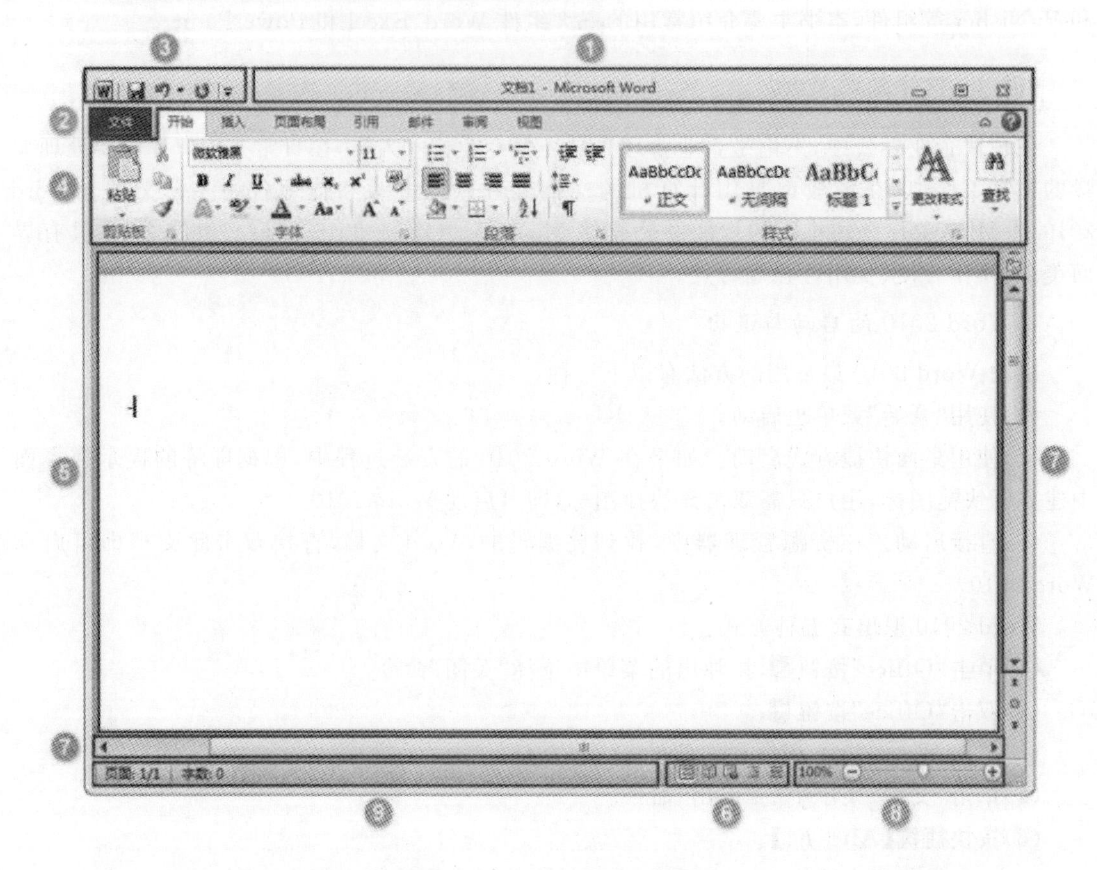

图 4－21　Word 2010 工作界面

注意：

(1)“功能区”是水平区域，默认包括了开始、插入、页面布局、引用、邮件和审阅等 7 个选项卡中，用户可以自己设置改变默认功能区中的选项卡，也可以通过单击选项卡切换显示的命令集。

(2)功能区中还可能动态地出现“上下文工具”，当用户选择文档中的对象(图片、表格)时，相关的上下文选项卡集以强调文字颜色出现在标准选项卡的旁边，上下文工具使用户能够操作在页面上选择的对象。

(3)在功能区的选项卡各分组中，列出的该分组的常用功能按钮，如果在某个分组中找不到需要的功能，也可以单击“对话框启动器”，单击对话框启动器将打开相关的对话框或任务窗格，其中提供与该组相关的更多选项。例如，单击“字体”组中的对话框启动器，弹出“字体”对话框，如图 4－22 所示。

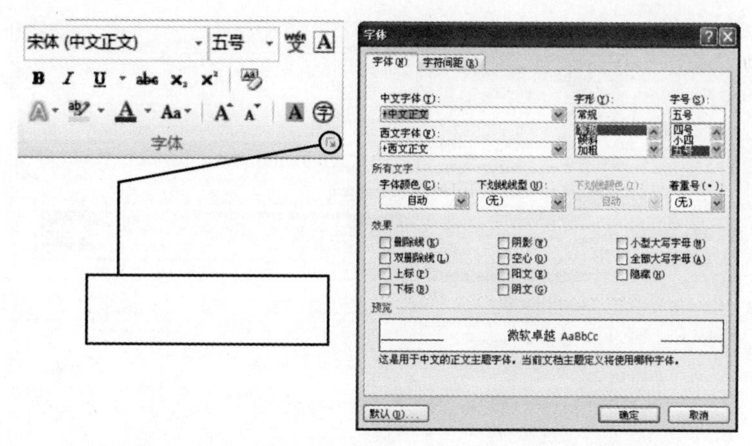

图 4-22　“字体”组对话框启动器打开“字体”对话框

3. Word 2010 文档操作

(1)文档的基本操作。

文档的基本操作主要包括文档的创建、打开、保存和关闭等。

1)创建文档有 4 种方法：

a. 创建一个空白文档。

b. 根据已安装的模板新建文档。

c. 根据“我的模板”新建文档。

d. 根据现有内容新建文档。

2)打开文档有 3 种方法：

a. 使用“打开”对话框打开文档。

b. 打开最近使用的文档。

c. 使用“开始”按钮打开最近使用的文档。

3)保存文档有 2 种方法：

a. 用户保存，文档编辑结束后，用户选择保存文档或另存为。

注意：Word 2010 的保存类型：默认的保存类型为“Word 文档”，扩展名为. docx。用户如果将文档保存为兼容模式时(扩展名为. doc)，就可以用 Word 2010 以前的版本打开。

b. 自动保存文档。Word 2010 可以按照某一固定时间间隔自动对文档进行保存，这样可以大大减少断电或死机时由于未能保存文档所造成的损失。设置“自动保存”功能的具体操作步骤如下：

Ⅰ. 单击“文件”菜单，然后在弹出的菜单中选择“Word 选项”命令，弹出“Word 选项”对话框。

Ⅱ. 单击左侧的“保存”命令，选中“保存自动恢复信息时间间隔”单选按钮，并在其后的微调框中输入保存文件的时间间隔(一般 5～15 min 比较合适)。

Ⅲ. 在“自动恢复文件位置”文本框中输入保存文件的位置，或者单击“浏览”按钮，在弹出的如图 4-23 所示的“修改位置”对话框中设置保存文件的位置。

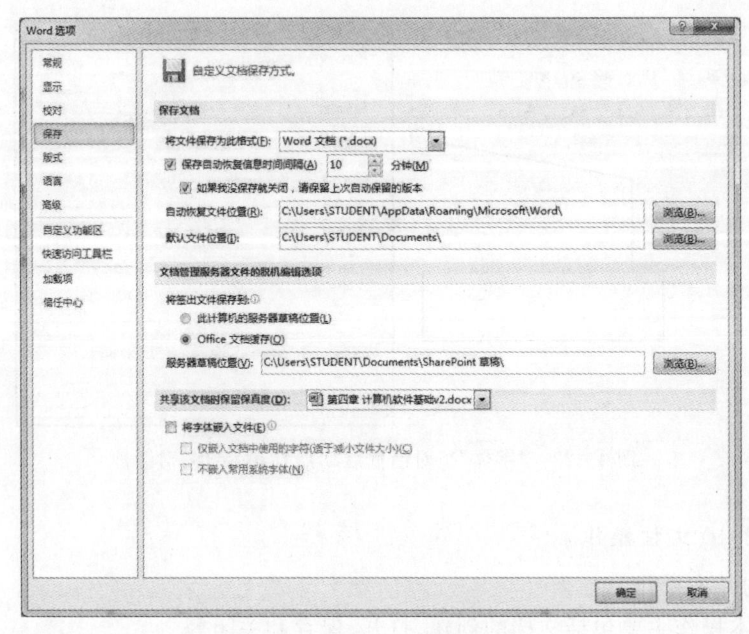

图 4-23 “修改位置”对话框

(2)文本的输入。

输入文本是编辑文档的基本操作，在 Word 2010 中，可以输入普通文本、插入符号和特殊符号以及插入日期和时间等。

1)插入符号。

在输入文本的过程中，有时需要插入一些键盘上没有的特殊符号。插入符号一般是在功能区中的“插入”选项卡中的“符号”组中选择“符号”选项，在弹出的下拉菜单中选择“其他符号”选项，在弹出“符号”对话框中的“字体”下拉列表中选择所需的字体，在“子集”下拉列表中选择所需的选项，在列表框中选择需要的符号，插入即可。

2)插入日期和时间。

用户可以直接在文档中输入日期和时间，也可以使用 Word 2010 提供的插入日期和时间功能，具体操作步骤如下：

a.在功能区中的“插入”选项卡中的“文本”组中选择“日期和时间”选项，弹出“日期和时间”对话框，如图 4-24 所示。

b.用户可根据需要在“语言(国家/地区)”下拉列表中选择一种语言；在“可用格式”下拉列表中选择一种日期和时间格式；也可以选中“自动更新”复选框。

4.文本的编辑

文本编辑主要包括复制、移动、删除、撤销、恢复、查找和替换等操作。

(1)选定文本。

在 Word 中对文本的编辑需要选中内容，其选中方法除了 Windows 7 中的选择方法以外，还有以下几种方法：

1)双击鼠标左键，可选定一个单词或词组。

2)将鼠标指针移到某行的左侧，直到鼠标变为↗形状时，单击鼠标左键，即可选定该行文本；双击鼠标左键，可以选定该段落；三击鼠标左键，可以选定整篇文档。

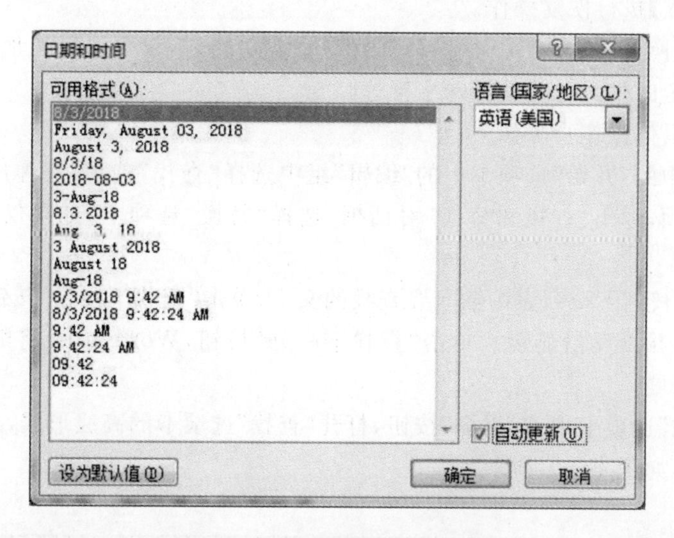

图 4－24　“日期和时间”对话框

3)将鼠标指针移到某行的左侧，直到鼠标变为 形状时，然后向上或向下拖动鼠标到需要的位置，可选定多行文本。

4)按住“Alt”键，然后拖动鼠标到需要位置，可选定垂直的一块文本。

选择文本也可以使用一些快捷键，如下所示：

a.[Shift ＋ ←]:选中光标左侧的一个字符。

b.[Shift ＋ →]:选中光标右侧的一个字符。

c.[Shift ＋ ↑]:选中光标位置至上一行相同位置之间的文本。

d.[Shift ＋ ↓]：选中光标位置至下一行相同位置之间的文本。

e.[Shift ＋ Home]：选中光标位置至行首。

f.[Shift ＋ End]：选中光标位置至行尾。

g.[Shift ＋ Page Down]：选中光标位置至下一屏之间的文本。

h.[Shift ＋ Page Up]：选中光标位置至上一屏之间的文本。

i.[Ctrl ＋ A]:选中整篇文档。

(2)复制和移动文本。

复制文本:在选定要复制的文本后，在功能区中的“开始”选项卡中，单击“剪贴板”组中的“复制”按钮，将光标定位在目标位置，单击“剪贴板”组中的“粘贴”选项。也可以使用鼠标右键进行复制粘贴。另外，按快捷键“Ctrl＋C”可以复制文本，按快捷键“Ctrl＋V”可以粘贴文本。

移动文本:在选定要移动的文本后，移动鼠标到选定的文本上，按住鼠标左键，并将该文本块拖到目标位置，然后释放鼠标。如果按住“Ctrl”键拖动，则可以实现复制操作。另外，按快捷键“Ctrl＋C”可以复制文本，按快捷键“Ctrl＋X”可以剪切文本。

如果用户要取消上一步的操作，可以直接单击“快速访问工具栏”中的“撤销”按钮 进行撤销操作。如果要撤销刚进行的多次操作，可单击工具栏中的“撤销”按钮右侧的下三角按钮，从下拉列表中选择要撤销的操作。恢复操作是撤销操作的逆操作，可直接单击“快速访问工具栏"工中的"恢复"按钮执行恢复操作。另外，也可以按快捷键"Ctrl+Z"执行撤销操作，按快捷键【Ctrl+Y】执行恢复操作。

(3)查找和替换。Word 2010 提供的查找与替换功能，不仅可以迅速地查找替换文本，还可以查找替换指定的格式和其他特殊字符等。

查找文本的具体操作步骤如下：

1)在功能区中的"开始"选项卡中的"编辑"组中选择"查找"选项，在弹出的下拉菜单中选择"高级查找"选项，弹出"查找和替换"对话框，选择"替换"选项卡，如果仅查找可以选择"查找"选项卡。

2)在 "查找内容"下拉列表中输入要查找的文字，单击"查找下一处"按钮，Word 将自动查找指定的字符串，并以反白显示。单击"查找下一处"按钮，Word 2010 将继续查找下一个文本，直到文档的末尾。

3)单击"查找"选项卡中的"更多"按钮，打开"查找"选项卡的高级形式，在"搜索选项"中可以设置搜索条件，如图 4-25 所示。

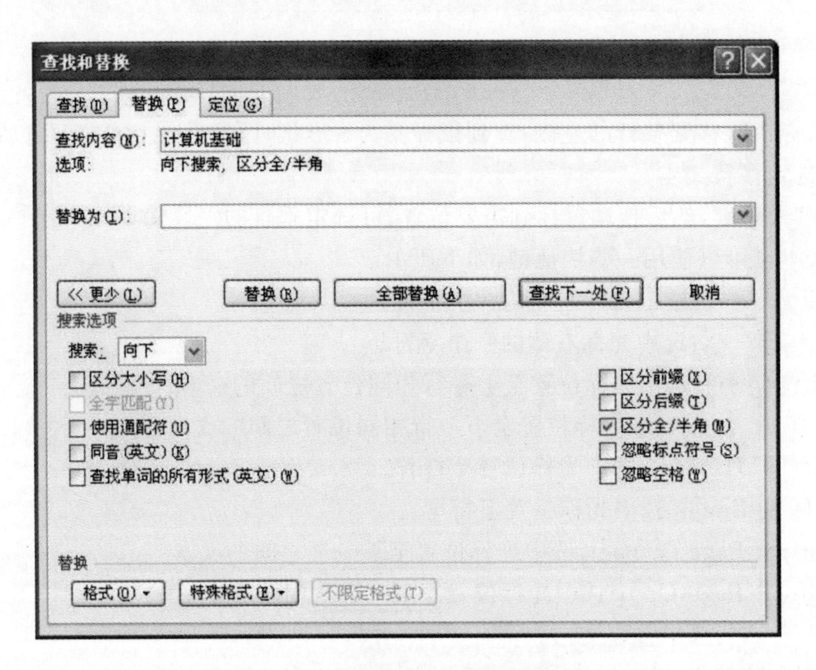

图 4-25 "查找"选项卡的高级形式

4)单击"格式"按钮，弹出的下拉菜单如图 4-26 所示，可在菜单中选择字体、段落等进行格式设置，则查找不仅要匹配内容，还要按设置的格式进行匹配查找。

5)单击"特殊格式"按钮，弹出的下拉菜单如图 4-26 所示，可在菜单中选择某些特殊格式进行设置，则查找将在原有设置基础上，再按设置的特殊格式进行匹配查找。

6)如果要进行替换，在查找的基础上，在"替换为"下拉列表设置替换内容，当然，也可以设置替换的格式和特殊格式。

7)设置完成后，单击"替换"按钮，则将当前查找的内容替换为替换内容(带格式查找替换)。

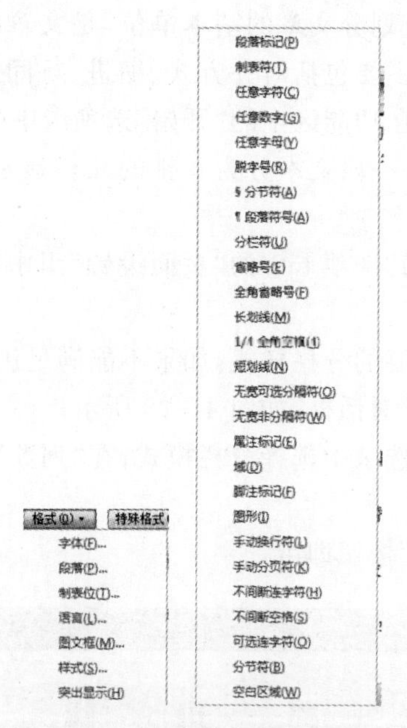

图 4－26　查找替换的格式设置

5. 设置格式

(1)设置字体。Word 2010 中提供了丰富的字符格式，设置字符格式的基本操作包括字体、字号、字体颜色、特殊格式和字符缩放等。设置字体主要是在功能区中的“开始”选项卡中的“字体”组中进行相应的设置。“字体”组仅列出了常用的功能，也可以单击“字体”组右下角“对话框启动器”或在鼠标右键菜单中选择“字体”，打开“字体”对话框，进行字体的各种设置，如图 4－27 所示。

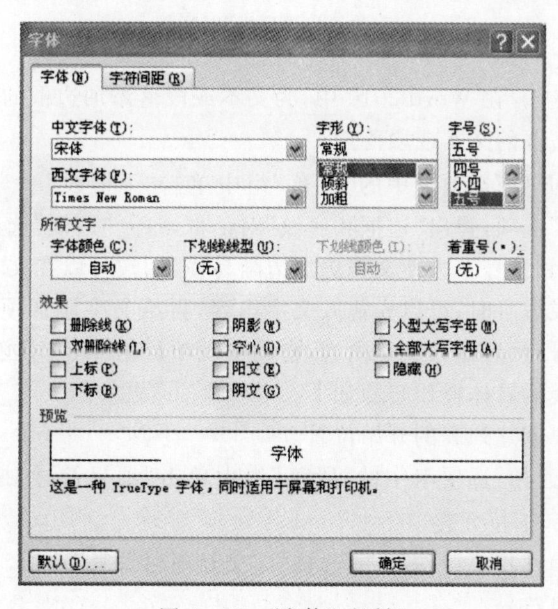

图 4－27　“字体”对话框

(2)设置段落格式。段落是划分文章的基本单位,是文章的重要格式之一,回车符是段落的结束标记。段落格式的设置主要包括对齐方式、缩进、行间距、段间距、首字下沉、制表位和分栏等。设置段落格式主要是在功能区中的"开始"选项卡中的"段落"组及"段落"对话框中。

(3)设置分栏。分栏可以将一段文本分为并排的几栏显示在一页中。分栏的具体操作步骤如下:

1)在功能区中的"页面布局"选项卡中的"页面设置"组中单击"分栏"按钮,弹出"分栏"下拉列表。

2)在该下拉列表中选择需要的分栏样式,如果不能满足用户的需要,可在该下拉列表中选择"更多分栏"选项,弹出"分栏"对话框,如图 4-28 所示。

3)在该对话框中的"预设"选区中选择分栏模式;在"列数"微调框中设置分列数;在"宽度"选区中设置相应的参数。

4)设置完成后,单击"确定"按钮即可。

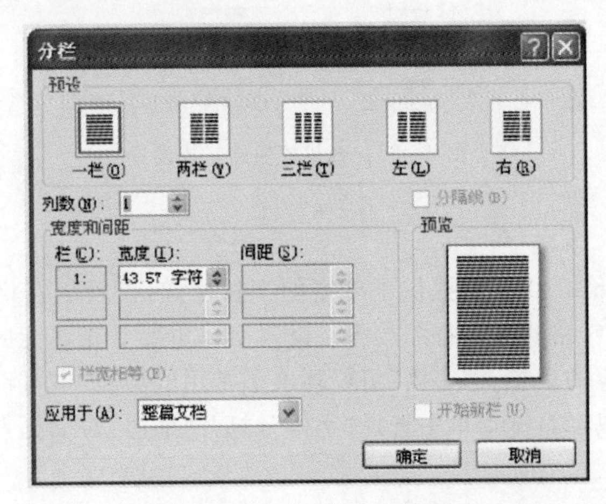

图 4-28 "分栏"对话框

(4)添加边框和底纹。在 Word 2010 中,为文本或段落添加边框的具体操作步骤如下:

1)选定需要添加边框的文本或段落。

2)在功能区中的"开始"选项卡中的"段落"组中单击"下框线"按钮,在弹出的下拉列表中选择"边框和底纹"选项,弹出"边框和底纹"对话框,打开"边框"选项卡,进行相应设置。

(5)添加项目符号和编号。为使文档更加清晰易懂,用户可以在文本前添加项目符号或编号。在添加项目符号或编号时,可以先输入文字内容,再给文字添加项目符号或编号;也可以先创建项目符号或编号,然后输入文字内容,自动实现项目的编号,不必手工编号。

创建项目符号列表的具体操作步骤如下:

1)将光标定位在要创建列表的开始位置。

2)在功能区中的"开始"选项卡中的"段落"组中单击"项目符号"按钮右侧的下三角按钮,打开"项目符号库"下拉列表。

3)在该下拉列表中选择项目符号,或选择"定义新项目符号"选项,在"定义新项目符号"对话框中选择自定义项目符号。

6. 图文混排

图片是由其他文件和工具创建的图形，如在 Photoshop 中创建的图像或扫描到计算机中的照片等。图片包括扫描的图片和照片、位图以及剪贴画。在 Word 文档中插入图片，并对其进行编辑可以使文档更加形象和生动。用户可以方便地在 Word 2010 文档中插入各种图片，如 Word 2010 提供的剪贴画和图形文件(如 BMP、GIF、JPEG 等格式)。具体操作步骤如下：

1)将光标定位在需要插入图片的位置。

2)在功能区用户界面中的“插入”选项卡中的“插图”组中选择“图片”“剪贴画”或者“形状”等选项，弹出相应的对话框，按要求操作。

在文档中插入图片后，图片的大小、位置和格式等不一定符合要求，需要进行各种编辑才能达到令人满意的效果。选中图片，然后在上下文工具中的“格式”选项卡中对图片进行各种编辑操作。

(1)绘制图形。在 Word 2010 中，用户可以插入现成的形状(矩形、圆和流程图等)，在功能区中的“插入”选项卡中的“插图”组中选择“形状”选项，弹出其下拉窗口，在窗口中选择需要绘制的自选图形的形状，按住鼠标左键在绘图画布上拖动到适当的位置释放鼠标，即可绘制相应的自选图形。在文档中绘制好自选图形后，还可以对其进行各种编辑操作。

1)为图形添加文本。

2)组合自选图形。

3)设置填充效果形状样式：包括设置填充效果、形状轮廓及形状效果等。

4)设置图形的排列方式及旋转等。

(2)插入艺术字。在编辑文档过程中，为了使文字的字形变得更具艺术性，可以应用 Word 2010 提供的艺术字功能绘制特殊的文字。在 Word 2010 中，因为艺术字是作为一种图形对象插入的，所以用户可以像编辑图形对象那样编辑艺术字。在文档中插入艺术字的具体操作步骤如下：

1)将光标定位在需要插入艺术字的位置。

2)在功能区中的“插入”选项卡中的“文本”组中选择“艺术字”选项，弹出其下拉列表，如图 4 - 29 所示。

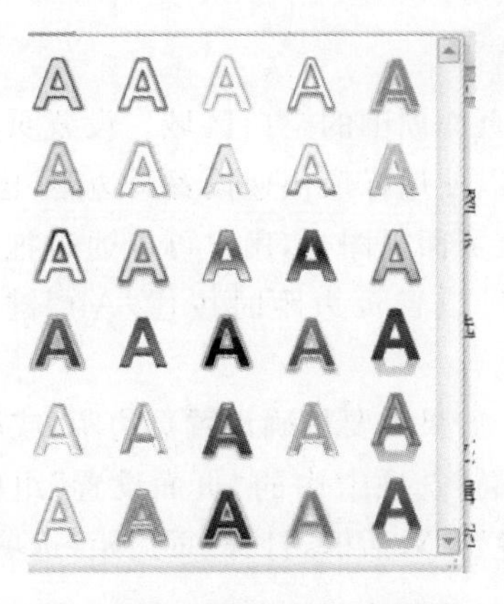

图 4 - 29　“艺术字”下拉列表

3)在该下拉列表中选择一种艺术字样式，弹出艺术字编辑框，输入需要插入的艺术字。

4)在“格式”选项卡中，对艺术字可以类似绘制图形一样进行格式编辑。

(3)文本框的使用。在 Word 中，可以使用文本框将页面布局成不同的区域，每个区域可以独立设置格式(如背景、边框等)。使用文本框可以将段落和图形组织在一起，或者将某些文字排列在其他文字或图形周围。根据文本框中文字不同的排列方向，文本框可分为横排文本框和竖排文本框。插入文本框的具体操作步骤如下：

1)在功能区用户界面中的“插入”选项卡中的“文本”组中选择“文本框”选项，在弹出的下拉列表中选择“绘制文本框”选项，此时光标变为“＋”形状。

2)将鼠标指针移至需要插入文本框的位置，单击鼠标左键并拖动至合适大小，松开鼠标左键，即可在文档中插入文本框。

3)将光标定位在文本框内，就可以在文本框中输入文字。输入完毕，单击文本框以外的任意地方即可。

(4)选定要设置格式的文本框，单击鼠标右键，从弹出的快捷菜单中选择“设置文本框格式”命令，或者双击鼠标左键，弹出“设置文本框格式”对话框。在该对话框中，可以对文本框的大小、颜色与线条、版式等进行设置。

7.使用表格

在 Word 2010 中，可以利用表格进行文字内容排版，常见的插入表格方法如下：

(1)使用表格模板。

(2)使用表格菜单。

(3)使用“插入表格”命令。

(4)绘制表格。

(5)文本转换成表格。

(6)插入 Excel 电子表格。

在文档中插入表格后，可以对表格进行各种编辑操作，主要包括信息的输入与编辑、插入与删除单元格、合并与拆分单元格、拆分表格、调整表格大小等。还可以对表格进行格式化，格式化表格主要包括调整表格的行高和列宽、对齐方式、自动套用格式、边框和底纹、设置表格标题、绘制斜线表头以及混合排版等操作。

8.页面设置

(1)设置页边距。页边距是页面周围的空白区域。设置页边距能够控制文本的宽度和长度，还可以留出装订边。用户可以使用标尺快速设置页边距，也可以使用对话框设置页边距。

1)使用标尺设置页边距。在页面视图中，用户可以通过拖动水平标尺和垂直标尺上的页边距线设置页边距。在使用标尺设置页边距时按住“Alt”键，将显示出文本区和页边距的量值。

2)使用对话框设置页边距。如果需要精确设置页边距，或者需要添加装订线等，就必须使用对话框进行设置。在“页面布局”选项卡中的“页面设置”组中的“页边距”下拉列表中选择“自定义边距”选项，弹出“页面设置”对话框，打开“页边距”选项卡，如图 4－30 所示，按要求设置即可。

(2)设置纸张类型。Word 2010 默认打印纸张为 A4，其宽度为 210 mm，高度为297 mm，且页面方向为纵向。在“页面设置”的“纸张”选项卡中可以对纸张大小进行设置。

另外，还可以对页面的版式及网络文档进行相关设置。

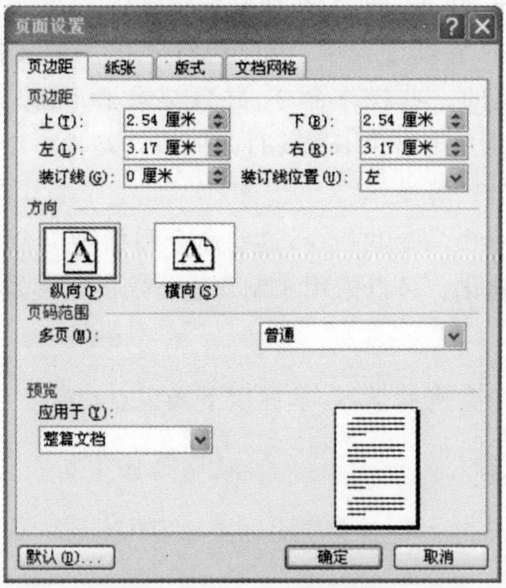

图 4-30 “页边距”选项卡

9. 页眉和页脚

页眉与页脚不属于文档的文本内容，它们用来显示标题、页码和日期等信息。页眉位于文档中每页的顶端，页脚位于文档中每页的底端。

(1)插入页眉和页脚。在“插入”选项卡中的“页眉和页脚”组中选择“页眉”选项，打开页眉下拉列表，选择某种页眉样式，即可打开页眉编辑区，在页眉编辑区中输入页眉内容，并编辑页眉格式。在“页眉和页脚工具”上下文工具中选择“转至页脚”选项，切换到页脚编辑区，在页脚编辑区输入页脚内容，并编辑页脚格式。设置完成后，选择“关闭页眉和页脚”选项，返回文档编辑窗口。

技巧：在页眉或页脚处双击鼠标左键，即可进入页眉或页脚编辑区；在页眉或页脚以外的其他地方双击鼠标左键，即可返回文档编辑窗口。

(2)插入页码。很多文档都需要插入页码，便于整理和阅读。可以在“插入”选项卡中的“页眉和页脚”组中的“页码”选项下拉列表中选择插入页码的位置，也可以设置页码格式。设置完成后，单击“确定”按钮，即可在文档中插入页码。

10. 文档的视图

文档的视图是用户在使用 Word 2010 编辑文档时观察文档结构的屏幕显示形式。用户可以根据需要选择相应的模式，使编辑和观察文档更加方便。

(1)Word 2010 的视图方式。Word 2010 中，提供了普通视图、大纲视图、Web 版式视图、阅读版式视图和页面视图 5 种视图方式。

(2)显示/隐藏指定内容。用户在使用 Word 2010 的过程中，可以显示或隐藏窗口中指定的内容，如显示或隐藏标尺、网格线、文档结构图或缩略图等。在“视图”选项卡中的“显示/隐藏”组中选中相应的复选框即可。

(3)按比例显示页面。在实际应用过程中，用户可以改变文档的显示方式。例如，可以通过改变文档的显示比例，方便用户编辑和阅读。在“视图”选项卡中的“显示比例”组中选择相应选项，会弹出相应的对话框，单击“确定”按钮完成设置。

(4)窗口管理。在文档的编辑过程中，用户经常要在多个文档间进行交替转换。Word 2010 集中了与窗口操作有关的一些操作命令，并且记录了本窗口中打开的所有文件的文件名，用户利用这些文件名可以方便地在不同文件之间进行切换。窗口管理有“拆分窗口”“全部重排”“并排查看”和“切换窗口”等操作。

(5)宏。宏是一系列 Word 命令和指令，这些命令和指令组合在一起，形成了一个单独的命令，以实现任务执行的自动化。可以采用录制宏进行宏的创建及使用。

11. 案例产品宣传单

(1)案例说明。通过这个案例的学习，掌握以下知识点：

1)插入图片。

2)设置艺术字。

3)插入和编辑文本框。

4)设置项目符号。

5)绘制 SmartArt 图。

(2)案例要求。

1)新建空白文档，将其以“产品宣传单. docx”为名进行保存，然后插入“背景图片. jpg”图片。

2)插入“填充—红色，强调文字颜色 2，粗糙棱台”效果的艺术字，然后转换艺术字的文字效果为“朝鲜鼓”，并调整艺术字的位置与大小。

3)插入文本框并输入文本，在其中设置文本的项目符号，然后设置形状填充为“无填充颜色”，形状轮廓为“无轮廓”，设置文本的艺术字样式并调整文本框位置。

4)插入“随机至结果流程”效果的 SmartArt 图形，设置图形的排列位置为“浮于文字上方”，在 SmartArt 中输入相应的文本，更改 SmartArt 样式的颜色和样式，并调整图形位置与大小。

注：有关内容可参照样张进行设置，如图 4－31 所示。

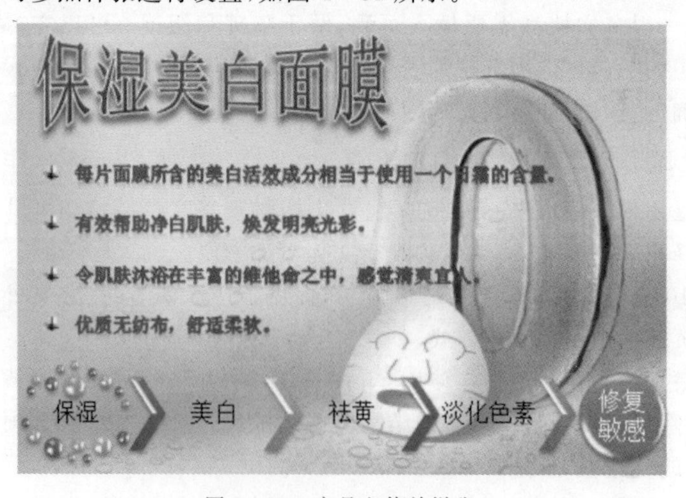

图 4－31　产品宣传单样张

(3)操作步骤。

1)新建一个名为“产品宣传单.docx”的 Word 2010 文档并打开。

2)在“插入”选项卡的“插图”组中单击“图片”,选择“背景图片.jpg”图片。

3)在“插入”选项卡的“文本”组中单击“艺术字”按钮,打开艺术字样式列表,选中第 6 行第 3 列的“填充—红色,强调文字颜色 2,粗糙棱台”艺术字,在艺术字的编辑框中输入“保湿美白面膜”。选中艺术字,在“格式”选项卡的“艺术字样式”组中单击“文本效果”→“旋转”→“弯曲”组中的第 6 行第 2 列的“朝鲜鼓”效果,按照样张适当地调整艺术字的位置和大小。

4)在“插入”选项卡的“文本”组中单击“文本框”按钮,打开文本框下拉列表,选择“绘制文本框”命令,鼠标变成“+”(表示可以绘制文本框),在背景图片中适当的位置绘制大小适当的文本框,并输入样张所示的文字内容。

5)选中文本框中的所有文字,在“开始”选项卡的“段落”组中单击“项目符号”按钮右侧的下拉按钮,打开项目符号下拉列表,选择对应的项目符号,如图 4-32 所示。

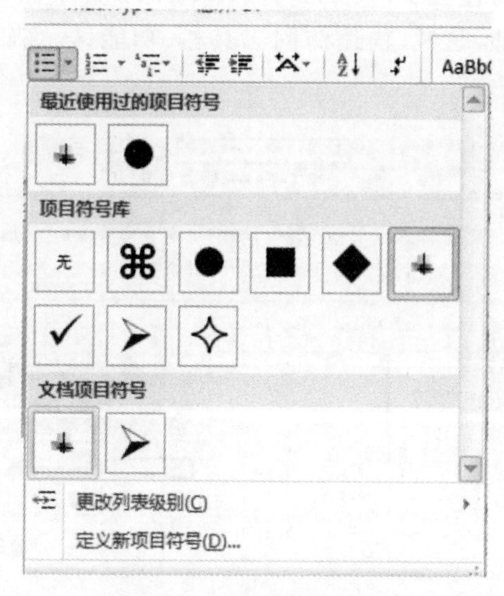

图 4-32　选择项目符号

6)在“格式”选项卡的“形状样式”组中,单击“形状填充”,选择“无颜色填充”;单击“形状轮廓”,选择“无轮廓”。在“艺术字样式”组中,单击“文本填充”,设置主题颜色为“蓝色,强调文字颜色 1”;单击“文本填充”,设置标准颜色为“紫色”;单击“文本效果”→“阴影”→“透视”组中的第 1 行第 1 列的“左上对角透视”效果。

7)在“插入”选项卡的“插图”组中单击“SmartArt”按钮,在弹出的“选择 SmartArt 图形”对话框中选择“流程”中的“随机至结果流程”效果图,设置图形的自动换行方式为“浮于文字上方”,适当地调整图形的大小和位置。参照样张在 SmartArt 图中的创建 5 个一级结点。在“设计”选项卡的“SmartArt 样式”中单击“改变颜色”中的“彩色”组中的“彩色,强调文字颜色”,并设置样式为“卡通”。

8)保存文件。

4.5.2 电子表格 Excel

Excel 2010 经常用于财务计算、统计数据、绘制图表和数据分析等。本节主要介绍如何打开、制作、保存和关闭工作表;掌握各种数据的输入;单元格格式的设定,包括工作表的美化,格式化工作表及表格的制作技巧;公式与函数的使用,包括求和与平均值的运算方法,排序、筛选和高级筛选的应用,分类汇总及合并计算的使用,数据透视表的建立;图表的制作;表格的高级操作,包括条件格式和数组的运算,PMT 公式的应用。

1. Excel 2010 的启动、退出

Excel 2010 的启动与退出与 Word 2010 的启动与退出的方法基本一致,在此不再详述。

2. Excel 2010 窗口浏览

启动 Excel 2010 时,将显示如图 4-33 所示的窗口界面。每个文件(工作簿)可包含若干张工作表;每张工作表最多可包含 1 048 576 行和 16 384 列,即有 1 048 576×16 384 个单元格。该窗口由"文件"菜单、标题栏、快速访问工具栏、功能区、编辑栏和工作表标签等元素组成。

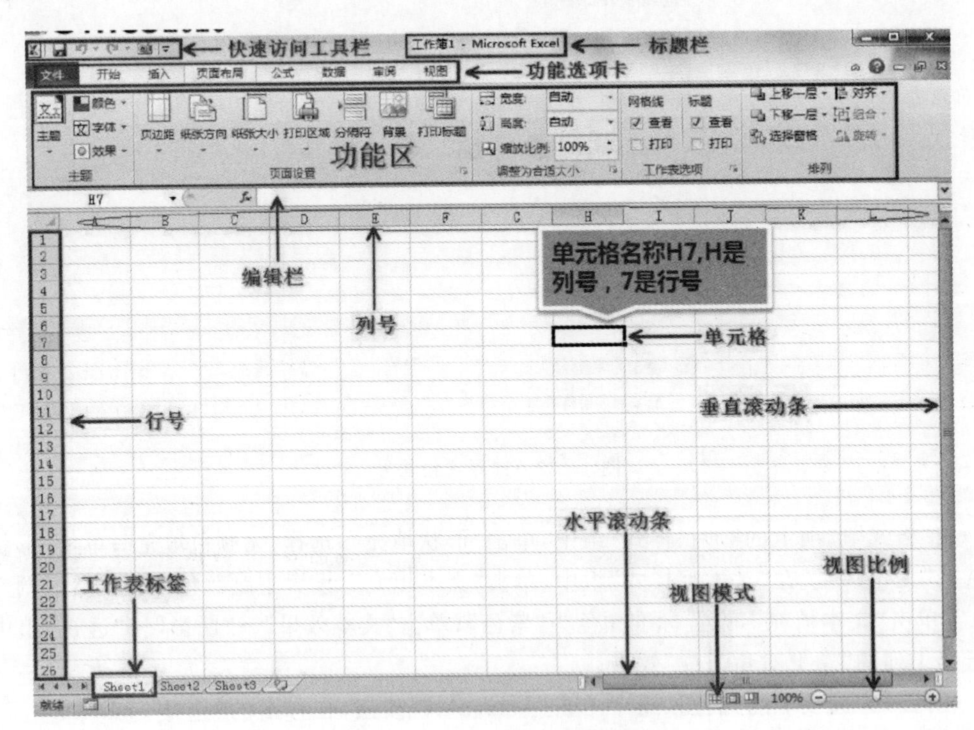

图 4-33 Excel 2010 窗口界面

3. 数据的输入和引用

数据的输入方法可以有多种,可以通过单击单元格,使其变为活动单元格后直接写入数据;也可以双击单元格,此时光标在单元格内闪烁,输入数据即可;还有一种方法是单击单元格,在编辑栏输入数据内容。当遇到连续出现一些相同的数据内容或者是出现一些有明显变化规律的数据时,可以利用自动填充快速填写剩余记录。

Excel公式中单元格地址的引用包括相对引用、绝对引用和混合引用三种。

(1)相对引用。公式中的相对单元格引用(如A1)是基于包含公式和单元格引用的单元格的相对位置。如果公式所在单元格的位置改变,引用也随之改变。如果多行或多列地复制公式,引用会自动调整。在默认情况下,新公式使用相对引用。例如,如果将单元格B2中的相对引用(设引用地址为A1)复制到单元格B3,将自动从A1调整到A2。

(2)绝对引用。单元格中的绝对单元格引用(如F6)总是在指定位置引用单元格F6。如果公式所在单元格的位置改变,则绝对引用的单元格始终保持不变。如果多行或多列地复制公式,则绝对引用将不作调整。在默认情况下,新公式使用相对引用,需要将它们转换为绝对引用。例如,如果将单元格B2中的绝对引用复制到单元格B3,则在两个单元格中引用地址都是F6。

(3)混合引用。混合引用具有绝对列和相对行,或是绝对行和相对列。绝对引用列采用$A1、$B1等形式。绝对引用行采用A$1、B$1等形式。如果公式所在单元格的位置改变,则相对引用改变,而绝对引用不变。如果多行或多列地复制公式,则相对引用自动调整,而绝对引用不作调整。例如,如果将一个混合引用从A2复制到B3,它将从A$1调整到B$1。

4.单元格格式的设置

设置单元格格式:选择选项卡中"开始"→"单元格"组"格式"→"设置单元格格式"命令,或单击鼠标右键,选择"单元格格式设置"命令,打开"单元格格式"对话框,可见数字、对齐、字体、边框、图案和保护六张选项卡,通过选项卡将表格格式化。

条件格式:一般的单元格格式设定是静态的,如果需要按照某种条件设定单元格格式,就需要使用条件格式,条件格式可在"开始"选项卡的"样式"组创建。

5.公式和函数计算

若使用公式计算,则可在一个单元格输入公式。如果相邻的单元格中也需要进行同类型的运算,则可以利用公式的自动填充功能快速将结果算出。使用函数计算则需选择选项卡"公式"→"插入函数"命令,打开"插入函数"对话框,在选择函数中选择所需的函数计算出结果。

6.数据排序与筛选功能

对Excel 2010中的数据清单进行排序时,如果按照单列的内容进行排序,可以直接有"开始"→"编辑"组中完成排序操作。如果要对多列内容排序,则需要在"数据"选项卡中的"排序和筛选"组中进行操作。筛选表示在一组数据中,根据一个或多个条件选择所需数据,Excel 2010的筛选分为简单筛选和高级筛选。

7.建立图表

在Excel 2010中,有两种类型的图表,一种是嵌入式图表,另一种是图表工作表。嵌入式图表就是将图表看作是一个图形对象,并作为工作表的一部分进行保存;图表工作表是工作簿中具有特定工作表名称的独立工作表。在需要独立于工作表数据查看或编辑大而复杂的图表或节省工作表上的屏幕空间时,可以使用图表工作表。选中要生成图表的数据,在"插入"选项卡的"图表"组中选择图表类型,可以创建图表。

8.分类汇总

分类汇总是对数据清单进行数据分析的一种方法。分类汇总根据数据表中指定的字段进行分类，然后统计同一类记录的有关信息。统计的内容可以由用户指定，也可以统计同一类记录的记录条数，还可以对某些数值段求和、求平均值、求极值等。在“数据”选项卡的“分级显示”组中可进行分类汇总设置，该功能可将记录清单中的记录分级显示出来。

9.透视表及透视图

数据透视表是一种对大量数据快速汇总和建立交叉列表的交互式表格。它不仅可以转换行和列以查看源数据的不同汇总结果，也可以显示不同页面以筛选数据，还可以根据需要显示区域中的细节数据。而数据透视图可以看作是数据透视表和图表的结合，它以图形的形式表示数据透视表中的数据。在 Excel 2010 中，可以根据数据透视表快速创建数据透视图，更加直观地显示数据透视表中的数据，方便用户对其进行分析。

10.合并计算

要汇总多个单独的数据表中的结果，可以利用 Excel 的合并计算功能合并每个数据表中的数据。在一张工作表、同一个工作簿或其他工作簿中的各个数据表均可进行合并计算，合并计算可以对相同列标题且相同行标题的数据进行求和、求最大值等统计计算。

11.窗口的拆分与冻结

窗口的拆分和冻结都是为了页面很大的表格方便显示而设置的。

(1)如果要独立地显示并滚动工作表中的不同部分，可以使用拆分窗口功能。拆分窗口时，选定要拆分的某一单元格位置，然后在“视图”选项卡的“窗口”组中单击“拆分”按钮，这时 Excel 自动在选定单元格处将工作表拆分为 4 个独立的窗格。可以通过鼠标移动工作表上出现的拆分框，以调整各窗格的大小。撤销窗口的拆分：拖动竖向的分隔线到右边，可以去掉竖向的分隔线，而拖动水平的分隔线到表的顶部则可以去掉水平的分隔线，或者再次单击“拆分”按钮即可取消。

(2)窗口的冻结和拆分类似，如果要在工作表滚动时保持行列标志或其他数据可见，可以通过冻结窗口功能固定显示窗口的顶部和左侧区域。选中要冻结地方的单元格，在“视图”选项卡的“窗口”组中单击“冻结窗口”菜单，进行选择“冻结拆分窗口”“冻结首列”或“冻结首行”。在冻结的情况下单击菜单栏中的窗口，单击取消冻结即可以恢复原来的状态。冻结的目的是为了行或列的标题保持始终可见，方便编辑。

(3)窗口的拆分和冻结不可以同时使用。

12.工作表和工作簿的保护

保护工作簿可以防止他人删除或者添加工作簿中的工作表，但并不能保护工作表中的数据，要保护工作表中内容的安全，必须设置工作表保护。

在 Excel 2010 中，单击“审阅”选项卡“更改”组中的“保护工作表”按钮，弹出保护工作表对话框，如图 4-34 所示，设置密码后在弹出的确认密码框中再次输入密码后就启动了工作簿的保护，这时插入选项中的“工作表”就变成灰色不可选状态了。要恢复的话可以再次选择“审阅”→“更改”→“撤销工作表保护”，并输入密码即可。按照类似的方法也可以保护工作簿。

13.【案例 1】员工工资表

(1)案例说明。

通过本案例的学习，掌握以下知识点：

1)新建表格、数据输入、行的插入、合并及居中按钮的应用方法。

2)设置数值和货币格式,并添加货币符号,重命名工作表。

3)设置行高、列宽。

4)公式与函数的使用。

5)美化表格,设置对齐方式、字体、表格的底纹。

6)添加表格线和边框。

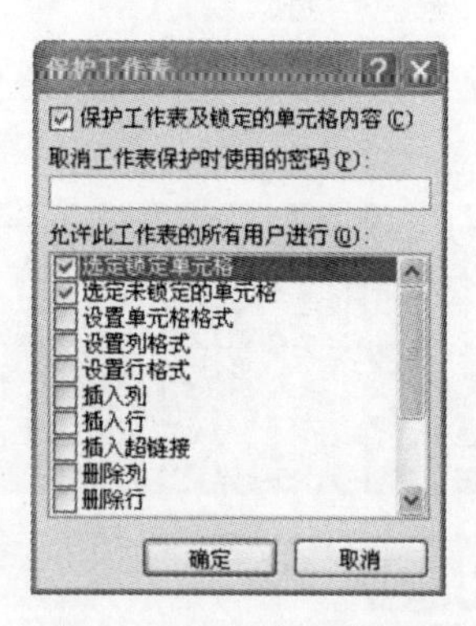

图 4-34　保护工作表

(2)案例要求。

1)新建名为“员工工资表. xlsx”的文件,如图 4-35 所示,按样张输入数据后,将标题字体设置为宋体,字号 24 号,加粗。

	A	B	C	D	E	F	G	H	I	J	K	L
1	员工工资表											
2												
3	序号	姓名	部门	基本工资	效益提成	效益奖金	应发合计	迟到	事假	旷工	应扣合计	实发工资
4	1	赵A	财务	1500	750	700		50				
5	2	钱B	销售	1200	600	500			100	100		
6	3	孙C	企划	2200	1200	800		50				
7	4	李D	销售	1500	1000	600						
8	5	周E	广告	1500	1200	600			150			
9	6	吴F	财务	1350	1300	700						
10	7	郑G	广告	1300	1000	500			100			
11	8	王H	销售	1500	1200	500						
12	9	张I	销售	1500	1100	2300		50				

图 4-35　案例原表

2)在第 8 条记录后新增一条信息为“林 X,销售,基本工资 2 000,效益提成 2 000,效益奖金 500,迟到 100。”。

3)将所有工资数据添加货币符号“¥”,并将标签的默认名 Sheet1 更改为“员工工资表”。

4)使用公式计算应发工资、应扣工资、实发工资及合计。

5)设置最适合的行高、列宽,按样张设置底纹以及边框样式。

5)图 4-36 是经过操作后的案例样张。

(3)操作步骤。

1)打开 Excel 2010,新建一个工作簿,单击 A1 单元格,输入文字“员工工资表”,设置字体宋体,字号 24 号,加粗,按下 Shift 键的同时选中 A1 与 L2 单元格,单击工具栏的合并及居中按钮。

2)按样张输入数据完毕后，在第 12 行的行标上单击鼠标右键选择插入，在序号 8 和序号 9 记录之间插入一个空行，输入题目要求的数据，并将第 12 行数据序号设为 9，第 13 行数据序号设为 10。

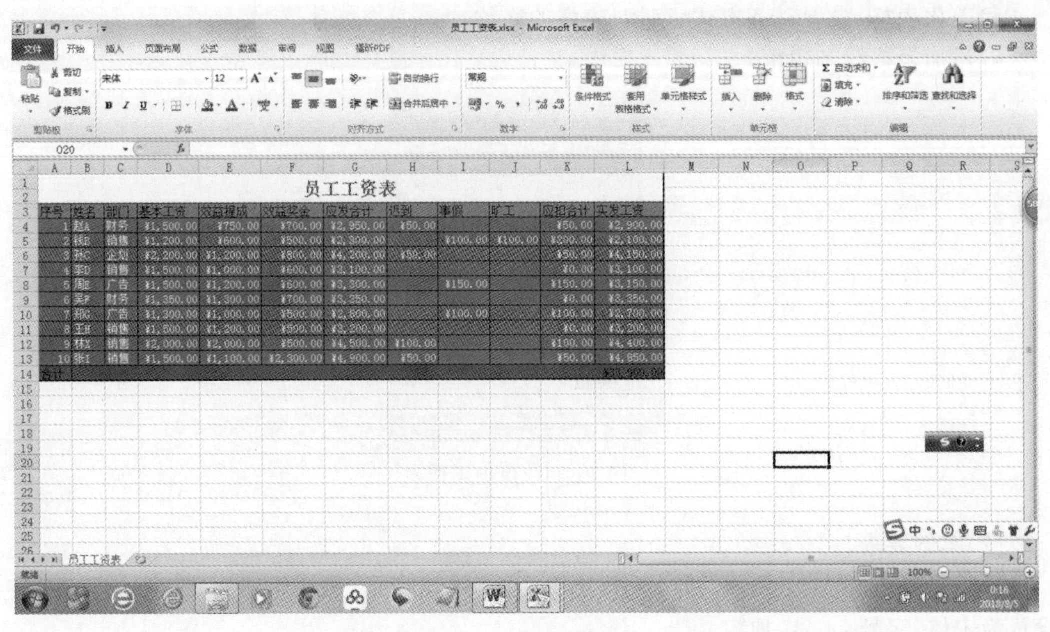

序号	姓名	部门	基本工资	效益提成	效益奖金	应发合计	迟到	事假	旷工	应扣合计	实发工资
1	赵A	财务	¥1,500.00	¥750.00	¥700.00	¥2,950.00	¥50.00			¥50.00	¥2,900.00
2	钱B	销售	¥1,200.00	¥600.00	¥500.00	¥2,300.00		¥100.00	¥100.00	¥200.00	¥2,100.00
3	孙C	企划	¥2,200.00	¥1,200.00	¥800.00	¥4,200.00	¥50.00			¥50.00	¥4,150.00
4	李D	销售	¥1,500.00	¥1,000.00	¥600.00	¥3,100.00				¥0.00	¥3,100.00
5	周E	广告	¥1,500.00	¥1,200.00	¥600.00	¥3,300.00		¥150.00		¥150.00	¥3,150.00
6	吴F	财务	¥1,350.00	¥1,300.00	¥700.00	¥3,350.00				¥0.00	¥3,350.00
7	郑G	广告	¥1,300.00	¥1,000.00	¥500.00	¥2,800.00		¥100.00		¥100.00	¥2,700.00
8	王H	销售	¥1,500.00	¥1,200.00	¥500.00	¥3,200.00				¥0.00	¥3,200.00
9	林X	销售	¥2,000.00	¥2,000.00	¥500.00	¥4,500.00	¥100.00			¥100.00	¥4,400.00
10	张I	销售	¥1,500.00	¥1,100.00	¥2,300.00	¥4,900.00	¥50.00			¥50.00	¥4,850.00
合计											¥33,900.00

图 4－36　案例样张

3)设置数值格式，将表里小数点后保留两位。选中 D4:L11 单元格，选择“开始”选项卡的“对齐方式”组右下角的对话框启动器，打开“设置单元格格式”对话框，选择“数字”选项卡。在“分类”列表框中，选择“数值”选项，选中“使用千位分隔符”；在“分类”列表框中，选择“货币”选项，设置“小数位数”为 2，选择一个货币符号，设置完毕后单击“确定”按钮，如图 4－37所示。

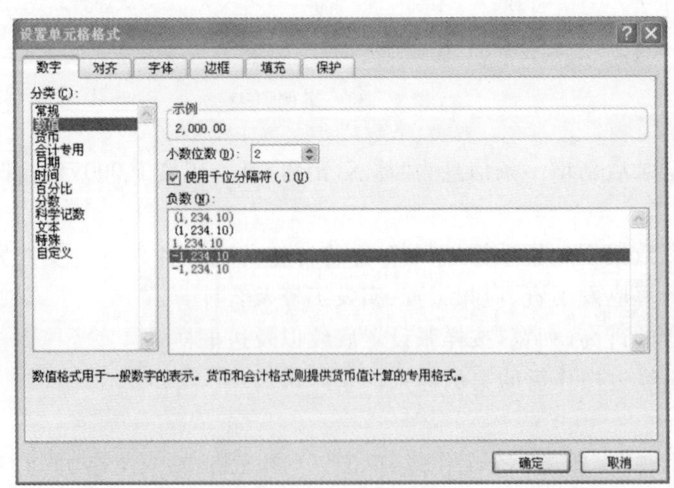

图 4－37　数值格式设置

4)重命名工作表。在“Sheet1”标签上用鼠标右键单击,在弹出的快捷菜单中选择“重命名”为“员工工资表”。

5)选中 G4 单元格,单击“开始”选项卡的“编辑”组中的自动求和按钮 Σ 自动求和 · ,在 G4 单元格中插入公式“=SUM(D5:F5)”,选择 G4 单元格,将光标移动到单元格右下角的位置,光标变成黑色的“十”字箭头,按住鼠标左键向下拖动到 G13 单元格,即可填充该公式到 G5:G13 区域;同理,在 K4 单元格插入公式“=SUM(H4:J4)”并填充到到 K5:K13 区域;在 L4 单元格中输入公式“=G4-K4”并填充到到 L5:L13 区域。

6)在 A14 中输入“合计”,在 K14 中插入公式“=SUM(L4:L13)”,将 B14:L14 合并,并在“开始”选项卡的“对齐方式”组中单击“垂直居中”及“文本右对齐”按钮,如图 4-38 所示。

7)选中 A1:L17 区域,选择“开始”选项卡的“单元格”组中的“格式”命令中的“自动调整行高”命令,再单击“自动调整列宽”命令,自动调整行高与列宽。

8)选中 A3:L3 区域,单击“开始”选项卡的“字体”组中的填充颜色按钮,设置单元格底纹颜色为标准色“浅蓝”。选中 A4:L13 区域,单击“开始”选项卡的“字体”组中的填充颜色按钮,在弹出的下拉列表中选择“其他颜色”,弹出颜色对话框,在“自定义”选项卡中设置填充色为“RGB:128,100,162”,如图 4-39 所示。选中 A14:L14 区域,设置填充色为“RGB:0,102,255”。

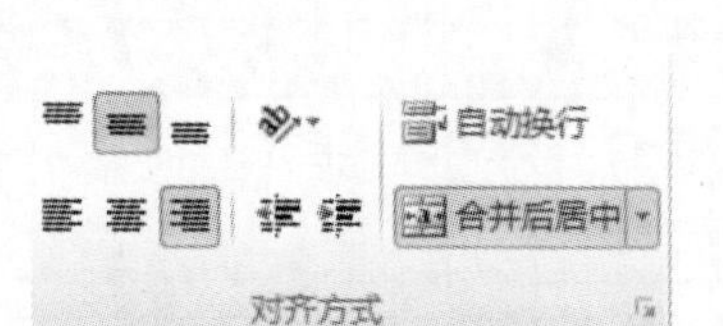

图 4-38　对齐方式

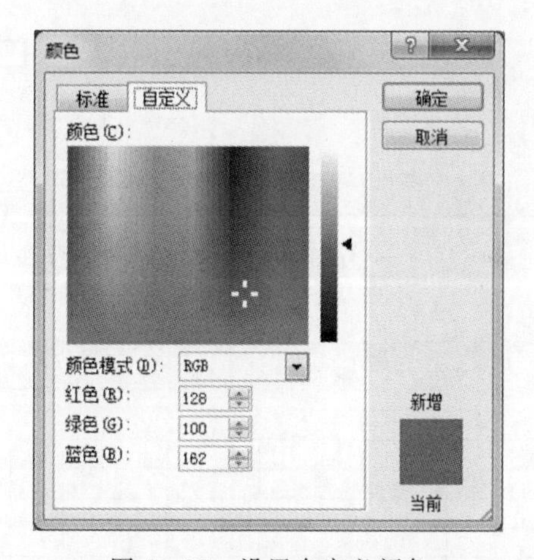

图 4-39　设置自定义颜色

9)选中“A1:K14”区域,在“单元格格式”对话框中,单击选择“边框”选项卡,在“线条”选项组中选择一个粗线形样式,在“预置”选项组中单击“外边框”;在“线条”选项组中选择一个细线形样式,在“预置”选项组中单击“内边框”,从边框预览区中可以看到边框的设置效果。

10)保存工作表。

14.【案例 2】学生成绩表

(1)案例说明。

通过本案例的学习,掌握以下知识点:

1)绘制表头。

2)设置单元格文字方向。

3)使用条件格式。

4)求和函数和求平均值函数的应用以及序列填充。

5)单元格的引用及 IF 函数的运用。

6)排序。

7)制作数据透视表与透视图。

(2)案例设计要求。

1)新建名为"学生成绩表.xlsx"的文件,按照图 4-40 创建学生成绩表,按图 4-41 绘制表头。

2017/2018(一)学期2017级工程测量专业学生成绩表											
学号	姓名	性别	计算机	高数1	英语1	制图	线性代数	平均分	总分	总评	
1	李华	男	95	95	84	88	92				
2	王红	女	75	87	86	67	83				
3	张良	男	78	76	80	90	93				
4	刘倩	女	87	87	76	78	65				
5	赵娟	女	95	95	84	88	92				
6	陈敏杰	男	56	95	84	88	92				
7	李小欢	女	78	67	68	76	75				优秀率
8	梁晨	男	68	95	64	88	65				

图 4-40　学生成绩表原数据

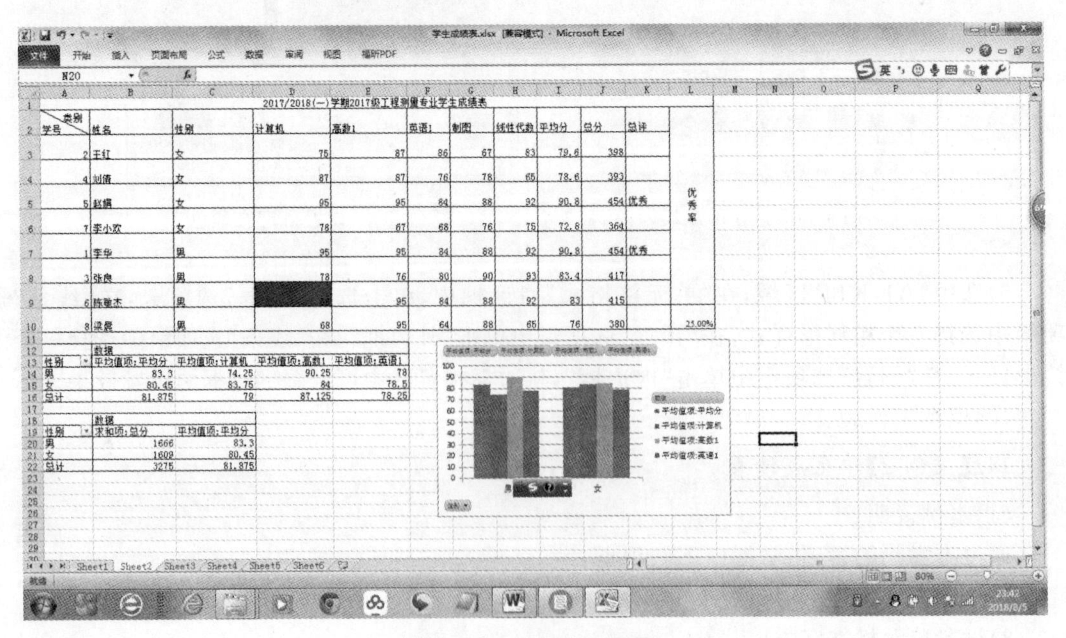

图 4-41　案例完成效果

2)利用函数求出每名学生的总分以及平均分。

3)利用条件格式将表中不及格成绩(小于 60 分)的单元格设为红色底纹。

4)利用条件函数按平均分进行总评,评出优秀学生(平均分高于总体平均分的 5%者为优秀)。

5)利用 COUNTIF、COUNT 函数算出优秀率。

6)性别按照降序排序。

7)利用数据透视表实现按照性别分别查看总分的总和及平均分的平均值。

8)利用数据透视图实现按照性别分别查看平均分、计算机、高数 1、英语 1 的求平均值。

(3)操作步骤。

1)在单元格 A2 中输入“类别”,按“Alt＋回车键”,即单元格内换行,光标转到下一行,再输入“学号”,然后在“类别”前加入若干空格,使“类别”与单元格右侧对齐,最后选中整个 A2 单元格用鼠标右键单击选择“设置单元格格式”中的“边框”选项卡,添加斜线即可,如图 4－42 所示。

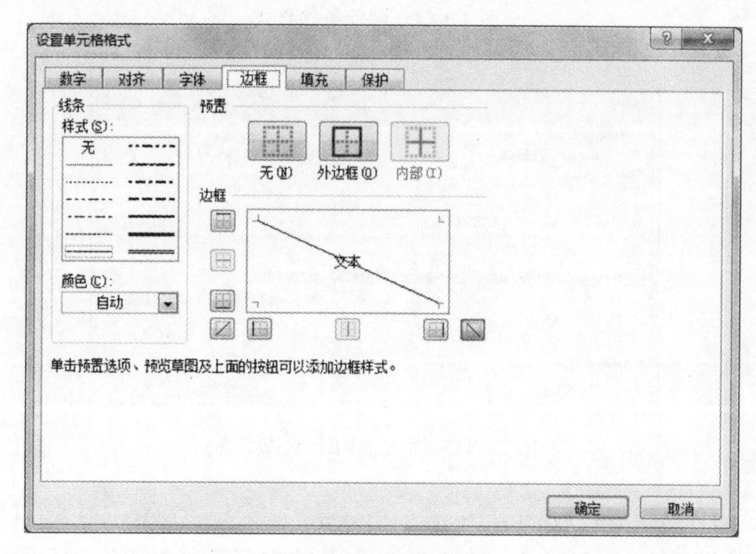

图 4－42　绘制斜线

2)选中 I3 单元格,单击“开始”选项卡的“编辑”组中的自动求和按钮 Σ 自动求和 · 右侧的箭头,在下拉列表中选择“平均值”,在 I3 单元格中插入公式“＝AVERAGE(D3:H3)”,填充该公式到 I4:I10 区域;同理,在 J3 单元格中插入公式“＝SUM(D3:H3)”,填充该公式到 J4:J10 区域。

3)选中 D3:H10 单元格区域,单击“开始”选项卡的“样式”组中的“条件格式”,在弹出的下拉列表中选择“新建规则”,打开“新建格式规则”对话框,在“选择规则类型”中选择“只为包含以下内容的单元格设置格式”,在编辑规则说明中设置单元格值小于 60,如图 4－43 所示,单击“格式”按钮,打开“设置单元格格式”对话框,在“填充”选项卡中设置底纹为红色。

4)将光标定位在 K3 单元格,选择“公式”选项卡的“插入函数”命令,打开“插入函数”对话框,在“选择函数”列表框中,选择 IF 函数。

5)在打开 IF 函数对话框中的“Logical_test”框中输入“I3＞”之后,单击名称框右侧的下拉箭头,插入 AVERAGE 函数,打开 AVERAGE 函数窗口,在 Number1 框中输入“I＄3:I

$10”,单击确定,如图 4-44 所示。

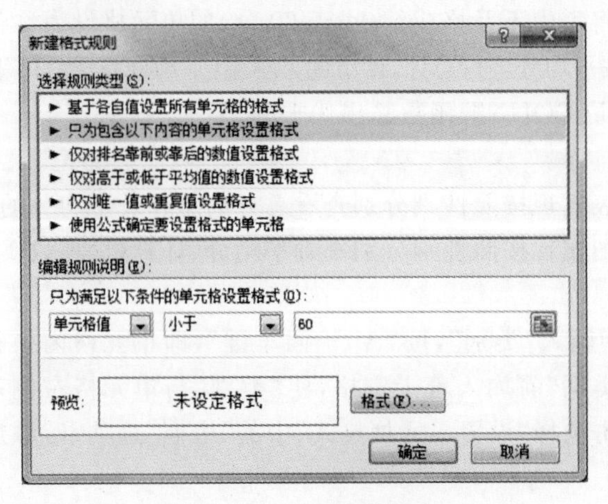

图 4-43　设置条件格式

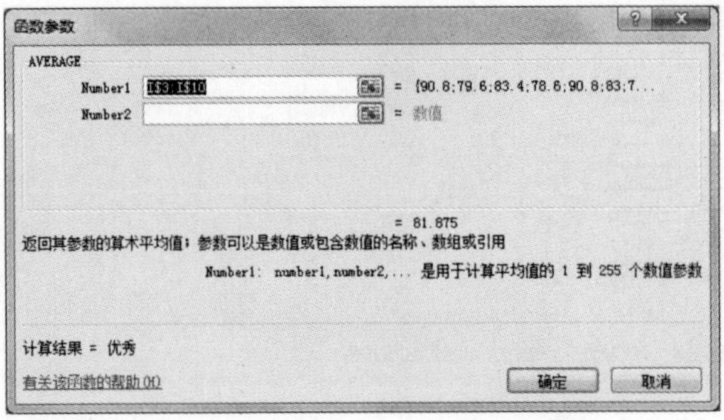

图 4-44　插入 AVERAGE 函数

6)返回 IF 函数对话框,“Logical_test”框中显示“I3>AVERAGE(I$3:I$10)”,将该内容补全为“I3>AVERAGE(I$3:I$10)*1.05”,其他内容参照如图 4-45 所示输入后,单击确定,K3 单元格的插入了公式“=IF(I3>AVERAGE(I$3:I$10)*1.05,"优秀","")”,该公式表示满足高于平均分 5%的学生用优秀表示出来,否则以空白显示。由于 I13 是比较对象,求平均值的单元格地址保持不变,所以必须使用的是绝对地址引用。填充公式至 K4:K10。

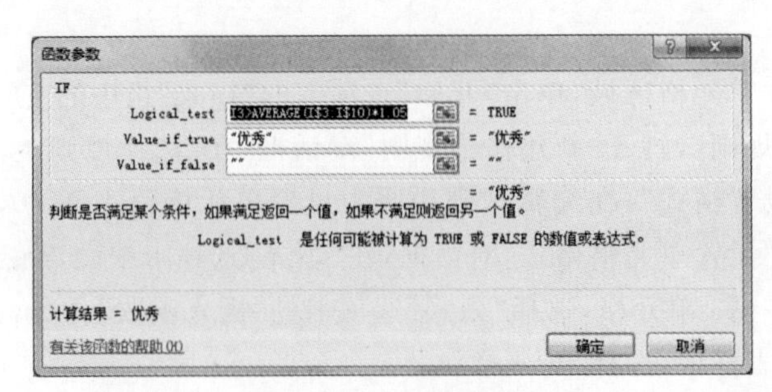

图 4-45　条件函数

7)选中 L2 单元格,选择“设置单元格格式”中的“对齐”选项卡设置竖排文字,如图 4－46 所示。

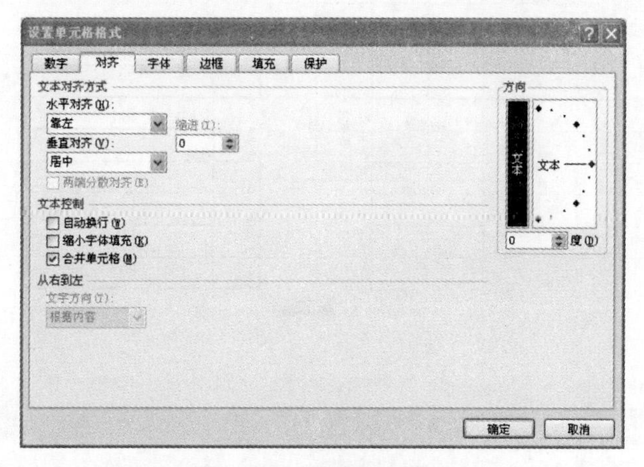

图 4－46　设置竖排文字

8)选中 L10 单元格,输入公式“＝COUNTIF(K3:K10,"＝优秀")/COUNT(I3:I10)”,然后通过“设置单元格格式”中的“数字”选项卡设置为百分比且保留 2 位小数。

9)选择 A2:K10 区域,选择 “数据”选项卡的“排序和筛选”组中“排序”命令,打开“排序”对话框,在“主要关键字”下面列表中选择“性别”选项,并选中“降序”单选按钮,如图 4－47 所示。

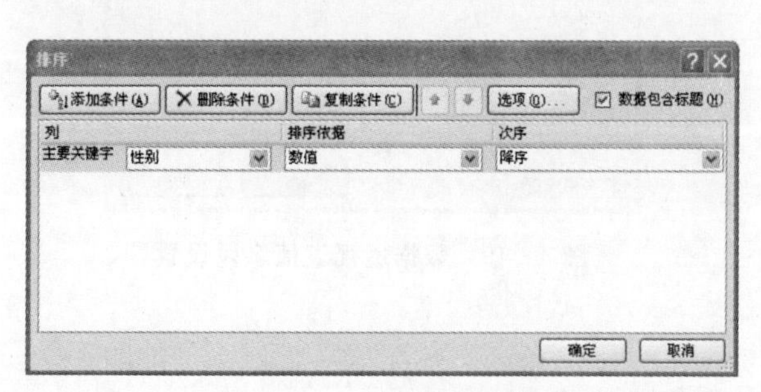

图 4－47　“排序”对话框

10)选择选项卡“插入”的“数据透视表”命令,打开“创建数据透视表”对话框,选择 A2:L10 区域,单击确定。

11)进入数据透视表布局页面,将右侧的“性别”拖动到“行标签”中,将“总分”和“平均分”拖动到“数值”中,如图 4－48 所示。由于默认为求和项,在“数值”区域的“求和项:平均分”右侧点击下拉箭头,选择“值字段设置”,弹出“值字段设置”对话框,在“计算类型”下拉列表框中选择“平均值”,如图 4－49 所示。

12)制作透视 ge 步骤与制作透视图相同,选择选项卡“插入”的“数据透视图”命令,打开“创建数据透视表”对话框,选择 A2:L10 区域,选择轴字段为“性别”,数值字段分别是平均分、计算机、高数 1、英语 1 的求平均值项,如图 4－50 所示。

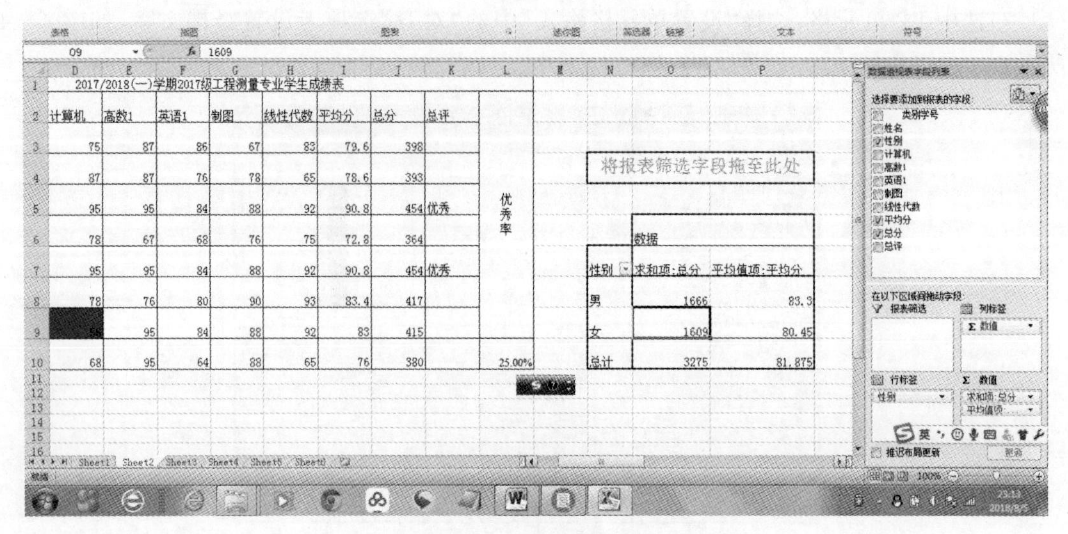

图 4-48　数据透视表

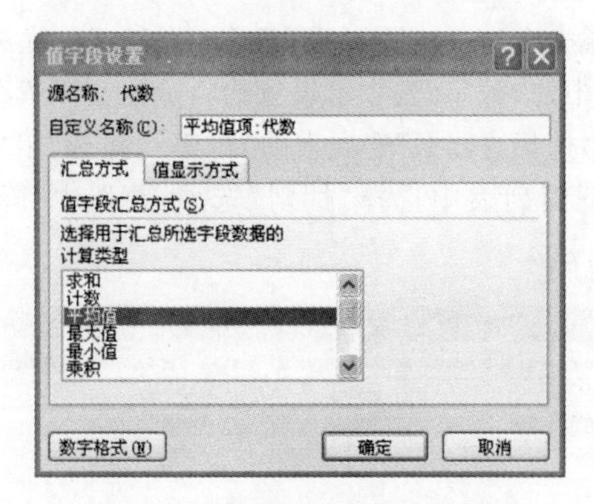

图 4-49　数据透视表值字段设置

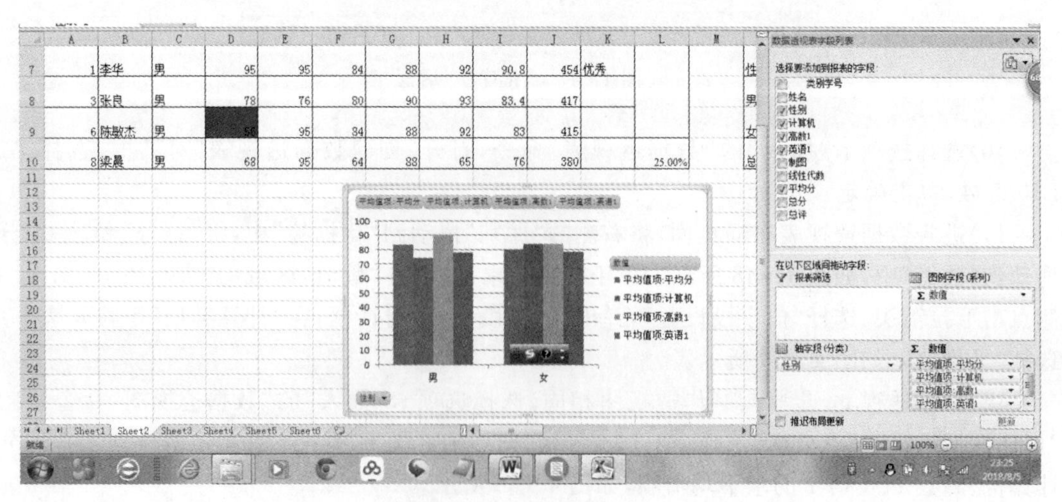

图 4-50　数据透视图

4.5.3 演示文稿 PowerPoint

教师上课、学生论文答辩、公司产品介绍和各种会议报告演讲者都要利用计算机展示演讲内容，一般用的是演示文稿软件。Microsoft 公司 Office 系列中的 PowerPoint 是集文字、图形、动画、声音于一体的专门制作演示文稿的多媒体软件，演示软件产生的文档称为演示文稿，一份演示文稿由若干张幻灯片组成，每张幻灯片上有文字、表格、图，还可以有声音。

1. PowerPoint 2010 的启动与退出

PowerPoint 2010 的启动与退出，和 Word 2010 的启动与退出的方法基本一致，在此不再详述。

2. PowerPoint 2010 窗口浏览

启动 PowerPoint 2010 时，将显示如图 4-51 所示的窗口界面，其界面与 Word 2010 界面有很多地方都相似，需要介绍一下几点：

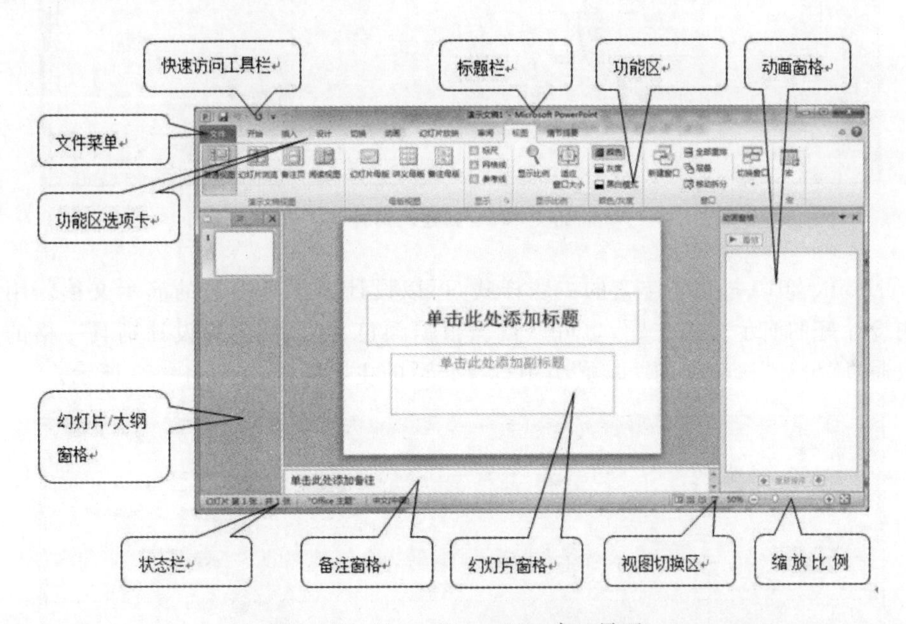

图 4-51 PowerPoint 2010 窗口界面

(1)幻灯片窗格：位于工作窗口中间，其任务是幻灯片的制作、编辑及添加各种效果。

(2)幻灯片/大纲窗格：位于工作窗口左侧，包括幻灯片和大纲两个选项卡，通过两个选项卡可以控制显示方式。在大纲选项卡下仅显示文本，不显示图片、表格、艺术字等其他对象。在选灯片选项卡下以缩略图方式显示，可以对选灯片进行浏览、移动、复制、删除等操作。

(3)动画窗格：位于工作窗口右侧，其任务是显示当前幻灯片中的动画，可用于查看、编辑动画。

(4)备注窗格：位于幻灯片窗格下方，其任务是给幻灯片添加备注，为演讲者提供信息，只能在备注窗格中插入文本。

3. 建立演示文稿

启动 PowerPoint 2010 演示文稿应用程序后，系统将自动新建一个默认文件名为“演示文稿 1.pptx”的空白文稿，该文稿自带了一张幻灯片，用户可以根据需要自行创建更多幻灯片。选择“开始”选项卡的“幻灯片”组中的“新建幻灯片”命令，在弹出的下拉列表中选择一种合适的幻灯片版式即可创建一张幻灯片，如图 4-52 所示。也可以通过在“幻灯片/大纲窗格”中的“幻灯片”选项卡中单击鼠标右键，在快捷菜单中选择“新建幻灯片”命令，也可创建幻灯片。

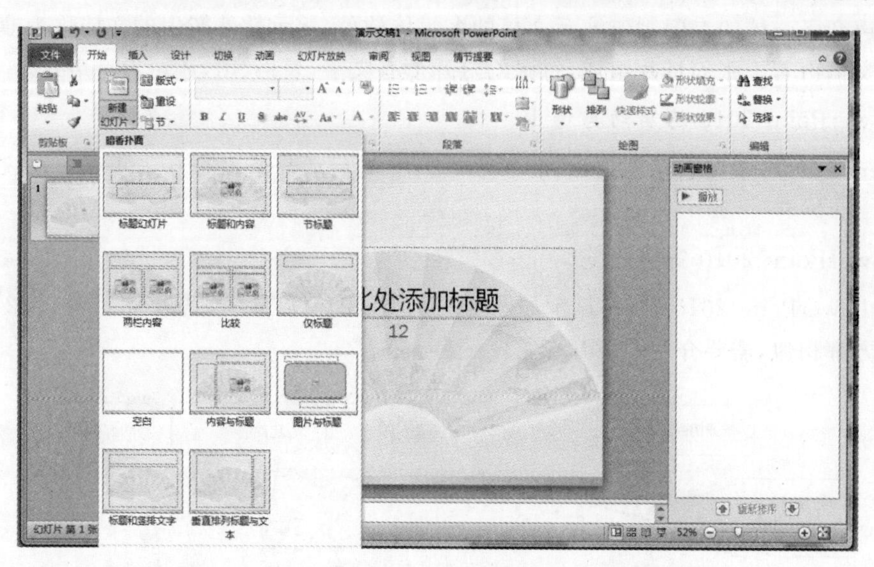

图 4-52 新建幻灯片

PowerPoint 2010 提供了丰富的主题样式，可以设计出丰富多彩的演示文稿。用户可以直接选用设计好的演示文稿主题，也可以自己根据颜色、字体和效果设计别具一格的演示文稿。可以通过“设计”选项卡的“主题”组中选择合适的主题样式，如图 4-53 所示。

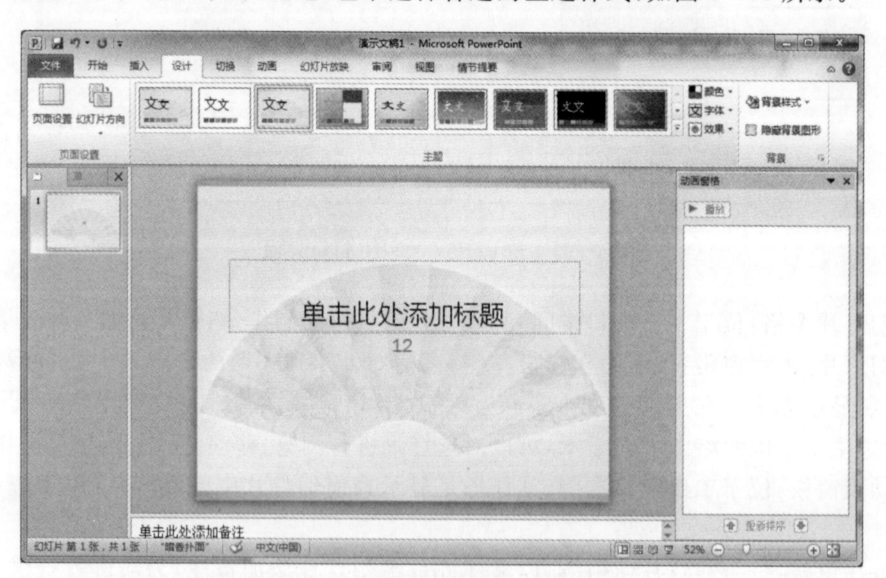

图 4-53 演示文稿的主题选择

PowerPoint 2010 为用户提供了多种版式模板，供用户选择。在“开始”选项卡的“幻灯片”组中选择“版式”选项，弹出选幻灯片版式下拉列表，或者选定要改变版式的幻灯片后用鼠标右键单击,在弹出的菜单中选择“版式”,也会弹出幻灯片版式下拉列表,在其中选择所需版式即可。

4. 编辑演示文稿

编辑演示文稿主要是对演示文稿中的幻灯片进行插入、复制、删除和移动。

(1)插入幻灯片。可以通过“开始”→“新建幻灯片”按钮,插入一张新的幻灯片。也通过“幻灯片/大纲 窗格”中某张幻灯片的右键菜单选择“新建幻灯片”,在当前幻灯片之后插入一张新幻灯片。

(2)复制、删除、移动幻灯片。先通过“幻灯片/大纲窗格”选中操作的对象,然后通过右键菜单命令或编辑命令实现复制、删除、移动幻灯片。

5. 插入声音和动画文件

为了在放映幻灯片时同时播放解说词或音乐,可通过“插入”选项卡的“媒体”组中的“视频”或“音频”按钮插入事先准备好的影片或声音文件。插入声音文件后在幻灯片中央位置以一个插入标记图标显示,选中该图标,在功能区出现“格式”和“播放”选项卡,单击“播放”选项卡,可以对音频的播放进行设置,如自动播放、循环播放等。按照相似的方法可以插入视频对象。

6. 插入超级链接

用户可以在幻灯片中添加超链接,然后利用超链接可以转向指定地方,如转跳到文稿中某张幻灯片或者转跳到其他的文档(另一演示文稿或 Word 文档),或者跳转到 Internet 地址、电子邮件等,插入超链接一般有两种方式:

(1)一般对象的超链接:选定要超链接的对象(文字或图片等),选择“插入”选项卡的“链接“组中的“超链接”按钮可进入“插入超链接”对话框,如图 4 - 54 所示。

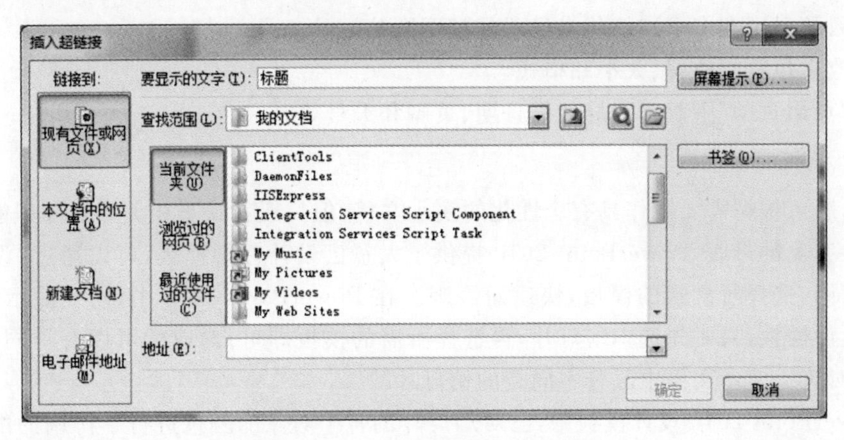

图 4 - 54　“插入超链接”对话框

其中,“链接到”可分为四种类型:

1)原有文件或网页:超链接到其他文档、应用程序或由网站地址决定的网页。

2)本文档中的位置:超链接到本文档的其他幻灯片中。

3)新建文档:超链接到一个新文档中。

4)电子邮件地址:超链接到一个电子邮件地址。

(2)以动作按钮表示的超链接:单击“插入”选项卡的“插图”组中的“形状”按钮,在弹出的下拉列表的动作按钮中选择所需的图形,在幻灯片合适位置画出动作按钮之后,弹出“动作设置”对话框,在对话框中设置按钮的超级链接,如图 4-55 所示。

7. 母版

演示文稿由若干张幻灯片组成,为了保持一致的风格和布局,同时提高编辑效率,可通过“母版”功能设计一张幻灯片母版,将母版应用到各个幻灯片,达到风格一致的效果。选择“视图”选项卡的“母版视图”组中的“幻灯片母版”按钮进入幻灯片母版的设计,如图 4-56 所示。

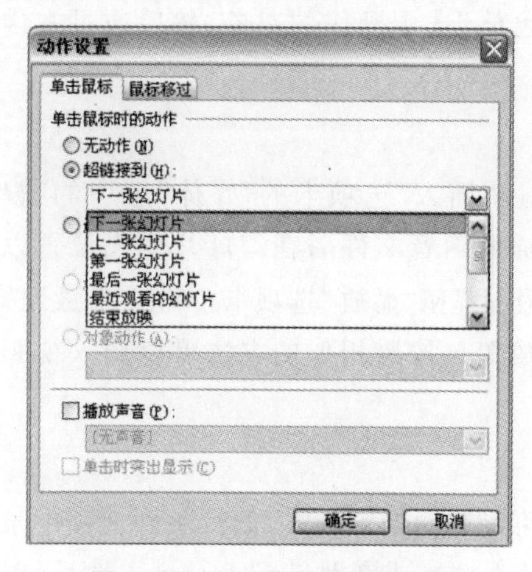

图 4-55 “动作设置”对话框

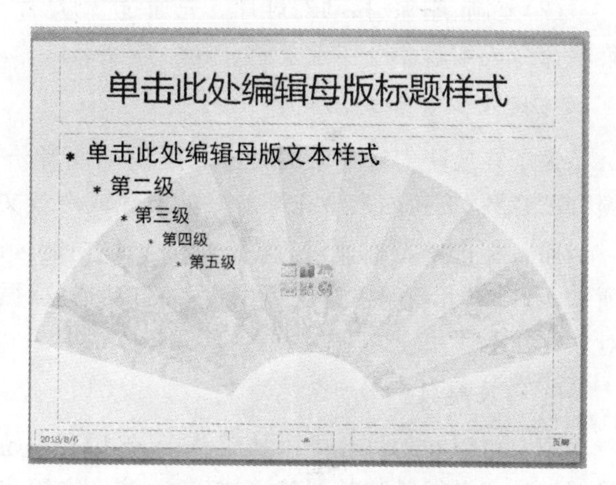

图 4-56 幻灯片母版设计

通常使用幻灯片母版进行下列操作:

(1)改字体或项目符号。

(2)插入要显示在多个幻灯片上显示的相同图片。

(3)更改占位符的位置、大小和格式。

(4)在“页眉页脚”中设置幻灯片的日期、页脚和编号等。

8. 设计模板

利用母版可根据需要制作具有个性化的演示文稿,但一般人缺乏相关专业知识能力,无法设计出非常完美的母版,PowerPoint 2010 提供了大量已设计好的模板,可以通过“设计”选项卡的“主题”组,选择所喜欢的模板,快速而美观。在 PowerPoint 2010 中,同一演示文档可以有不同的设计模板,只要先选中幻灯片,再选择所需的模板即可;对应的可以有不同的幻灯片母版,便于对统一演示文稿中区分不同类的幻灯片。

在 PowerPoint 2010 设计模板中,已对幻灯片的各个对象的颜色进行了协调的配色,用户如果对样式不满意,也可以通过重设颜色、字体及效果等修改模板样式。用户还可以通过“设计”选项卡的 “背景”组设置,改变幻灯片的背景,背景可以有某种颜色、图片或纹理效果等。

9. 动画

在 PowerPoint 2010 中,可以制作动画,动画可以增加文稿的演示效果。用户可以为幻灯片上插入的各个对象如文本、图片、表格、图表等设置动画效果,这样就可以突出重点,控制信息的流程,提高演示的趣味性。

选中需要添加动画的对象，在“动画”选项卡的“动画”组中选择添加某种动画效果，或者在“高级动画”组中单击“添加动画”，选择添加某种动画效果。

添加完动画后，单击“高级动画”组中的“动画窗格”，打开动画窗格，在动画窗格中按添加顺序显示所添加的动画，如图 4-57 所示，单击动画右侧下拉按钮，打开下拉菜单，可以对动画进行各种设置。

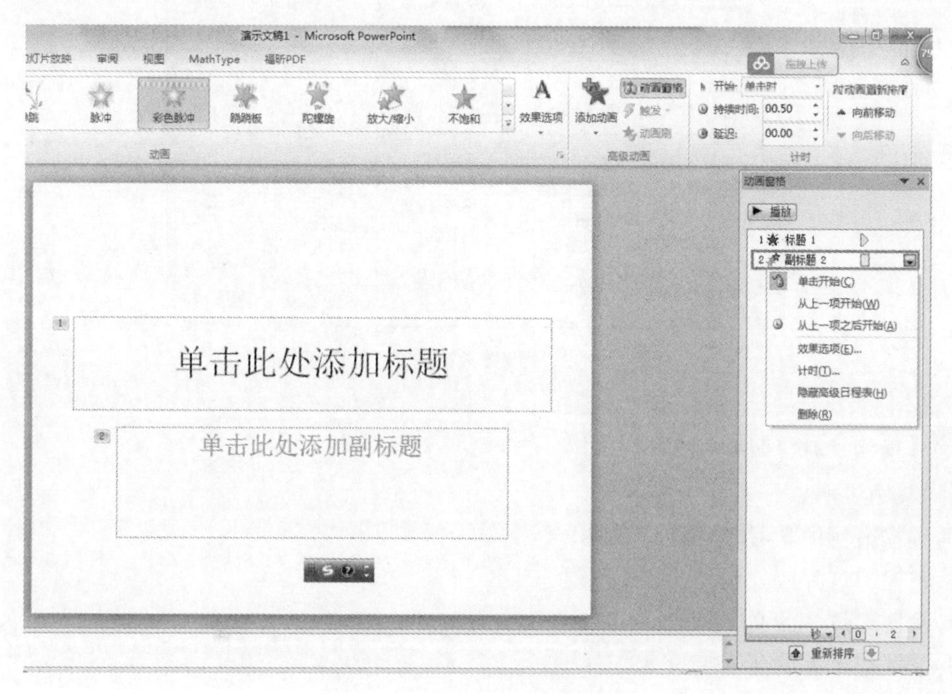

图 4-57　动画任务窗格

10. 设置幻灯片切换效果

幻灯片间的切换效果是指幻灯片放映时两张幻灯片之间切换的动画效果。选择“切换”选项卡的“切换到此幻灯片”组，可以在方案列表中进行所需的切换动画效果选择，也可以在“计时”组中设置切换的相关选项，如设置鼠标单击切换，还也可以设置间隔的时间实现自动切换等，如图 4-58 所示。

图 4-58　切换幻灯片设置

11. 幻灯片放映

在“幻灯片放映”选项卡的“设置”组中，单击“设置幻灯片放映”即可对准备放映的演示文稿进行放映设置。在“设置放映方式”对话框中，可以对“放映类型”“放映选项”“放映幻灯片”“换片方式”和“多监视器”等进行详细设置，如图 4-59 所示。

在“开始放映幻灯片”组中可以设置“从头开始”“从当前幻灯片开始”“广播幻灯片”和“自

定义放映”四种放映方式。在“设置”组中的“排练计时”功能可用于演讲者事先预演计时，在“设置”组中的“录制幻灯片演示”功能可用于将放映结果录制成视频。

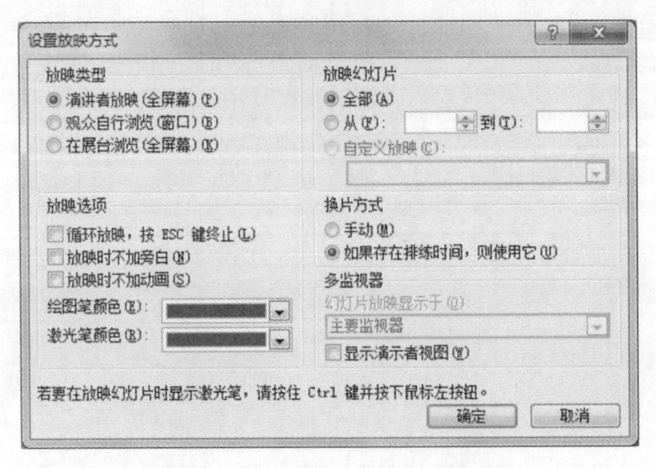

图 4-59 “设置放映方式”对话框

12.【案例 1】诗词欣赏

(1)案例说明。

通过本案例的学习，掌握以下知识点：

1)掌握幻灯片版式设计。

2)掌握幻灯片的文字排版。

3)掌握幻灯片的艺术字设计。

4)掌握图片插入与设置。

5)掌握演示文稿超级链接技术。

6)掌握幻灯片 SmartArt 图的设计。

(2)案例要求。

1)创建一个演示文稿“诗词欣赏.pptx”，创建 4 页幻灯片，标题页采用“标题幻灯片”版式，第 2 页采用“空白”版式，其他页采用“仅标题”版式。

2)标题页：标题“诗词欣赏”设置为紫色、华文行楷、加粗、字号 45；副标题“唐”设置为宋体，字号 40，如图 4-60 所示。

图 4-60 标题页

3)第 2 页:将“《江南春》”设置为艺术字、宋体、54 号字、加粗,艺术字为“渐变填充—蓝色,强调文字颜色 1”样式;设置“作者:杜牧”为华文楷体、24 号、绿色、加粗、下划线,并添加超级链接到第 3 页;其他字体为华文行楷、32 号,如图 4 - 61 所示。

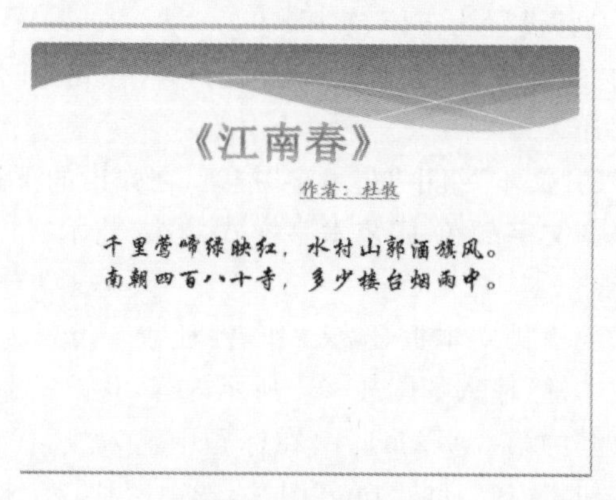

图 4 - 61　第二页

4)第 3 页:添加 3 幅图片(杜牧、白居易、王维)、设置图片为“柔滑边缘椭圆”样式,添加 3 段诗人简介,设置文字为华文行楷、20 号、加粗、绿色,如图 4 - 62 所示。

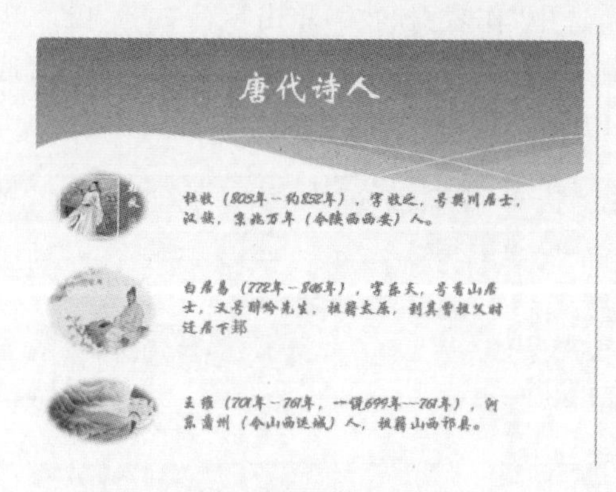

图 4 - 62　第 3 页

5)第 4 页:添加一个组织结构图,如图 4 - 63 所示。

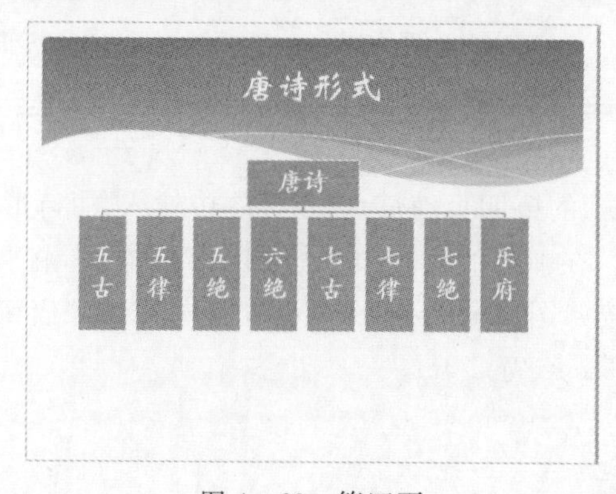

图 4 - 63　第四页

(3)案例操作步骤。

1)打开 PowerPoint 2010,在“设计”选项卡的“主题”组中使用“波形”主题模板。

2)将默认的第 1 张幻灯片的版式改为“标题幻灯片”,标题“诗词欣赏”设置为紫色、华文行楷、加粗、字号 45;副标题“唐”设置为宋体、字号 40。

3)在“开始”选项卡的“幻灯片”组中单击“新建幻灯片”按钮,在弹出的下拉列表中选择“空白”版式,创建第 2 页幻灯片。

4)选择“插入”选项卡的“文本”组中“艺术字”按钮,在弹出的下拉列表中选择第 3 行、第 4 列的“渐变填充一蓝色,强调文字颜色 1”艺术字样式,输入艺术字内容“《江南春》”,设置艺术字为宋体、54 号字、加粗。

5)在“江南春”下方插入横排文本框,输入“作者:杜牧”,设置为华文楷体、24 号、绿色、加粗、下划线;再插入横排文本框,输入如图 4-61 所示内容,并设置字体为华文行楷、32 号。

6)插入版式为“仅标题”的第 3 页幻灯片,在标题中输入“唐代诗人”,在“插入”选项卡的“图像”组中单击“图片”按钮,选择“杜牧. png”图片,选中图片,在“格式”选项卡的“图片样式”组中选择“柔滑边缘椭圆”样式,在图片的右侧插入一个横排文本框,输入如图 4-62 所示文字内容,设置文字为华文行楷、20 号、加粗、绿色。按照相同的方法插入白居易和王维的图片及简介。

7)返回第 2 张幻灯片,选中“作者:杜牧”,单击鼠标右键,在菜单中选择超链接,打开“插入超链接”对话框,在“链接到”列表中选择“本文档中的位置”,在“请选择文档中的位置”中选择“3. 唐代诗人”,如图 4-64 所示。

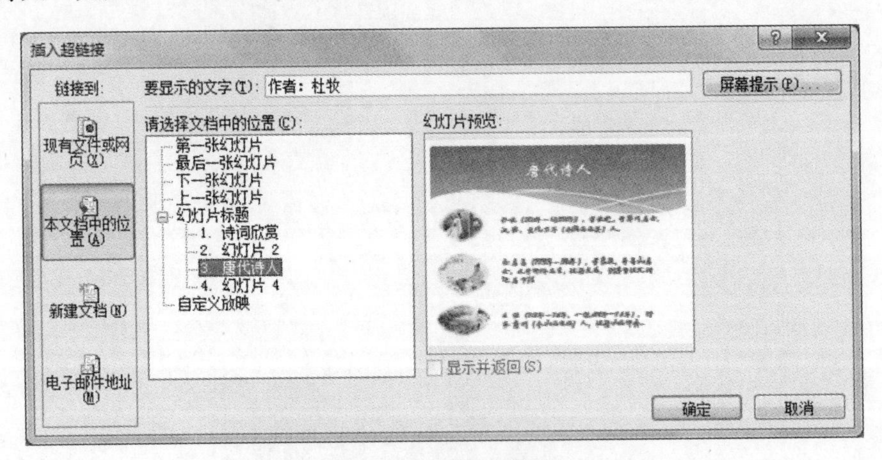

图 4-64 编辑超链接

8)插入版式为“仅标题”的第四页幻灯片,在标题中输入“唐诗形式”,单击“插入”选项卡的“插图”组中的“SmartArt”,在弹出的列表中选择“组织结构图”,将“左悬挂”的结点删除,在二级结点中创建 7 个结点,按如图 4-63 所示输入结点内容,将“唐诗”结点设置为高 2 cm、宽 5 cm,其他结点设置为高 5 cm、宽 2 cm。

9)保存演示文稿。

13.【案例 2】产品介绍

(1)案例说明。

1)掌握设置母版和模板的设计。

2)掌握在幻灯片中添加音乐和图片。

3)掌握动画的制作。

4)掌握幻灯片之间的切换。

(2)案例要求

1)启动 PowerPoint 2010,根据提供的“素材图片”文件夹和“产品规格.txt”文本文档,制作一个完整的“产品介绍.pptx”演示文稿。

2)新建演示文稿,为其应用默认的“古瓶荷花”幻灯片设计模板,在内容幻灯片母版右上角制作一个产品标志。

3)添加标题页、结束页及 6 种产品的页面共 8 张幻灯片。

4)参照样张图 4-65 设计标题页,并插入音乐文件“Greek Meditation.mp3”,设置播放选项为跨幻灯片播放,选中“放映时隐藏”“循环播放,直到停止”及“播完返回开头”。

5)在产品页分别添加产品图片,插入多个文本框,分别将各产品的规格输入幻灯片中,设置字体为“方正粗倩简体”,颜色为“深青,文字 2”,“尺寸”字号 20,尺寸数据字号 16,产品说明 20 号字,其中首字 28 号,产品编号 48 号字,产品名称 20 号字。

6)为 6 张产品幻灯片中的产品图片、产品编号名称、产品规格及产品说明 4 种项目依次添加进入动画效果,具体动画方案自定,要求每张幻灯片中的 4 个项目动画效果不能相同,6 张幻灯片的动画效果不能完全相同。

7)标题页、结束页动画效果自行设定。

(3)案例操作步骤。

1)打开 PowerPoint 2010,新建“产品介绍.pptx”演示文稿。

2)在“设计”选项卡的“主题”组中使用“古瓶荷花”主题模板。

3)打开幻灯片母版视图,在第 1 张母版页的右上角插入“图标.png”图片,插入 3 个文本框并向右旋转 45°,输入相应文字,两侧文本框设置为白色、16 号字;中间文本框设置为白色、36 号字,效果如图 4-66 所示。

4)在标题页的标题框和副标题框中输入对应内容后,在左侧插入 1 个竖排文本框,输入对应内容,在副标题右下方插入 1 个横排文本框,输入“餐具”,在副标题及“餐具”下方各绘制 1 条水平横线。

5)在标题页中插入音乐文件“Greek Meditation.mp3”,设置播放选项为跨幻灯片播放,选中“放映时隐藏”“循环播放”,直到停止”及“放完返回开头”,如图 4-67 所示。

6)插入版式为“仅标题”的第 2 张幻灯片,插入对应的图片,添加 3 个文本框并输入对应内容,调整 4 个对象的位置后,选中图片,设置进入动画为“渐入”效果,开始“单击鼠标时”,持续时间“2”,无延迟;选中产品编号文本框,设置进入动画为“飞入”效果,开始“在上一个之后”,持续时间“1”,无延迟;选中规格文本框,设置进入动画为“浮入”效果,开始“在上一个之后”,持续时间“1”,无延迟;选中产品说明文本框,设置进入动画为“下拉”效果,开始“与上一个同时”,持续时间“1”,延迟“2”;

7)按照步骤(6)相似的操作设计幻灯片 3～7,注意要求每张幻灯片中的 4 个项目动画效果不能相同,6 张幻灯片的动画效果不能完全相同。

北京露卡得玻璃餐具制造有限公司
露卡得餐具系列
A套玻璃
餐具
1
露卡得A套玻璃餐具
尺寸：50cm×80cm×10cm
A1021.
四季汤碗
2
露卡得A套玻璃餐具
尺寸：25cm×18cm×36cm
A1022.
荷花茶杯/座
3
露卡得A套玻璃餐具
尺寸：35cm×45cm×15cm（大）
30cm×40cm×12cm（中）
25cm×35cm×10cm（小）
A1023.
茶具三件套
4
露卡得A套玻璃餐具
尺寸：30cm×65cm×8cm
A1024.
彩陶平底碗
5
露卡得A套玻璃餐具
尺寸：50cm×10cm×8cm
A1025.
四季水果盘垫
6
露卡得A套玻璃餐具
尺寸：30cm×50cm×15cm
A1026.
烟灰器皿
7
北京露卡得玻璃餐具制造有限公司
谢谢欣赏！
露卡得餐具系列
8

图 4-65　案例样张

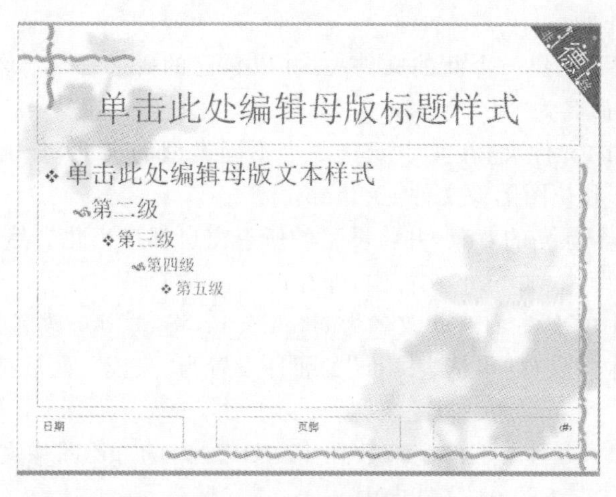

图 4-66　母版样式

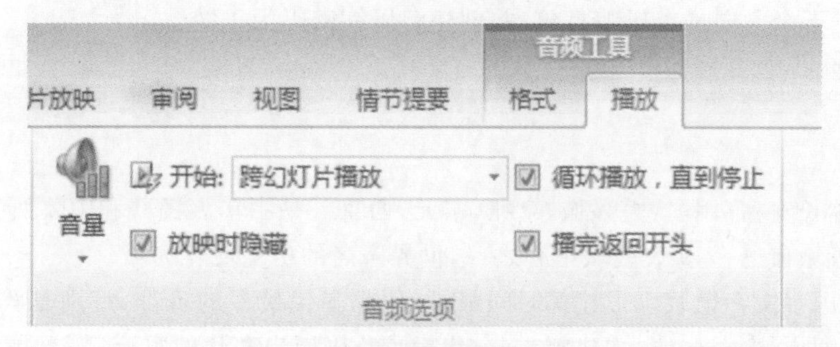

图 4-67　设置音乐选项

8)复制标题页并粘贴为最后一页(结束页)，修改标题与副标题对应文本，删除“餐具”文本框，调整两条水平线的位置。

9)保存演示文稿。

4.6 本章小结

本章主要介绍计算机系统软硬件层次结构，操作系统的作用、特征、分类及常见的操作系统，重点介绍目前常用操作系统 Windows 7 的基本使用。另外，对于最常用的办公软件 Office 的 3 大组件——Word、Excel、PowerPoint 进行功能介绍及应用案例说明。通过本章学习，可以掌握计算机软件的基础知识，提高办公软件的应用能力。

习　题

1. 简述计算机系统层次结构。
2. 什么是操作系统？它的主要作用是什么？
3. 简述操作系统的功能。
4. 常见操作系统有哪些？各自特点是什么？

5. Windows 7 操作题。

(1)在 E 盘根目录下创建一个新的文件夹,并以自己的姓名命名。然后在该文件夹中新建 3 个子文件夹,分别命名为"01""02"和"03"。

(2)打开名为"02"的文件夹,在其中新建 3 个不同类型的文件,分别是文本文件 a1. txt、word 文档文件 a2. doc 和位图图像文件 a3. bmp。

(3)给桌面设置一个漂亮的背景,并将屏幕的所有窗口都最小化。然后对当前桌面进行全屏抓图,并将其粘贴到图像 a3. bmp 文件中,保存该文件并关闭。

(4)将 03 文件夹中的文件 a1. txt 改名为 clock. htm,将 a2. doc 改名为"申请表. doc"。

(5)将 01 文件夹中的文件"申请表. doc"的属性设置为"只读",然后把 01 文件夹的属性设置为"隐藏"。

(6)搜索 C:\Windows 目录下的字节数在 100KB 之内的. gif 图像文件,并将搜索到的文件复制到 E 盘个人文件夹下的 01 文件夹中。

(7)将 E 盘个人文件夹下的 03 文件夹设置为共享。

(8)将 E 盘下个人文件夹压缩打包,并创建解压缩密码为 123。

6. Windows 7 操作题。

古都西安

西安简介

西安,古称长安;曾用名:大兴城,京兆,奉元,西京。是中华人民共和国陕西省的省会,中国 15 个副省级城市之一,9 大区域中心之一,世界著名的历史文化名城。

西安是我国有文字记载以来建都时间最长、建都朝代最多的古都,特别是我国历史上较辉煌的四个王朝周、秦、汉、唐,均建都在此,代表了我国历史文化的主流。

文化遗址

大西安有汉长安城、阳陵、茂陵等文化遗址。汉开辟了"丝绸之路",让中国走向世界,让世界认识了中国。汉承秦制,在长安建立了持续 200 余年的西汉政权和空前强大的西汉王朝。汉确立了儒家文化的主导地位,形成了以汉族为主体的中华民族和汉文化为代表的中华文化,因此,外国把研究中国的学问叫汉学。

唐文化

唐王朝延续近 300 年,融合了包括佛教文化、道教文化在内的多种文化,以唐文化为代表的中国传统文化影响了整个东方乃至世界。所以,以华夏文明历史文化基地为依托的大西安,可以称得上是中华民族共有的精神家园。

输入以上文字内容(不加任何格式设置),然后按下列要求操作,文件名以学号、姓名命名保存。操作完成效果如图 4 - 68 所示,具体要求如下:

(1)设置标题格式为艺术字、黑体、粗体、44 磅、居中。

(2)正文设置为四号、新宋体,首行缩进 2 字符;第三段加有阴影的边框和 25%的前景为黄色的底纹。

(3)每一小标题加入姓名符号"★",小标题改为黑体,加粗;前两段正文首字为文字加圈。

(4)将最后一段正文前两句加竖排的文本框,文本框加双线,文字加下划线。

(5)从剪贴板里找到如图所示的图片插入至文件,图片大小为原图的 61%,加边框线。

提示:必须加文本框,具有浮动的特性。

古都西安

★西安简介

㊄安，古称长安；曾用名：大兴城，京兆，奉元，西京。是中华人民共和国陕西省的省会，中国 15 个副省级城市之一，9 大区域中心之一，世界著名的历史文化名城。

㊄安是我国有文字记载以来建都时间最长、建都朝代最多的古都，特别是我国历史上较辉煌的四个王朝周、秦、汉、唐，均建都在此，代表了我国历史文化的主流。

★文化遗址

大西安有汉长安城、阳陵、茂陵等文化遗址。汉开辟了“丝绸之路”，让中国走向世界，让世界认识了中国。汉承秦制，在长安建立了持续 200 余年的西汉政权和空前强大的西汉王朝。汉确立了儒家文化的主导地位，形成了以汉族为主体的中华民族和汉文化为代表的中华文化，因此，外国把研究中国的学问叫汉学。

★唐文化

唐王朝延续近 300 年，融合了包括佛教文化、道教文化在内的多种文化，以唐文化为代表的中国传统文化影响了整个东方乃至世界。

所以，以华夏文明历史文化基地为依托的大西安，可以称得上是中华民族共有的精神家园。

图 4-68　Word 操作题样张

7. Excel 操作题

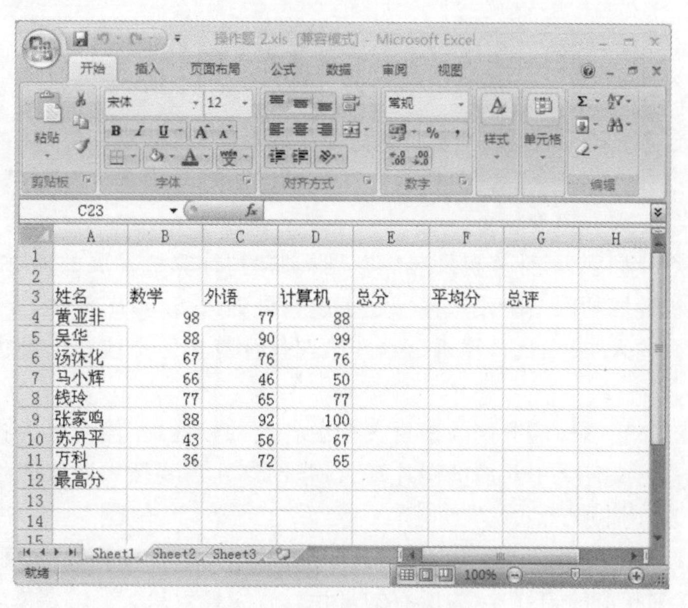

	A	B	C	D	E	F	G	H
1								
2								
3	姓名	数学	外语	计算机	总分	平均分	总评	
4	黄亚非	98	77	88				
5	吴华	88	90	99				
6	汤沐化	67	76	76				
7	马小辉	66	46	50				
8	钱玲	77	65	77				
9	张家鸣	88	92	100				
10	苏丹平	43	56	67				
11	万科	36	72	65				
12	最高分							
13								
14								

图 4-69　学生成绩原表

输入如图 4-69 所示表格内容(不加任何格式设置),然后按下列要求操作,文件名以学号、姓名命名保存。操作完成效果如图 4-70 所示,具体要求如下:

(1)添加标题计算机 1 班部分学生成绩表,黑体,24 号。

(2)按样张给表格添加边框,美化表格。

(3)利用条件格式项目选取规则功能把各科最高分标识出来。

(4)插入 1 列,计算平均分,利用条件函数将平均分大于 60 分的总评记为“通过”,把小于 60 分的总评记为“不通过”。

(5)利用套用表格格式,按样张制作表二。

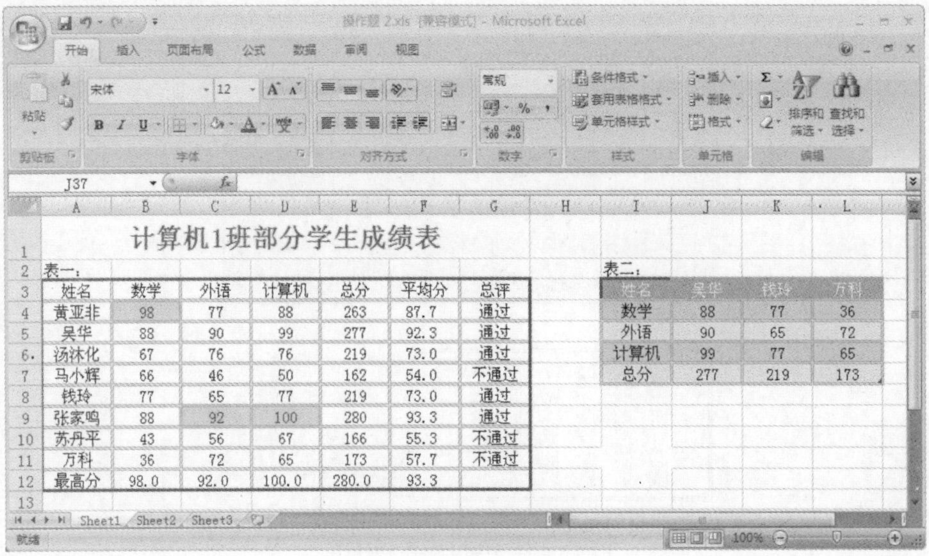

计算机1班部分学生成绩表

表一:

姓名	数学	外语	计算机	总分	平均分	总评
黄亚非	98	77	88	263	87.7	通过
吴华	88	90	99	277	92.3	通过
汤沭化	67	76	76	219	73.0	通过
马小辉	66	46	50	162	54.0	不通过
钱玲	77	65	77	219	73.0	通过
张家鸣	88	92	100	280	93.3	通过
苏丹平	43	56	67	166	55.3	不通过
万科	36	72	65	173	57.7	不通过
最高分	98.0	92.0	100.0	280.0	93.3	

表二:

姓名	吴华	钱玲	万科
数学	88	77	36
外语	90	65	72
计算机	99	77	65
总分	277	219	173

图 4-70 操作完成效果

8. PowerPoint 操作题。

打开素材文件夹中的的演示文稿 yswg. pptx,根据素材文件夹中的 PPT——素材. docx,按照下列要求完善演示文稿并保存。

(1)使文稿包含 7 张幻灯片,设计第 1 张幻灯片的版式为“标题幻灯片”,第 2 张幻灯片的版式为“仅标题”,第 3～6 张版式为“两栏内容”,第 7 张幻灯片版式为“空白”。所有幻灯片设计为统一背景样式,要求有预设颜色。

(2)第 1 张幻灯片标题为“计算机发展史”,副标题为“计算机发展的四个阶段”;第 2 张幻灯片标题为“计算机发展的四个阶段”,在标题下空白处插入 SmartArt 图,要求还有 4 个文本框,每个文本框依次输入“第一代计算机”……“第四代计算机”,更改图形颜色,适当调整字体字号。

(3)第 3～6 张幻灯片,标题分别为素材文档中各段的标题,左侧内容为各段文字内容,夹项目符号,右侧为素材文件夹中对应的图片;第 6 张幻灯片需要插入两张图片;第 7 张幻灯片插入艺术字,内容为“谢谢观看欣赏”。

(4)第 1 张幻灯片的副标题、第 3～6 张幻灯片中的图片设置动画效果,第 2 张幻灯片的 4 个文本框分别链接到相应的幻灯片,为所有幻灯片设置切换效果。

第5章　软件设计基础

软件是计算机的重要组成部分，如何设计软件是程序设计要学习的内容，掌握程序设计也是计算机专业人员必备能力之一，要学好程序设计，首先要了解程序设计的相关基本知识。程序设计原则是程序设计思想的总体规则，程序设计过程说明程序设计的主要步骤；计算机程序一般都分为顺序、选择和循环三种结构，其执行方式分为编译型和解释型；数据结构研究数据的特性及数据之间存在的关系；软件工程研究用工程化方法构建和维护有效的、实用的和高质量的软件。

5.1　程序设计

5.1.1　程序设计原则与过程

计算机编程语言按面向对象角度划分，可分为结构化语言和面向对象语言，这也是目前绝大多数编程语言所采用的设计思想。总体而言，结构化语言以业务的处理流程来设计，重在每个步骤功能问题；面向对象语言以对象的属性和行为来思考，重在抽象和对象间的协作问题。

1. 结构化程序设计的主要原则

(1)自顶向下。程序设计时，应先考虑总体，后考虑细节；先考虑全局目标，后考虑局部目标。不要一开始就过多追求众多的细节，应先从最上层总目标开始设计，逐步使问题具体化。

(2)逐步求精。对复杂问题，应设计一些子目标作为过渡，逐步细化。

(3)模块化。一个复杂问题，肯定是由若干稍简单的问题构成。模块化是把程序要解决的总目标分解为子目标，再进一步分解为具体的小目标，把每一个小目标称为一个模块。

(4)限制使用 GOTO 语句。结构化程序设计方法中，GOTO 语句的作用主要是执行目标跳转，过多的使用 GOTO 语句使程序结构复杂，应当尽量避免。但在程序中有些地方适当的使用 GOTO 语句，会使程序流程更清楚，效率更高。

2. 面向对象程序设计的主要原则

(1)单一职责原则(single responsibility principle)。就一个类而言，应该仅有一个引起它变化的原因。在编程的时候，一个类具有各种各样的功能，当有不同需求时，都需要更改这个类，这样导致了程序维护麻烦、降低复用度、缺乏灵活性。如果一个类承担的职责过多，即增加了这些职责的耦合度，一个职责变化可能会削弱或者抑制这个类完成其他职责的能力。这种耦合会导致设计很脆弱，当变化发生时，设计会遭到很多意想不到的破坏。

单一职责原则的优点：消除耦合，减小因需求变化引起代码僵化。

(2)里氏代换原则(liskov substitution principle)。派生类(子类)对象能够替换其基类(父类)对象被调用。这条原则主要是说，在程序中，任何调用基类对象实现的功能，都可以调用派生类对象替换，当然，反过来是不行的。其实这里主要说的是继承问题，既然派生类继承基类，那它的对象也应该相应继承基类对象的实现，当然也就应该能替换基类对象。如果无法替换，就说明这个派生类继承存在问题，需要修改设计。

里氏代换原则的优点：可以很容易地实现同一父类下各个子类的互换。

(3)依赖倒置原则(dependence inversion principle)。这条原则说的是程序设计应该依赖抽象接口，而不应该依赖具体实现。常用的接口编程思想，其实说的主要就是这个原则，即接口是稳定的，但实现是不稳定的。因此，一旦接口确定，就不应该再进行修改了，而接口的实现是可以根据具体问题和情况，采用不同的手段去实现。

依赖倒置原则的优点：使细节和策略都依赖于抽象，抽象的稳定性决定系统的稳定性。

(4)接口隔离原则(interface segregation principle)。使用多个专一功能的接口比使用一个的总接口要好。程序设计中的降低耦合和降低依赖，主要是通过这个原则达到的。另外，这样设计接口也可以给使用者带来方便，因为越小的接口，就越容易实现，复用性也越高。

接口隔离原则的优点：会使一个软件系统功能扩展时，修改的压力不会传到别的对象那里。

(5)迪米特原则(law of demeter)。迪米特原则又叫作最少知识原则(Least Knowledge Principle，LKP)，一个对象应当对其他对象尽可能少地发生相互作用。

迪米特原则的优点：减少依赖，独立功能，以便更好的复用。

(6)开闭原则 (open - closed principle)。程序的设计应该是不约束扩展，即扩展开放，但又不能修改已有功能，即修改关闭，这是由于在软件生命周期内，经常会在原有功能基础上扩展新功能。这时，不能因为软件已经上线，不扩展新功能，但也不能直接修改旧的功能。正确的做法是，在原有功能上，扩展一个新的功能，新的需求依赖新的功能去实现。这样就既保证老功能不受影响，又扩展新功能。

开闭原则的优点：降低程序各部分之间的耦合性，其适应性、灵活性、稳定性都比较好。

3.程序设计的步骤与过程

(1)分析问题。认真分析任务，研究所给定的条件，分析最后应达到的目标，找出解决问题的规律，选择解题的方法，完成实际问题。

(2)设计算法。即设计出解题的方法和具体步骤。

(3)编写程序。将算法翻译成计算机程序设计语言，对源程序进行编辑、编译和连接。

(4)运行程序，分析结果。运行可执行程序，得到运行结果。能得到运行结果并不意味着程序正确，要对结果进行分析，看它是否合理。结果不合理时要对程序进行调试，即通过上机发现和排除程序中故障的过程。

(5)编写程序文档。

许多程序是提供给别人使用的，如同正式的产品应当提供产品说明书一样。正式提供给用户使用的程序，必须向用户提供程序说明书。内容应包括程序名称、程序功能、运行环境、程序的装入和启动、需要输入的数据以及使用注意事项等。

5.1.2　程序的基本结构

计算机程序设计语言种类众多，本书以常用的程序设计语言之一——C 语言为基础，介绍程序设计的基本结构。从程序流程的角度来看，程序可以分为 3 种基本结构，即顺序结构、分支结构和循环结构，这 3 种基本结构可以组成所有的各种复杂程序。为了学习这 3 种结构的程序，首先需要学习 C 语言的相关基础知识。

1. C 语言基础知识

为了说明 C 语言源程序结构的特点及开发过程，先学习一个简单的 C 语言程序实例。

【例 5.1】　在屏幕上输出“Hello，World!”

```
#include <stdio.h>
int main()
{
  printf("Hello,World! \n");
  return 0;
}
```

【程序说明】

a. include 称为文件包含，意为将所需用到的 C 编译系统提供的头文件 stdio.h 引用到本程序中。

b. main 是主函数的函数名，表示这是主函数。

c. 一个 C 源程序由若干个函数组成，有且只能有一个主函数(main 函数)。

d. printf 函数的功能是将内容输出到显示器上，该函数属于系统定义的标准函数，来自于头文件 stdio.h，可在程序中直接调用。

e. \n 表示一个换行符。

f. main 前的 int 表示 main 函数的返回值类型为整数类型，“return 0”；表示 main 函数返回值为 0。

【运行结果】运行结果如图 5-1 所示。

图 5-1　例 5.1 运行结果

(1)C 源程序的结构特点。

1)一个 C 语言源程序可以由一个或多个源文件组成。

2)每个源文件可由一个或多个函数组成。

3)一个源程序不论由多少个文件组成，都有一个且只能有一个 main 函数，即主函数。

4) 源程序中可以有预处理命令(include 命令仅为其中的一种)，预处理命令通常应放在源文件或源程序的最前面。

5)每一个说明，每一个语句都必须以分号结尾。但预处理命令，函数头和花括号“}”之后不能加分号。

6)标识符、关键字之间必须至少加一个空格以示间隔。若已有明显的间隔符,也可不再加空格来间隔。

(2)书写程序时应遵循的规则。

1)一个说明或一个语句占一行。

2)用“{}”括起来的部分,通常表示程序的某一层次结构。“{}”一般与该结构语句的第一个字母对齐,并单独占一行。

3)低一层次的语句或说明可比高一层次的语句或说明缩进若干格后书写,以便看起来更加清晰,增加程序的可读性。

在编程时应力求遵循这些规则,以养成良好的编程风格。

(3)C程序开发过程。

目前,C语言程序的开发环境一般使用Visual C++ 6.0开发平台,一般开发C语言程序的过程分为4步:

1)编辑:编辑源代码,即在开发平台上编写程序源代码,编辑完后生成的源程序文件扩展名为c或cpp(cpp是C++语言的源程序文件,C++语言兼容C语言,因此也可使用cpp)。

2)编译:将源代码翻译成目标文件,也叫中间二进制文件,扩展名为obj。

3)链接:将目标文件和资源文件链接生成可执行文件,扩展名为exe。

4)运行:执行exe文件,查看结果。

(4)数据类型、运算符与表达式。

C语言程序中经常要使用的各种变量,变量要先定义,后使用。对变量定义时必须声明变量的数据类型,所谓数据类型是按被定义变量的性质、表示形式、占据存储空间的多少以及构造特点进行划分的。在C语言中,数据类型可分为基本数据类型、构造数据类型、指针类型、空类型四大类。其中,基本数据类型是本书中主要使用的数据类型,其值不可以再分解为其他类型。

1)整型数据。整型常量就是整常数。在C语言中,使用的整常数有八进制、十六进制和十进制3种。常用的是十进制整常数,如237、-568、65 535、1 627;

整型变量就是能够表示整数的变量,整型变量根据存储大小及有无符号可分为6种类型,见表5-1。

表5-1 整型变量类型

类型说明符	数的范围		字节数
int	-32 768~32 767	即 $-2^{15}\sim(2^{15}-1)$	2
unsigned int	0~65 535	即 $0\sim(2^{16}-1)$	2
short int	-32 768~32 767	即 $-2^{15}\sim(2^{15}-1)$	2
unsigned short int	0~65 535	即 $0\sim(2^{16}-1)$	2
long int	-2 147 483 648~2 147 483 647	即 $-2^{31}\sim(2^{31}-1)$	4
unsigned long	0~4 294 967 295	即 $0\sim(2^{32}-1)$	4

变量定义的一般形式为

类型说明符　变量名标识符,变量名标识符,...;

例如:int a,b,c;(a,b,c 为整型变量)

【例 5.2】 整型变量的定义与使用。

```
#include <stdio.h>
int main()
{
    int a,b,c,d;
    unsigned u;
    a=12;
    b=-24;
    u=10;
    c=a+u;
    d=b+u;
    printf("a+u=%d,b+u=%d\n",c,d);
    return 0;
}
```

【程序说明】

a."unsigned u;"等价于"unsigned int　u";表示定义一个无符号整型变量 u,该变量的值只能为非负整数。

b."c=a+u;"语句表示一个整型数与无符号整型数相加,两个操作数类型不一致,需要先将无符号整型数转换成整型数,再进行加法运算。

【运行结果】运行结果如图 5-2 所示。

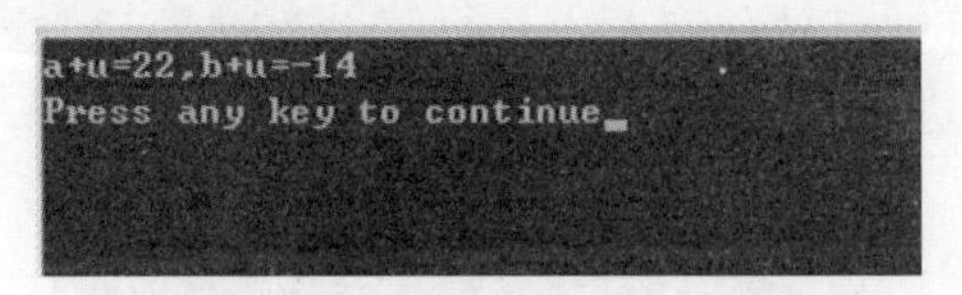

图 5-2　例 5.2 运行结果

2)实型数据。

实型也称为浮点型。实型常量也称为实数或者浮点数。在 C 语言中,实数只采用十进制。它有两种形式:

a.十进制小数形式,如:3.14、-267.834;

b.指数形式:由十进制数,加阶码标志"e"或"E"以及阶码(只能为整数,可以带符号)组成。其一般形式为 a E n(a 为十进制数,n 为十进制整数),其值为 $a\times10^n$。如 2.1E5(等于 2.1×10^5)、-3.7E-2(等于 -3.7×10^{-2})。

实型变量分为单精度(float 型)、双精度(double 型)和长双精度(long double 型)三类,各类型字节数、有效数字位数、数的范围如表 5-2 所示。

表 5-2　实型数据类型

类型说明符	字节数	有效数字位数	数的范围
float	4	6～7	$10^{-37}\sim10^{38}$

续表

类型说明符	字节数	有效数字位数	数的范围
double	8	15～16	$10^{-307}\sim10^{308}$
long double	16	18～19	$10^{-4\,931}\sim10^{4\,932}$

【例 5.3】 计算圆面积

```
#include <stdio.h>
#define PI 3.14159
int main()
{
    float r,area;
    scanf("%f",&r);
    area=PI*r*r;
    printf("area=%f\n",area);
    return 0;
}
```

【程序说明】

a. #define PI 3.14159 是宏定义语句，表示定义一个符号常量 PI，其值为 3.141 59，在程序中凡是用到 PI 的地方等价于用 3.141 59。

b. “scanf("%f",&r)”;语句表示从键盘输入变量 r 的值，其中%f 表示输入数据类型为 float 型。

【运行结果】运行时，先通过键盘输入 2，运行结果如图 5－3 所示。

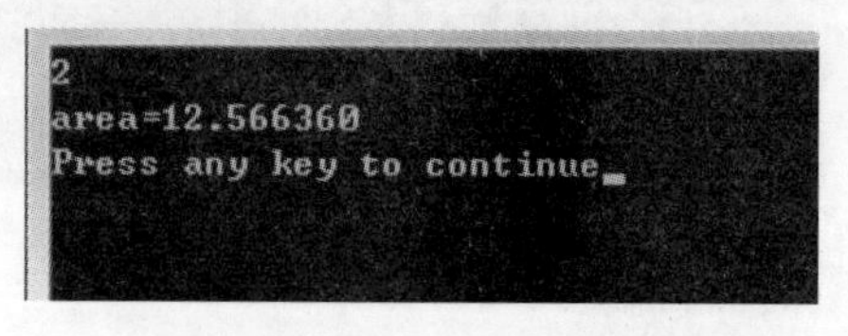

图 5－3 例 5.3 运行结果

3)字符型数据。

字符常量是用单引号括起来的一个字符，如'a'、'b'、'='、'+'、'?'都是合法字符常量。转义字符是一种特殊的字符常量，转义字符以反斜线"\"开头，后跟一个或几个字符。转义字符具有特定的含义，不同于字符原有的意义，故称“转义”字符。例如，'\n'就是一个转义字符，表示“回车换行”。常见的转义字符及其含义见表 5－3。

表 5－3 常用的转义字符及其含义

转义字符	转义字符的意义
\n	回车换行
\t	横向跳到下一制表位置
\b	退格
\r	回车

续表

转义字符	转义字符的意义
\f	走纸换页
\\	反斜线符"\"
\'	单引号符
\"	双引号符
\a	鸣铃
\ddd	1～3 位八进制数所代表的字符
\xhh	1～2 位十六进制数所代表的字符

字符变量用来存储字符常量，类型说明符是 char。每个字符变量被分配一个字节的内存空间，因此只能存放一个字符，字符值是以 ASCII 码的形式存放在变量的内存单元之中的。例如，字符'A'的十进制 ASCII 码是 65，对于语句 c='A';实际上是在变量 c 的内存单元中存放对应的 ASCII 码，即 65 的二进制代码。

可以将字符型数据看成是整型数据，C 语言允许对整型变量赋以字符值，也允许对字符变量赋以整型值。在输出时，允许把字符变量按整型量输出，也允许把整型量按字符量输出。整型量为二字节量，字符量为单字节量，当整型量按字符型量处理时，只有低八位字节参与处理。

【例 5.4】　小写字母转大写字母。

```
#include <stdio.h>
int main()
{
    char a,b;
    a='a';
    b='b';
    a=a-32;
    b=b-32;
    printf("%c,%c\n%d,%d\n",a,b,a,b);
    return 0;
}
```

【程序说明】

a. 通过 ASCII 码表可知，大写字母与小写字母 ASCII 码的差值均为 32，因此 a=a-32;语句即是将小写字母转换成对应的大写字母。

b. 输出时按%c 格式输出，即按字符型输出；按%d 格式输出，即按整型输出。

【运行结果】运行结果如图 5-4 所示。

图 5-4　例 5.4 运行结果

4）运算符。C语言中运算符和表达式数量众多，运算符可分为以下几类：

a.算术运算符：用于各类数值运算。包括加（＋）、减（－）、乘（＊）、除（/）、求余（或称模运算，％）、自增（＋＋）、自减（－－）等。

加减乘除运算与数学中的运算规则相同，除法运算符“/”如果两个操作数都为整型时，结果也为整型（直接舍去小数），如果运算量中有一个是实型，则结果为双精度实型。求余运算符（模运算符）“％”要求参与的两个运算数均为整型。

自增、自减运算符均为单目运算，都具有右结合性，自增、自减运算分为前置、后置运算，其形式及含义如下：

＋＋i：前置自增，i自增1后再参与其他运算。

－－i：前置自减，i自减1后再参与其他运算。

i＋＋：后置自增，i参与运算后，i的值再自增1。

i－－：后置自减，i参与运算后，i的值再自减1。

b.关系运算符：用于比较运算。包括大于（＞）、小于（＜）、等于（＝＝）、大于等于（＞＝）、小于等于（＜＝）和不等于（！＝）共6种。

c.逻辑运算符：用于逻辑运算。包括与（&&）、或（||）、非（!）共3种。

d.位操作运算符：参与运算的量，按二进制位进行运算。包括位与（&）、位或（|）、位非（～）、位异或（^）、左移（＜＜）、右移（＞＞）共6种。

e.赋值运算符：用于赋值运算，分为简单赋值（＝）、复合算术赋值（＋＝，－＝，＊＝，/＝，％＝）和复合位运算赋值（&＝，|＝，^＝，＞＞＝，＜＜＝）三类共11种。

f.条件运算符：这是一个三目运算符，用于条件求值（?:）。

g.逗号运算符：用于把若干表达式组合成一个表达式（,）。

h.指针运算符：用于取内容（＊）和取地址（&）两种运算。

i.求字节数运算符：用于计算数据类型所占的字节数（sizeof）。

j.特殊运算符：有括号()，下标[]，成员（→，.）等几种。

5）表达式。算术表达式是用算术运算符和括号将运算对象（也称操作数）连接起来的、符合C语法规则的式子，如x＋b、(y＊2)/c等。

由“＝”连接的式子称为赋值表达式，其一般形式为“变量＝表达式”，如x＝a＋b。赋值表达式的功能是计算表达式的值再赋予左边的变量，其自右向左结合。需要注意的是，赋值运算的“＝”左边必须是变量，右边必须能算出确定的值。

复合赋值表达式的一般形式为“变量　双目运算符＝表达式”，它等价于“变量＝变量 运算符 表达式”。例如：x＊＝y＋7等价于x＝x＊(y＋7)。

逗号表达式一般形式为：表达式1，表达式2，…，表达式n，其求值过程是从左到右依次计算各表达式的值，并以最后一个表达式的值作为整个逗号表达式的值。

2.顺序结构程序

顺序结构程序是C语言程序结构中最简单的一种，其基本思想是按照程序编写的语句代码先后顺序依次执行，直到程序结束。学习顺序结构程序设计，其实是主要学习C语言中有那些基本语句及其在顺序结构中的应用。

（1）C语句。

C语言的语句可分为以下五类：

1）表达式语句。表达式语句由表达式加上分号“;”组成，例如：

```
x=a+10; i++;
```

2)函数调用语句。函数调用语句由函数名、实际参数加上分号“;”组成，例如：

```
printf("Hello Word");
```

3)控制语句。控制语句用于控制程序的流程，以实现程序的各种结构方式，它们由特定的语句定义符组成。C 语言有三类，共九种控制语句：

a. 条件判断语句：if 语句、switch 语句。

b. 循环执行语句：do while 语句、while 语句、for 语句。

c. 转向语句：break 语句、goto 语句、continue 语句、return 语句。

4)复合语句。复合语句表示把多个语句用括号{}括起来组成的一个语句称复合语句，在程序中应把复合语句看成是单条语句，而不是多条语句。例如：

```
{
    x=y+z;
    a=b+c;
    printf("%d%d",x,a);
}
```

是一条复合语句，复合语句内的各条语句都必须以分号“;”结尾，在括号“}”外不能加分号。

5)空语句。只有分号“;”组成的语句称为空语句，空语句是什么也不执行的语句。

(2)字符输入、输出。

putchar 函数(字符输出函数)功能是在显示器上输出单个字符，一般形式为：putchar(字符变量)

例如：

```
putchar('M');        //输出大写字母 M
putchar(c);          //输出字符变量 c 的值
putchar('\n');       //换行
```

getchar 函数(键盘输入函数)功能是从键盘上输入一个字符，一般形式为：

```
getchar();
```

通常把输入的字符赋予一个字符变量，构成赋值语句。例如：

```
char c;
c=getchar();     //通过键盘输入一个字符，将其赋值给变量 c
```

【例 5.5】 输入输出单个字符。

```
#include<stdio.h>
int main()
{
    char c;
    printf("please input a character:\n");
    c=getchar();
    putchar(c);
    putchar('\n');
    return 0;
}
```

【程序说明】

a. printf("please input a character:\n");表示为了程序运行更加友好,是在输入数据之前显示的提示输入语句。

b. getchar 函数一次只能接受单个字符,输入数字也按字符处理。输入多于一个字符时,只接收第一个字符。

c. 一般情况下,getchar 函数可用 scanf 函数替代,putchar 函数可用 printf 函数替代。

【运行结果】程序运行后,在界面上首先显示"please input a character:",输入一个字符后按回车,结果如图 5-5 所示。

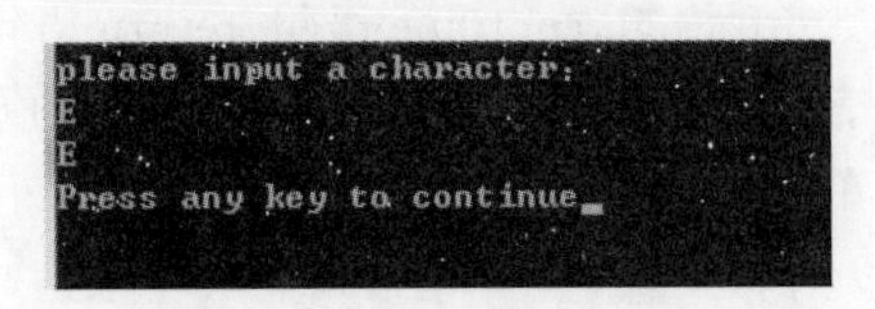

图 5-5　例 5.5 运行结果

(1)格式输入与输出。printf 函数称为格式输出函数,其功能是按用户指定的格式,把指定的数据显示到显示器屏幕上。printf 函数是一个标准库函数,它的函数原型在头文件"stdio. h"中。printf 函数调用的一般形式为:

printf("格式控制字符",输出表列)

其中,格式控制字符串用于指定输出格式,格式控制串可由格式字符串和非格式字符串两种组成。格式字符串是以%开头的字符串,在%后面跟有各种格式字符,以说明输出数据的类型、形式、长度、小数位数等。常见的格式字符如下:

"%d"表示按十进制整型输出;

"%f"表示按小数形式输出单精度实数;

"%c"表示按字符型输出;

"%s"表示按字符串型输出。

非格式字符串在输出时原样照印,在显示中起提示作用。

输出表列中给出了各个输出项,要求格式字符串和各输出项在数量和类型上应该一一对应。

【例 5.6】 计算 3 个整数的平均数

```
#include <stdio.h>
int main()
{
    int a,b,c;
    float aver;
    a=16;
    b=20;
    c=22;
    aver=(a+b+c)/3.0;
    printf("%d,%d,%d 的平均数是:%f\n",a,b,c,aver);
    return 0;
}
```

【程序分析】(a+b+c)/3.0 除法表达式中的除数必须写成 3.0，若写成 3，则变成整除，结果将舍去小数部分，变成整数。

【运行结果】程序运行结果如图 5-6 所示。

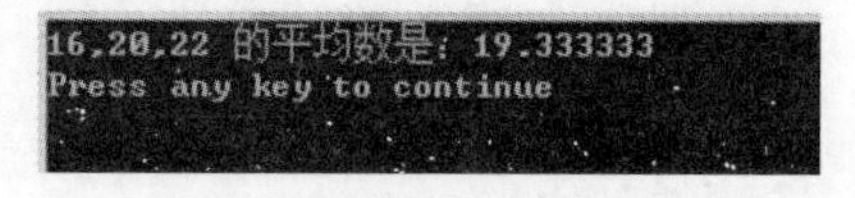

图 5-6　例 5.6 运行结果

scanf 函数称为格式输入函数，其功能是按用户指定的格式从键盘上把数据输入到指定的变量之中，它是一个标准库函数，函数原型在头文件“stdio.h”中，scanf 函数的一般形式为：

scanf(“格式控制字符串”，地址表列)；

其中，格式控制字符串的作用与 printf 函数相同，但不能显示非格式字符串，也就是不能显示提示字符串。地址表列中给出各变量的地址，地址是由地址运算符“&”后跟变量名组成的。

【例 5.7】　根据 3 条边计算三角形面积。

```
#include <stdio.h>
#include <math.h>
int main()
{
    int e1,e2,e3;
    float p,area;
    printf("input e1,e2,e3:\n");
    scanf("%d%d%d",&e1,&e2,&e3);
    p=(e1+e2+e3)/2.0;
    area=sqrt(p*(p-e1)*(p-e2)*(p-e3));
    printf("e1=%d,e2=%d,e3=%d,area=%f\n",e1,e2,e3,area);
    return 0;
}
```

【程序分析】

a. 在 scanf 函数的格式控制字符串中，如果包含非格式字符，即普通字符，则运行输入时要原样输入，故用户希望输入时显示相应的提示信息，可先用 printf 语句在屏幕上输出提示。

b. 在 scanf 语句的格式串中由于没有非格式字符在“%d%d%d”之间作输入时的间隔，因此在输入时要用一个以上的空格、TAB 或回车作为每两个输入数之间的间隔。

c. sqrt 是一个求二次方根的库函数，在 math.h 文件中，程序开头部分包含 #include <math.h> 命令。

d. 并非任意的 3 条边都可以构成三角形，由于判断控制语句属于后续内容，在此用户操作时需注意输入的 3 条边的情况。

【运行结果】运行时，在提示语句之后输入：

3 4 5↙

三个数之间用空格隔开，最后输入回车，结果如图 5-7 所示。

```
input e1,e2,e3:
3 4 5
e1=3,e2=4,e3=5,area=6.000000
Press any key to continue
```

图 5-7　例 5.7 运行结果

3. 选择结构程序

选择结构程序设计是当程序执行到某一步时，根据条件进行判断，判断的结果可能会出现多个分支，每个分支执行不同的语句，因此选择结构程序也称为分支结构程序。程序中，经常用于条件判断的是关于运行和逻辑运算。

(1)关系运算符和表达式。在程序中经常需要比较两个量的大小关系，以决定程序下一步的工作。比较两个量的运算符称为关系运算符。在 C 语言中有以下 6 个关系运算符：

＜　小于

＜＝　小于或等于

＞　大于

＞＝　大于或等于

＝＝　等于

！＝　不等于

关系运算符都是双目运算符，其结合性均为左结合。关系运算符的优先级低于算术运算符，高于赋值运算符。在 6 个关系运算符中，＜，＜＝，＞，＞＝的优先级相同，高于＝＝和！＝，＝＝和！＝的优先级相同。

关系表达式的一般形式为

表达式 关系运算符　表达式

例如：

x＞0，'a'＋1＜c

关系表达式的值是“真”和“假”。在 C 语言中，没有专门表示“真”和“假”的数据类型，是用整数 1 和 0 分别表示“真”和“假”。例如，表达式 15＞＝8 成立，其值为“真”，即为 1；表达式 1＝＝'1'不成立(字符'1'的 ASII 码不等于 1)，其值为“假”，即为 0。

(2)逻辑运算符和表达式。C 语言中提供了三种逻辑运算符：

&&　与运算

||　或运算

!　非运算

与运算符 && 和或运算符||均为双目运算符，具有左结合性。非运算符！为单目运算符，具有右结合性。逻辑运算符和其他运算符优先级的关系表示如图 5-8 所示。

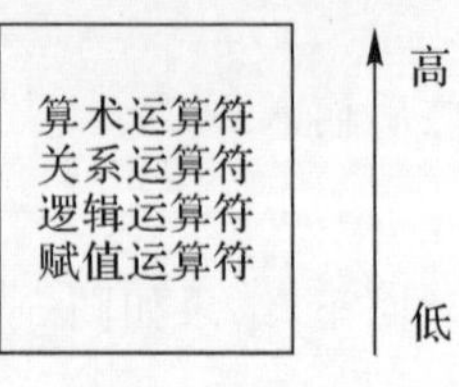

图 5-8　运算符优先级

按照运算符的优先顺序可以得出：

a>b && c>d　　　　　等价于　　　　(a>b)&&(c>d)

! b==c||d<a　　　　　等价于　　　　((! b)==c)||(d<a)

a+b>c&&x+y<b　　　　等价于　　　　((a+b)>c)&&((x+y)<b)

逻辑运算的值也为“真”和“假”两种，分别用 1 和 0 来表示，具体可见表 5-4 逻辑运算真值表，其求值规则如下：

1)与运算 &&：参与运算的两个量都为真时，结果才为真，否则为假。

2)或运算||：参与运算的两个量只要有一个为真，结果就为真；两个量都为假时，结果为假。

3)非运算!：参与运算量为真时，结果为假；参与运算量为假时，结果为真。

表 5-4　逻辑运算真值表

a	b	! a	! b	a&&b	a||b
真	真	假	假	真	真
真	假	假	真	假	真
假	真	真	假	假	真
假	假	真	真	假	假

在 C 语言中，除了关系运算和逻辑运算可以计算逻辑结果值“真”和“假”，其他任何运算都可以计算其逻辑结果，C 语言规定任何运算其运算结果非 0，即为逻辑“真”，否则其运算结果为 0，即为逻辑“假”。例如：x=10 表达式的算术结果为 10，非“0”，因此该表达式逻辑值为“真”，即为 1。

(3)if 语句。用 if 语句可以构成分支结构。它根据给定的条件进行判断，以决定执行某个分支程序段。C 语言的 if 语句有 3 种基本形式。

1)第一种形式：if。

基本形式为：

if(表达式) 语句

程序执行流程：如果表达式的值为真，则执行其后的语句，否则不执行该语句。该过程的程序流程图如图 5-9 所示。

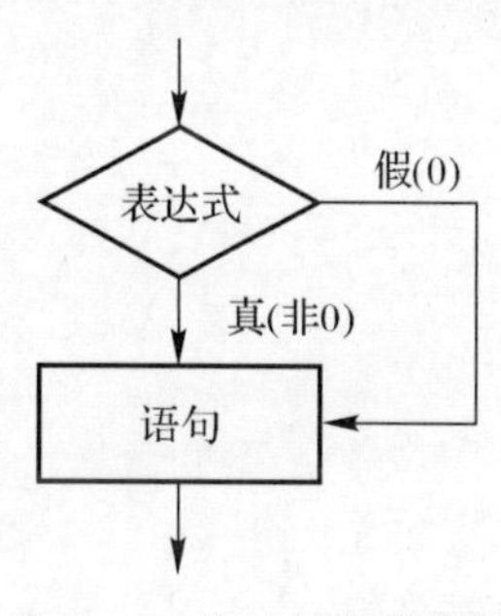

图 5-9　单 if 的程序流程

【例 5.8】 比较两个数大小。

```
#include <stdio.h>
int main()
{
    int a,b,max;
    printf("input two numbers:\n");
    scanf("%d%d",&a,&b);
    max=a;
    if (max<b) max=b;
    printf("max=%d\n",max);
```

```
    return 0;
}
```

【程序分析】

a. max＝a;语句表示假设 a 是最大值。

b. if (max＜b) max＝b;语句表示如果最大值比 b 小，则将 b 设为最大值，因此 max 中总是大数，最后输出 max 的值。

【运行结果】在界面的提示语句之后输入：

10 20

中间用空格隔开，运行结果如图 5－10 所示。

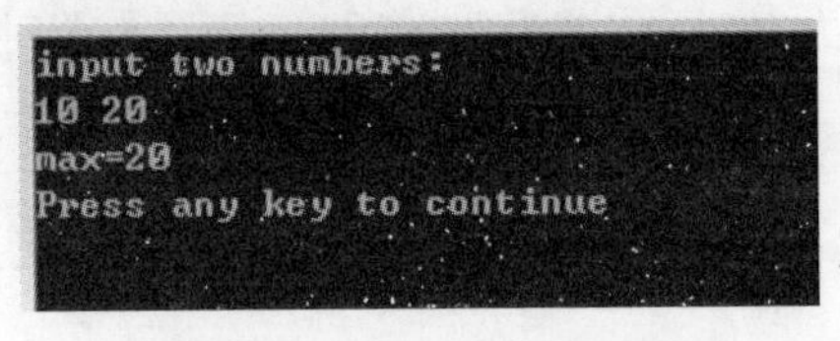

图 5－10　例 5.8 运行结果

2)第二种形式：if－else。

基本形式为：

```
if(表达式)
    语句 1;
else
    语句 2;
```

程序执行过程为：如果表达式的值为真，则执行语句 1，否则执行语句 2 。该过程的程序流程图如图 5－11 所示。

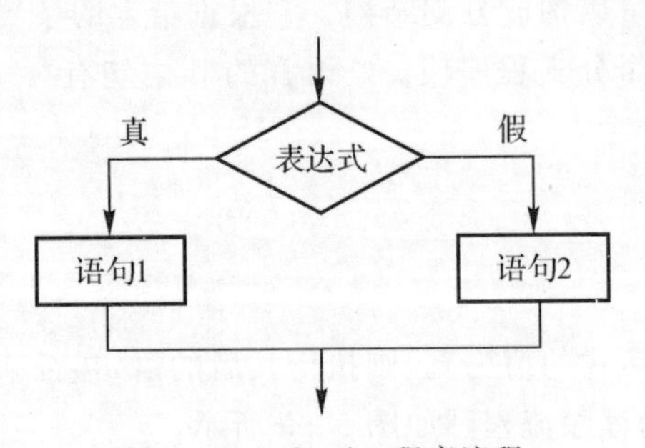

图 5－11　if－else 程序流程

【例 5.9】　两个数比较大小。

```
#include <stdio.h>
int main()
{
    int a,b,max;
    printf("input two numbers:\n");
    scanf("%d,%d",&a,&b);
    if (a>b)
```

```
        max=a;
    else
        max=b;
    printf("max=%d\n",max);
    return 0;
}
```

【程序说明】scanf("%d,%d",&a,&b);语句中两个格式字符中间有“,”,在输入时两个数据之间也必须加“,”,否则输入不正确。

【运行结果】在界面的提示语句之后输入:

10,20

中间用“,”隔开,运行结果如图 5-12 所示。

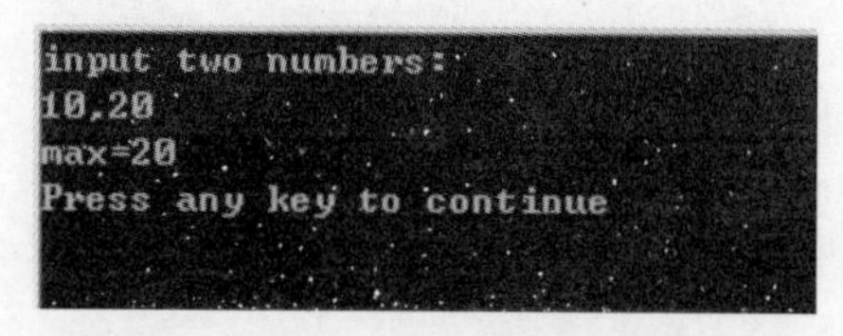

图 5-12　例 5.9 运行结果

3)第三种形式:if-else-if 形式

当有多个分支选择时,可采用 if-else-if 语句,其一般形式为

```
if(表达式 1)
    语句 1;
else  if(表达式 2)
    语句 2;
else  if(表达式 3)
    语句 3;
…
else  if(表达式 m)
    语句 m;
else
    语句 n;
```

程序的基本执行过程为:依次判断表达式的值,当出现某个值为真时,则执行其对应的语句。然后跳到整个 if 语句之外继续执行程序。如果所有的表达式均为假,则执行语句 n,然后继续执行后续程序。if-else-if 语句的程序流程如图 5-13 所示。

【例 5.10】 根据成绩分数输出等级,规则如下:

90 以上(含 90):等级为“优秀”;

80～90(含 80,不含 90):等级为“良好”;

70～80(含 70,不含 80):等级为“中等”;

60～70(含 60,不含 70):等级为“及格”;

60 以下(不含 60):等级为“不及格”。

```
#include <stdio.h>
```

```
#include <stdlib.h>
int main()
{
    float s;
    printf("please input score(0~100):\n");
    scanf("%f",&s);
    if(s>100||s<0)
    {
        printf("The score must be 0~100\n");
        exit(0);
    }
    if(s>=90) printf("优秀\n");
    else if(s>=80) printf("良好\n");
    else if(s>=70) printf("中等\n");
    else if(s>=60) printf("及格\n");
    else   printf("不及格\n");
    return 0;
}
```

【程序说明】要求输入的成绩数值必须在 0～100 以内，否则退出程序。exit(0)是库函数，包含于 stdlib.h 头文件中，表示退出程序。

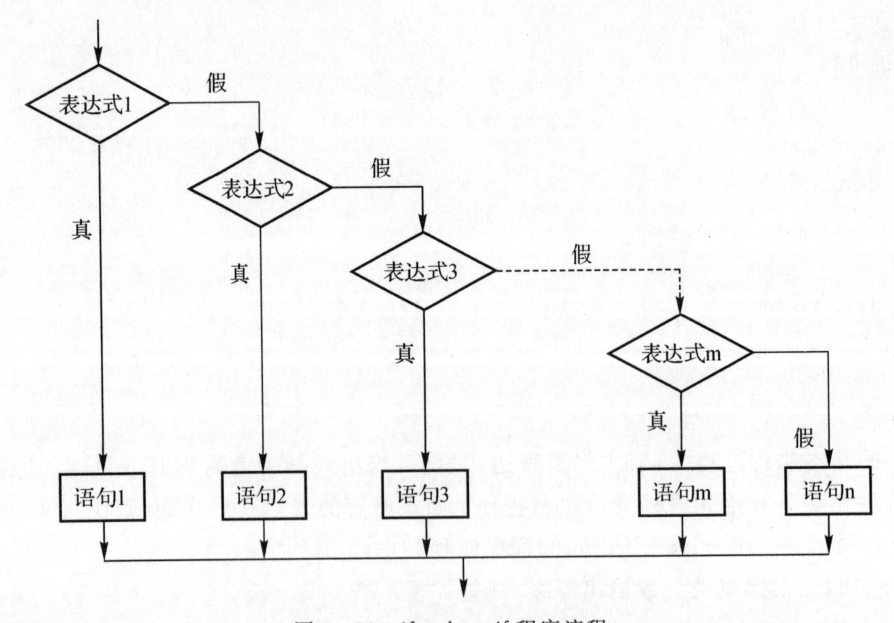

图 5－13　if－else－if 程序流程

【运行结果】

a. 在界面的提示语句后输入 120，程序提示后直接退出，如图 5－14 所示。

b. 在界面的提示语句后输入 89，程序运行结果如图 5－15 所示。

```
please input score(0~100):
120
The score must be 0~100
Press any key to continue
```

图 5-14　例 5.10 运行结果 1

```
please input score(0~100):
89
良好
Press any key to continue
```

图 5-15　例 5.10 运行结果 2

在使用 if 语句中还应注意以下问题：

a. if 关键字后的表达式通常是逻辑表达式或关系表达式，但其本身允许为任意表达式，该表达式的值非 0，即为“真”，反之为“假”。例如：

```
if(x=12) y=0;
else y=1;
```

无论 x 的值是多少，表达式 x=12 的值都是 12，即非 0，该表达式永远为真，因此上述程序段虽然语法上合法，但本身存在永远为真的条件，设计存在缺陷，应尽量避免。

b. 在 if 语句的 3 种形式中，所有的语句应为单个语句，如果要想在满足条件时执行一组（多个）语句，则必须把这一组语句用{}括起来组成一个复合语句。

if 语句的嵌套：当一个 if 语句或 else 语句中的执行语句又是 if 语句时，则构成 if 语句嵌套的情形。其一般形式可表示如下：

```
if(表达式)
        if 语句；
```

或者为

```
if(表达式)
    if 语句；
else
    if 语句；
```

在嵌套内的 if 语句可能又是 if-else 型的，将会出现多个 if 和多个 else 的情况，这时要特别注意 if 和 else 的配对问题，C 语言规定，else 永远都是与逻辑关系上离自己最近的 if 配对。例如：

```
if(表达式 1)
if(表达式 2)
    语句 1；
else
    语句 2；
```

程序段中一个 else，两个 if，逻辑位置上与 else 最近的应为 if(表达式 2)，因此上述程序段应该理解为

```
if(表达式 1)
    if(表达式 2)
        语句 1;
    else
        语句 2;
```

又如:

```
if(表达式 1)
{if(表达式 2)
    语句 1;
}
else
    语句 2;
```

程序段中第二个 if 语句有大括号,逻辑位置上与 else 最近的应为 if(表达式 1),因此上述程序段应该理解为

```
if(表达式 1)
    {
        if(表达式 2)
         语句 1;
}
  else
 语句 2;
```

【例 5.11】 两个整数比较大小。

```
#include <stdio.h>
int main()
{
    int a,b,max;
    printf("please input a,b:\n");
    scanf("%d%d",&a,&b);
    if(a! =b)
      if(a>b) max=a;
      else       max=b;
    printf("max=%d\n",max);
      return 0;
}
```

【运行结果】在提示语句后输入:

10 20 ↙

运行结果如图 5-16 所示。

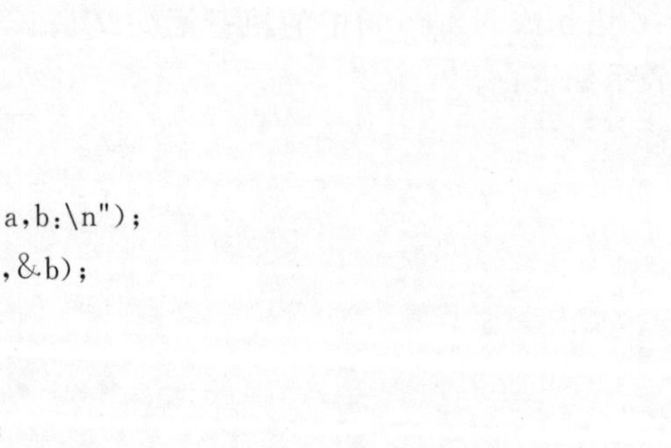

```
please input a,b:
10 20
max=20
Press any key to continue
```

图 5-16 例 5.11 运行结果

(4)条件运算符和条件表达式。条件运算符为“?”和“:”,它是一个三目运算符,即有三个操作数,它是 C 语言中唯一的一个三目运算,由条件运算表达式的一般形式为

表达式 1?　表达式 2:　表达式 3

其求值规则为:计算表达式 1 的逻辑值,如果表达式 1 的值为真,则以表达式 2 的值作为条件表达式的值,否则以表达式 3 的值作为整个条件表达式的值。

使用条件表达式时需要注意以下几点:

1)条件运算符的运算优先级低于关系运算符和算术运算符,但高于赋值符。

2)条件运算符“?”和“:”是一对运算符,不能分开单独使用。

3)条件运算符的结合方向是自右至左。

例如:a>b? a:c>d? c:d,根据右结合性,表达式相当于 a>b? a:(c>d? c:d)。

【例 5.12】　两个整数比较大小。

```
#include <stdio.h>
int main()
{
    int a,b,max;
    printf("please input a,b:\n");
    scanf("%d%d",&a,&b);
    max=a>b? a:b;
    printf("max=%d\n",max);
return 0;
}
```

【运行结果】在提示语句后输入:

10 20 ↙

运行结果如图 5-17 所示。

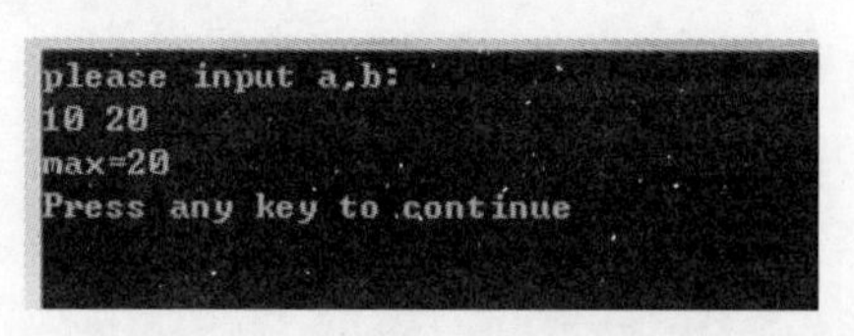

图 5-17　例 5.12 运行结果

(5)switch 语句。C 语言还提供了另一种用于多分支选择的 switch 语句,其一般形式为

```
switch(表达式)
{
    case 常量表达式 1:　语句 1;
    case 常量表达式 2:　语句 2;
…
    case 常量表达式 n:　语句 n;
    default          :  语句 n+1;
}
```

switch 语句执行过程:首先计算 switch 表达式的算术值,并逐个与 case 后的常量表达式值相比较,当表达式的值与某个常量表达式的值相等时,执行其后的语句,然后不再进行判断,

继续向后执行。如果表达式的值与所有 case 后的常量表达式均不相同，则执行 default 后的语句。

switch 语句与 if 语句不同的是，if 语句中若判断为真，则只执行这个判断后的语句，执行完就跳出 if 语句，不会执行其他 if 语句；而 switch 语句不会在执行判断为真后的语句之后跳出循环，而是继续执行后面所有 case 语句。

【例 5.13】 用 switch 结构实现例 5.10。

```
#include <stdio.h>
#include <stdlib.h>
int main()
{
    float s;
    printf("please input score(0～100):\n");
    scanf("%f",&s);
    if(s>100||s<0)
    {
      printf("The score must be 0～100\n");
      exit(0);
    }
    switch((int)s/10)
    {
      case 10:
        printf("优秀\n");
      case 9:
        printf("优秀\n");
      case 8:
        printf("良好\n");
      case 7:
        printf("中等\n");
      case 6:
        printf("及格\n");
      default:printf("不及格\n");
    }
    return 0;
}
```

【程序说明】

a. (int)s/10：switch 的表达式必须是整型，或可以默认转换为整型的类型。按照题意基本是以成绩 10 分为一个阶段划分等级的，因此(int)s/10 表达式可将 0～100 划分为 0，1，2，…，10 共 11 个分支，这样简化了 switch 语句。由此可见，switch 语句中如何合理构造表达式是一个重点问题。

b. case 后面的常量表达式要根据表达式而定，其排列可以无序。

c. case 仅仅是 switch 选择的入口，在从某个入口开始执行后，将一直执行到 switch 结束或者遇到中断跳出。运行上述程序，在提示语句下输入77，程序运行结果如图5-18所示。这显然不是想要的结果，解决方法是在每个case语句之后增加break语句，使每一次执行之后均可跳出switch语句，从而避免输出不应有的结果。

```
please input score(0~100):
77
中等
及格
不及格
Press any key to continue
```

图5-18　例5.13运行结果

例5.13改进的程序如下：

```
#include <stdio.h>
#include <stdlib.h>
int main()
{
    float s;
    int pi;
    printf("please input score(0~100):\n");
    scanf("%f",&s);
    if(s>100||s<0)
    {
      printf("The score must be 0~100\n");
      exit(0);
    }
    pi=(s>=60)+(s>=70)+(s>=80)+(s>=90);
    switch(pi)
    {
      case 0:
        printf("不及格\n");break;
      case 1:
        printf("及格\n");break;
      case 2:
        printf("中等\n");break;
      case 3:
        printf("良好\n");break;
      case 4:
        printf("优秀\n");break;
    }
    return 0;
}
```

【改进程序说明】该算法根据成绩所在各分段计算逻辑值之和，设计switch结构更加简洁。

【改进程序运行结果】在提示语句下输入 77，结果如图 5-19 所示。

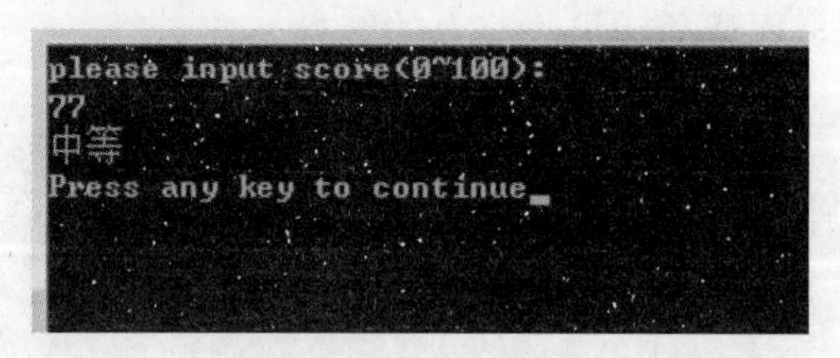

图 5-19　例 5.13 改进程序运行结果

在使用 switch 语句时，重点应该注意的问题：

1)从哪进：若表达式的值与 case 后的值相同，则进入，case 顺序不影响结果。

2)从哪出：遇到 break 或整个 switch 结束。

本例可用于四则运算求值。switch 语句用于判断运算符，然后输出运算值。当输入运算符不是＋、－、＊、/时，给出错误提示。

4. 循环结构程序

循环结构是程序中一种很重要的结构。其特点是在给定条件成立时，反复执行某程序段，直到条件不成立为止。给定的条件称为循环条件，反复执行的程序段称为循环体。C 语言提供了多种循环语句，可以组成各种不同形式的循环结构。

1)用 goto 语句和 if 语句构成循环(一般程序设计原则不提倡使用 goto，在此不再详述)。

2)用 while 语句。

3)用 do-while 语句。

4)用 for 语句。

无论那种循环结构，构成循环都要包括四要素：

1)循环状态初始化。

2)循环结束条件。

3)循环状态变化。

4)循环体。

一般循环的执行过程为先进行循环状态初始化，在循环状态不断变化的过程中判断循环条件，如果条件为真，则执行循环体，否则退出循环。不同循环结构会略有不同。

(1)while 语句。while 循环语句的基本语法：

```
while(表达式)
{
    循环体;//或者称为语句块
}
```

执行规则：

1)判断表达式是否成立，如果成立，则跳转到第 2 步，否则跳转到第 3 步。

2)执行循环体，执行完毕跳转到第 1 步。

3)跳出循环，循环结束。

其执行流程如图 5-20 表示。

【例 5.14】 用 while 循环语句求 $\sum_{n=1}^{100} n$ 。

```
#include<stdio.h>
int main()
{
    int i,sum=0;
    i=1;
    while(i<=100)
    {
            sum=sum+i;
        i++;
    }
    printf("1~100 累加和为:%d\n",sum);
    return 0;
}
```

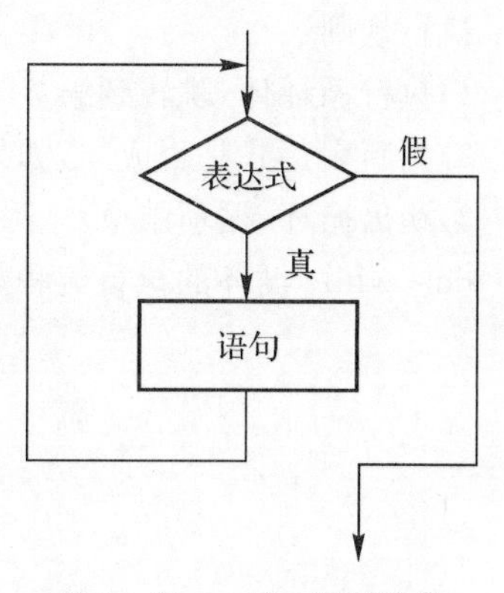

图 5-20　while 循环流程

【程序说明】

1)i=1,将循环变量赋值为 1,即将循环状态初始化。

2)i<=100 为循环结束条件。

3)i++为循环状态变化。

4)sum=sum+i 为循环体。

5)循环语句的大括号不是必须的,但只能控制离它最近的一条语句,如果循环包括多条语句,就必须使用大括号。

6)程序执行流程如图 5-21 所示。

【运行结果】运行结果如图 5-22 所示。

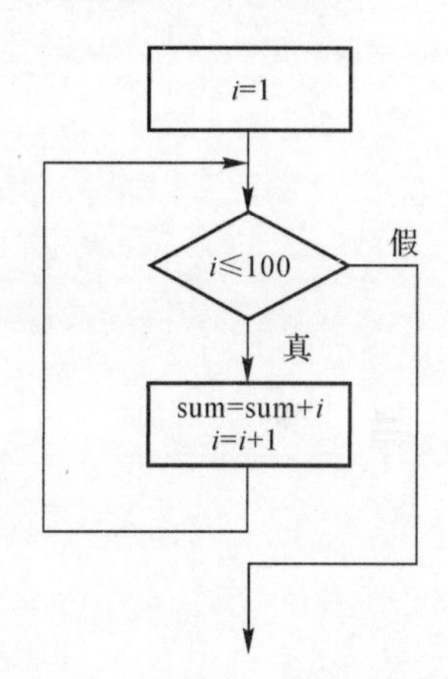

图 5-21　例 5.14 程序流程

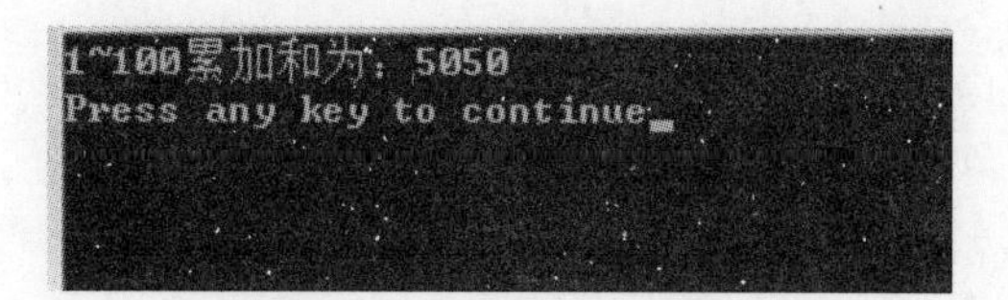

图 5-22　例 5.14 运行结果

(2)do-while 语句。do-while 循环语句的基本语法:

```
do{
循环体;//或者称为语句块
}while(表达式);
```

执行规则：

1)执行循环体，跳转到第2)步；

2)判断表达式是否成立，如果成立，则跳转到第1)步，否则跳转到第3)步。

3)跳出循环，循环结束。

do-while循环的执行流程如图5-23所示。

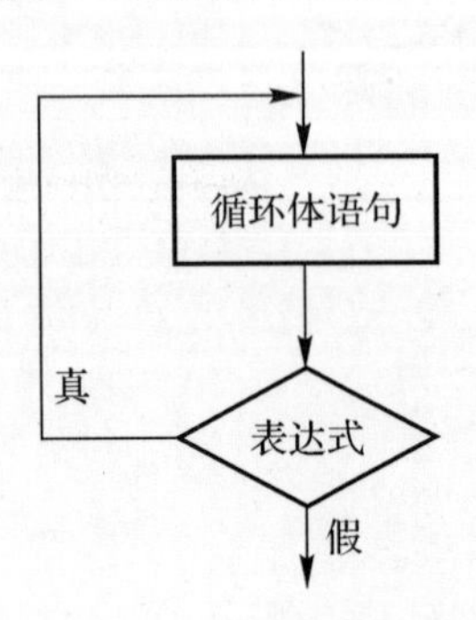

图5-23　do-while循环程序流程

do-while循环和while循环的区别是：do-while循环先执行循环体，再判断表达式；while循环是先判断循环体，再执行。即：while里的循环体可能1次都不会被执行；do-while循环里面的循环体至少会被执行1次。

【例5.15】 用do-while语句求 $\sum_{n=1}^{100} n$ 。

```
#include<stdio.h>
int main()
{
int i,sum=0;
i=1;
do
  {
    sum=sum+i;
      i++;
  }
  while(i<=100);
  printf("1~100累加和为:%d\n",sum);
  return 0;
}
```

【程序说明】

1)可以很明显地看出，do-while循环中4个要素也必不可少的。

2)do-while循环结束条件后要加“;”。

3)该程序流程如图5-24所示。

【运行结果】运行结果如图5-25所示。

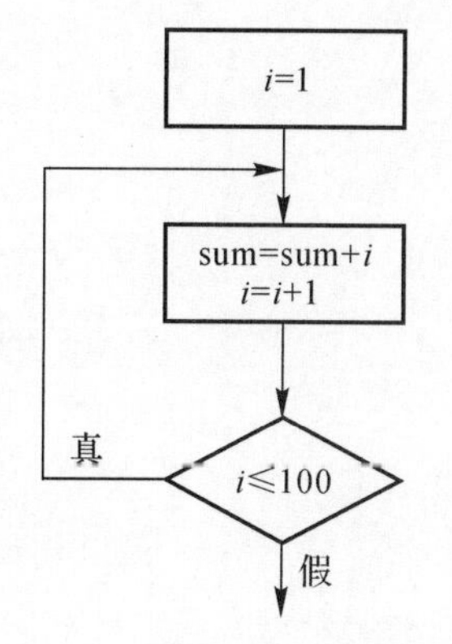

图 5-24　例 5.15 程序流程

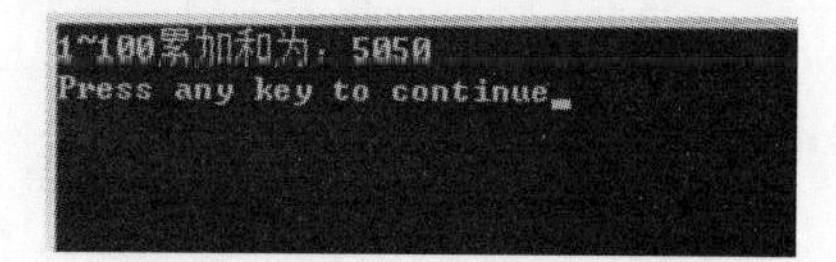

图 5-25　例 5.15 运行结果

(3)for 语句。在 C 语言中，for 语句使用最为灵活，完全可以取代 while 语句，for 循环语句的基本语法：

for(表达式 1;表达式 2;表达式 3)

循环体；

它的执行过程如下：

1)先求解表达式 1。

2)求解表达式 2，若为真，则执行 for 语句中循环体，转到第 3)步；若为假，则结束循环，转到第 5)步。

3)求解表达式 3。

4)转回上面第 2)步继续执行。

5)循环结束。

for 循环程序流程如图 5-26 表示。

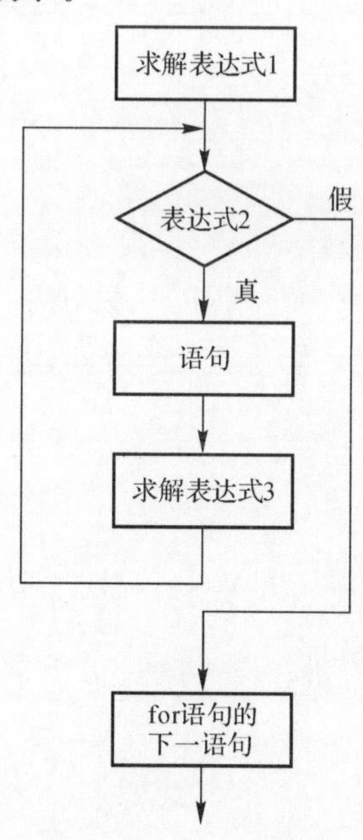

图 5-26　for 循环流程

【例 5.16】 用 for 语句求 $\sum_{n=1}^{100} n_i$ 。

```
#include<stdio.h>
int main()
{
    int i,sum=0;
    for(i=1;i<=100;i++)
      sum+=i;
    printf("1～100 累加和为:%d\n",sum);
    return 0;
}
```

【程序说明】可以很明显的看出,for 循环中 4 个要素也必不可少的。

【运行结果】运行结果如图 5-27 所示。

图 5-27 例 5.16 运行结果

(4)循环的嵌套。

当在一个循环语句中嵌入另一个循环时,称为循环的嵌套。

1) for 语句中嵌入 for 语句:

```
for ( )
{
  for ( )
  {
    ...
  }
}
```

2)for 语句嵌入 while 语句:

```
for ( )
{
  while ( )
  {
    ...
  }
}
```

3)for 语句中嵌入 do-while 语句:

```
for ( )
{
  do
  {
```

```
    ...
  } while ( );
}
```

除了上述嵌套形式以外，还有 while 语句中嵌入 for 语句，while 语句中嵌入 while 语句，while 语句中嵌入 do - while 语句，do - while 语句中嵌入 for 语句，do - while 语句中嵌入 while 语句，do - while 语句中嵌入 do - while 语句等共 9 种嵌套形式。循环也可以多重嵌套，一般应用中最多用到三重循环。

【例 5.17】 求 100～200 的全部素数。

素数的定义是除了 1 和它本身之外，再不能被其他整数整除的数，则称为素数。判断 m 是否素数的算法可以设计一个 $2 \sim m-1$ 的循环，若 m 被其中一个数整除，则 m 非素数；如果 m 从未被其中一个数整除，则 m 是素数。判断 m 是否素数的程序如下：

```
#include<stdio.h>
int main()
{
    int m,i;
    printf("input m:\n");
    scanf("%d",&m);
    for(i=2;i<=m-1;i++)
        if(m%i==0)break;
    if(i>m-1)
        printf("%d is a prime number\n",m);
    else
        printf("%d is not a prime number\n",m);
    return 0;
}
```

【程序说明】

1)if(m%i==0)break 语句表示 m 被 2～m－1 中任意一个整数整除时，已经可以确定 m 非素数，终止循环，即循环条件 i<=m－1 依然满足条件。

2)该循环结束有两种情况：一是循环条件 i<=m－1 不满足(即 i>m－1 成立)退出循环，此时 m 从未被 2～m－1 中任意一个数整除过，则 m 为素数；二是循环中满足 m%i==0 条件，即被某个整数整除了，通过 break 语句强行退出循环，此时循环条件 i<=m－1 依然满足，m 非素数。

【运行结果】当输入非素数时，运行结果如图 5 - 28 所示；当输入素数时，运行结果如图 5 - 29所示。

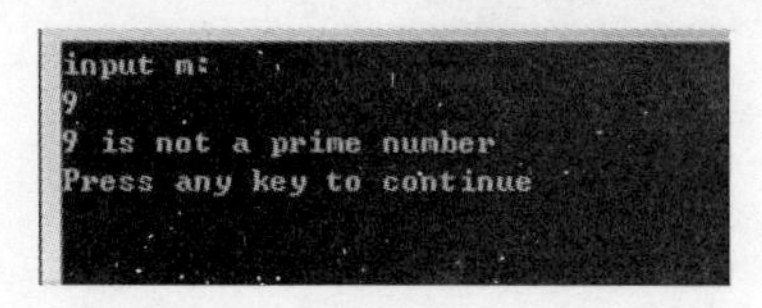

图 5 - 28　当输入非素数时判断素数运行结果

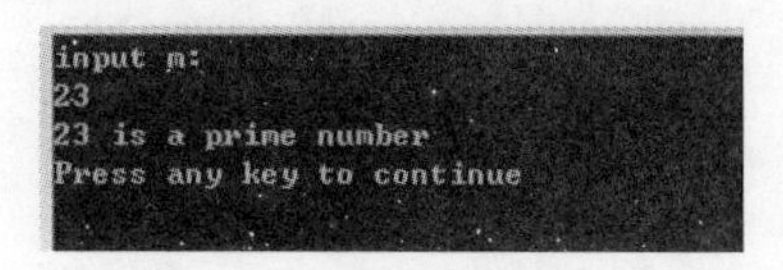

图 5 - 29　当输入素数时判断素数运行结果

求100～200的全部素数就是设计一个100～200的循环，判断其中每个数是不是素数即可，程序如下：

```
#include<stdio.h>
#include<math.h>
int main()
{
    int m,i;
    for(m=100;m<=200;m++)
    {
      for(i=2;i<=sqrt(m);i++)
        if(m%i==0)break;
      if(i>sqrt(m))
        printf("%d is a prime number\n",m);
    }
    return 0;
}
```

【程序说明】

1)判断m是否素数是设计2～m－1的循环进行判断，其实该循环可缩减到2～$\sqrt{m}$，这样可以提高程序执行效率，因此循环条件变为i<=sqrt(m)。

2)为了是输出结果简洁，仅输出了100～200间的素数。

【运行结果】运行结果如图5-30所示。

```
101 is a prime number
103 is a prime number
107 is a prime number
109 is a prime number
113 is a prime number
127 is a prime number
131 is a prime number
137 is a prime number
139 is a prime number
149 is a prime number
151 is a prime number
157 is a prime number
163 is a prime number
167 is a prime number
173 is a prime number
179 is a prime number
181 is a prime number
191 is a prime number
193 is a prime number
197 is a prime number
199 is a prime number
Press any key to continue
```

图5-30　例5.17运行结果

(5)break和continue语句。

break语句在前面的switch结构中已经使用过，其含义是终止跳出。break通常用在循环语句和开关语句中，当break语句用于do-while、for、while循环语句中时，可使程序终止循环而执行循环后面的语句，通常break语句总是与if语句联在一起，即满足条件时跳出循环。

【例5.18】 break应用。

以下程序计算 $\sum_{n=1}^{10} n$：

```
#include <stdio.h>
int main()
{
    int i,s=0;
    for(i=1;i<=10;i++)
    {
      s+=i;
    }
    printf("s=%d\n",s);
    return 0;
}
```

程序运行结果为：s=55

将程序改进如下：

```
#include <stdio.h>
int main()
{
    int i,s=0;
    for(i=1;i<=10;i++)
    {
      if(i==5)
        break;
      s+=i;
    }
    printf("s=%d\n",s);
    return 0;
}
```

【程序说明】

1)"if(i==5)break;"语句表示i等于5时，终止循环，即运算变为 $\sum_{n=1}^{4} n_i$，运行结果如图5-31所示。

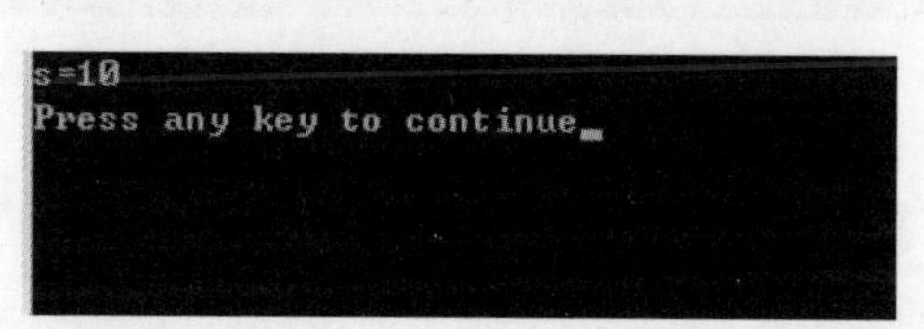

图5-31　例5.18改进程序运行结果

2)如果将"if(i==5) break;"与"s+=i";调换顺序，同样也表示i等于5时，终止循环，但"s+=i;"已执行过，因此运算变为 $\sum_{n=1}^{5} n$，即运行结果为 s=15。

使用 break 注意事项：

1)在满足条件的某次循环中，break 语句从循环体中 break 语句开始结束整个循环，该次循环之后的所有循环都会终止，该次循环 break 之后的程序也会终止，但该次循环 break 之前的程序已执行，不会终止。

2)break 语句对 if - else 的条件语句不起作用。

3)在多层循环中，一个 break 语句只向外跳一层。

continue 语句的作用是跳过本循环中剩余的语句而强行执行下一次循环。continue 语句只用在 for、while、do - while 等循环体中，常与 if 条件语句一起使用。

【例 5.19】 continue 应用。

```
#include <stdio.h>
int main()
{
      int i,s=0;
      for(i=1;i<=10;i++)
      {
         if(i==5)
            continue;
         s+=i;
      }
      printf("s=%d\n",s);
      return 0;
}
```

【程序说明】

1)"if(i==5)continue";语句表示 i 等于 5 时，跳过本次循环，即运算变为 $\sum_{n=1}^{4} n+\sum_{n=6}^{10} n$，运行结果如图 5 - 32 所示。

图 5 - 32　例 5.19 运行结果

2)如果将"if(i==5) continue;"与"s+=i;"调换顺序，同样也表示 i 等于 5 时，跳过本次循环，但"s+=i;"已执行过，因此运算变为 $\sum_{n=1}^{10} n$，即运行结果为 s=55。

5.1.3　程序执行的方式

高级语言所编制的程序不能直接被计算机执行，必须经过转换才能被执行，按转换方式可将它们分为两类：

(1)解释类：执行方式类似于日常生活中的“同声翻译”，应用程序源代码一边由相应语言的解释器“翻译”成目标代码(机器语言)，一边执行，因此效率比较低，而且不能生成可独立执行的可执行文件，应用程序不能脱离其解释器，但这种方式比较灵活，可以动态地调整、修改应用程序。常见解释程序有 BASIC、数据库查询语言 SQL、网页设计语言 HTML 等。

(2)编译类：编译是指在应用源程序执行之前，就将程序源代码“翻译”成目标代码(机器语言)，因此其目标程序可以脱离其语言环境独立执行，使用比较方便，效率较高。但应用程序一旦需要修改，必须先修改源代码，再重新编译生成新的目标文件(*.OBJ)才能执行，只有目标文件而没有源代码，修改很不方便。现在大多数的编程语言都是编译型的，如 C、Visual C＋＋、Visual Foxpro 等。

编译程序可以把高级语言程序翻译成某个机器的汇编语言程序或者是二进制代码程序，这个阶段叫作编译阶段，需要注意的是编译和运行是两个分开的阶段，只有编译成功的程序，才能运行。解释程序是一条语句一条语句地获取、分析并且去执行源程序，一旦第一个语句分析结束之后，源程序就会开始运行并且去生成结果，它比较适合以交互方式工作的情况，即允许程序一边执行，一边修改。

编译程序和解释程序的存储组织有很大的不同，编译程序处理时，在源程序被编译的阶段，存储区中要为源程序和目标代码开辟空间，要存放编译用的各种表格如说符号表，在目标代码运行阶段，存储区中主要是目标代码和数据，如图 5 - 33 所示。

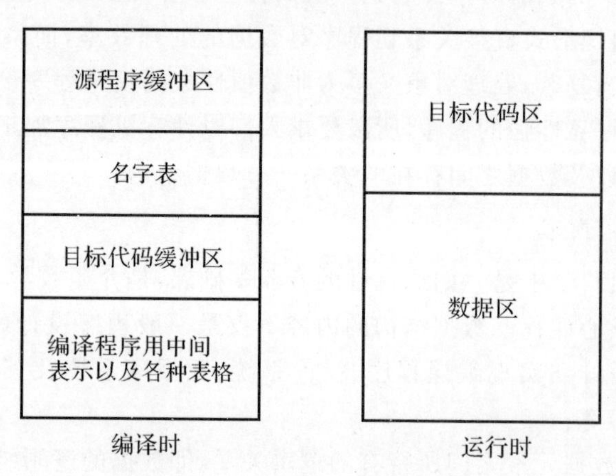

图 5 - 33　编译及运行的存储情况

解释程序一般是把源程序一条语句一条语句地进行语法分析，转换为一种内部表示形式，存放在源程序区。由于解释程序是允许在执行用户程序的时候修改用户程序的，所以要求在解释程序工作的整个过程中，源程序和符号表等内容始终存放在存储区内，并且存放的格式要设计得易于修改和使用，解释程序的存储区内容如图 5 - 34 所示。

程序的解释执行过程较慢，甚至有些高级语言程序的解释会比运行等价的编译程序慢近 100 倍，因此如果对程序的运行速度要求较高，那么就不能采用解释执行的方式，且解释程序的存储空间开销也交大。但解释型语言灵活性较高，因此某些语言设计为既有编译程序，也有解释程序。

图 5－34　解释程序的存储区内容

5.2　数据结构

5.2.1　数据结构概述

计算机科学技术的发展速度非常迅速，其应用范围已从传统的数值计算领域发展到各种非数值计算领域，从简单的数值对象发展到一般的符号，进而发展到具有一定结构的数据。由于数据的表示方法和组织形式直接关系到程序对数据的处理效率，而系统程序和许多应用程序的规模很大，结构相当复杂，处理对象又多为非数值性数据仅凭程序设计人员的经验和技巧已难以设计出效率高、可靠性强的程序，所以要求人们对计算机程序加工的对象进行系统的研究，即研究数据的特性以及数据之间存在的关系——数据结构。

1. 数据结构的研究内容

数据结构在计算机科学中是一门综合性的专业基础课，是介于数学、计算机硬件和计算机软件三者之间的一门核心课程。数据结构的内容不仅是一般程序设计（特别是非数值性程序设计）的基础，而且是设计和实现编译程序、操作系统、数据库系统及其他系统程序的重要基础。其主要研究的内容有：

(1)数据集合中各数据元素之间所特有的逻辑关系，即数据的逻辑结构。

(2)在对数据进行处理时，各数据元素在计算机中的存储关系，即数据的存储结构。

(3)对各种数据结构所采取的运算方法，即算法。

简单地说，数据结构是研究程序设计中计算机操作的对象以及它们之间的关系和运算的一门学科。研究数据结构的主要目的是为了提高数据处理的效率，主要包括两方面：一方面是提高数据的处理速度，另一方面是减少在数据处理过程中所占用的存储空间。

2. 基本概念和术语

(1)数据。数据又称为数据项、字段，是对客观事物的符号表示。在计算机中，其含义是指所有能够输入计算机中并被计算机处理的符号集合。例如，员工工资、学生成绩等都是数据。另外，音频、视频、图像等媒体都可以经过数字化编码后成为计算机加工处理的对象，也是数据。

(2)数据元素。数据元素又称结点或记录,它是组成数据的基本单位。一般情况下,一个数据元素中含有若干个字段(也叫数据项),在程序中通常把数据元素作为一个整体进行考虑和处理。

(3)逻辑结构。数据元素和数据元素之间的逻辑关系称为数据的逻辑结构,数据的逻辑结构一般包括线性表、栈、队列、树、图等,这些都是数据结构研究的重点内容。

(4)存储结构。数据在计算机中的存储表示称为数据的存储结构。

(5)数据处理。数据处理是指对数据进行查找、插入、删除、合并、排序、统计以及简单计算等操作过程。

(6)数据结构。数据结构是研究数据元素之间抽象化的关系和这种关系在计算机中的存储表示(即数据的逻辑结构和物理结构),并对这种结构定义相应的运算,设计出相应的算法,而且确保经过这些运算后所得到的新结构仍然是原来的结构类型。

通常,把数据的逻辑结构统称为数据结构,把数据的物理结构统称为存储结构。

3. 算法

算法就是解决问题的过程和方法,给定初始状态或输入数据,经过计算机程序的有限次运算,能够得出所要求或期望的终止状态或输出数据。

解决数值问题的算法叫作数值算法,科学和工程计算方面的算法都属于数值算法,如求解数值积分、求解线性方程组、求解代数方程、求解微积分方程等。解决非数值问题的算法叫作非数值算法,数据处理方面的算法都属于非数值算法,如各种排序算法、查找算法、插入算法、删除算法和遍历算法等。

(1)算法的特征。

1)有穷性,一个算法必须保证执行有限步之后结束。

2)确定性,算法的每一步骤必须有确切的定义。

3)有 0 个或多个输入。

4)有一个或多个输出。

5)可行性,算法原则上能够精确地运行,通过有限次运算后即可完成。

(2)算法的评价。

1)运行时间与时间复杂度。运行时间是指一个算法在计算机上运算所花费的时间。它大致等于计算机执行一种简单操作(如赋值操作、转向操作、比较操作等)所需要的时间与算法中进行简单操作次数的乘积。

时间复杂度是指算法中包含简单操作次数的多少,是一个算法运行时间的相对量度。常用用“O(数量级)”来表示,称为“阶”。常见的时间复杂度有 $O(1)$常数阶、$O(\log n)$对数阶、$O(n)$线性阶、$O(n^2)$二次方阶。

2)占用的存储空间与空间复杂度。一个算法在计算机存储器上所占用的存储空间,包括存储算法本身所占用的存储空间,算法的输入、输出数据所占用的存储空间和算法运行过程中临时占用的存储空间。空间复杂度是算法在运行过程中所占用的存储空间的大小,包括局部变量所占用的存储空间和系统为了实现递归所使用的堆栈这两个部分。

5.2.2 线性表

1. 线性表的定义

线性表是由一组具有相同属性的数据元素构成的有限序列。

数据元素可以是一个数值、一个符号，也可以是一幅图、一页书或更复杂的信息。数据元素在不同的具体情况下，可以有不同的含义。例如，英文字母表(A,B,C,…,Z)是一个长度为26的线性表，其中的每个字母就是一个数据元素；某公司员工名单，是一个按员工编号进行排列的线性表，其中每个员工的编号、名字、电话等信息构成一个数据元素。

综上所述，一个线性表是 $n \geqslant 0$ 个数据元素 $a_0, a_1, a_2, \cdots, a_{n-1}$ 的有限序列。通常表示为下列形式：

$$L=(a_0, a_1, a_2, \cdots, a_{n-1})$$

线性表是一种线性结构，元素在线性表中的位置只取决于它们自己的序号，元素之间的位置是线性的。

线性表中元素的个数被称为线性表的长度。当长度 $n=0$ 时，线性表为空，又称为“空线性表”，线性表中的元素 a_i 称为线性表的一个节点；当 $n>0$ 时，则除 a_0 和 a_n 外，每个数据元素有且仅有一个直接前驱数据元素和一个直接后继数据元素，$a_i(0 \leqslant i \leqslant n-1)$ 为线性表的第 i 个数据元素，它在数据元素 a_{i-1} 之后，在 a_{i+1} 之前。a_0 为线性表的第一个数据元素，而 a_{n-1} 是线性表的最后一个数据元素。

2. 线性表的顺序存储结构

线性表的顺序存储结构是指在计算机内存中用一组地址连续的存储单元依次存储线性表的各个数据元素。在线性表的顺序存储结构中，其前后两个数据元素在存储空间中是紧邻的，且前驱数据元素一定存储在后继数据元素的前面。由于线性表的所有数据元素属于同一数据类型，所以每个数据元素在存储器中占用的空间大小相同。因此，要在该线性表中查找某一个数据元素是很方便的。

假设线性表中的第一个数据元素的存储地址为 $\mathrm{Loc}(a_0)$，每一个数据元素占 d 个字节，则线性表中第 i 个数据元素 a_i 在计算机存储空间中的存储地址为

$$\mathrm{Loc}(a_i)=\mathrm{Loc}(a_0)+i*d$$

在程序设计语言中，通常利用数组表示线性表的顺序存储结构。用一维数组存放线性表时，该一维数组的长度通常要定义得比线性表的实际长度大一些，以便对线性表进行各种运算，特别是插入运算。采用C语言的结构体来定义线性表形式如下：

```
#define  MAXNUM   100          /*线性表的最大长度*/
typedef  struct  Linear_list
{     Elemtype  List[MAXNUM];   /*定义数组*/
     int  length;               /*线性表的实际长度*/
} SqList;
```

3. 线性表顺序存储的基本操作

(1) Initlist (L)：初始化，构造一个空的线性表 L。算法程序如下：

```
void  Initlist (SqList  *L)
```

```
{
    L－＞length＝0;
}
```

(2) Insertlist (L,i,x)：插入，在给定的线性表 L 中，在第 i 个元素之前插入数据元素 x，线性表 L 长度加 1。

在线性表 L 中插入数据元素之前，需要考察两点：一是所分配的存储空间是否还有剩余单元，即 L－＞length 是否已等于 MAXNUM；二是所给定的插入位置 i 是否合理，即 $0 \leqslant i \leqslant$ L－＞length－1 是否成立。若满足插入条件，则需要从第 i 个数据元素起，面所有的数据元素向后移动一个位置，然后再将新的数据元素插入第 i 个位置，同时线性表的长度 L－＞length 加 1。若插入成功，则返回 1；否则，返回 0。算法程序如下：

```
intInsertlist (SqList  *L ,int i , Elemtype  x)
{
    int j;
    if(L->length= = MAXNUM)
        return0 ;   /* 检查是否有剩余空间 */
      if(i<0||i>L－>length－1)  return 0;  /* 判断 i 是否合理 */
    for(j = L－>length－1;j>＝i ;j－－)
        L－> List [j+1]= L－> List [j];
        L－>List [i]＝x;
        L－>length＋＋;
        return 1;
}
```

(3) Deletelist (L,i)：删除，在给定的线性表 L 中，删除第 i 个元素，线性表 L 的长度减 1。

同上述插入数据元素的操作类似，在删除指定元素之前，要考察线性表是否为空，若为空，则无数据元素可删除。另外，还要检测一下 i 值是否合理。若满足删除条件，需要从 $i+1$ 个元素开始起，将后面的所有元素向前移动一个位置。若删除成功，则函数返回 1；否则，返回 0。

```
intDeletelist ( SqList  *L ,int i)
{
   int  j;
   if(L－>length= = 0)return 0;   /* 检查线性表是否为空 */
     if(i<0||i>L－>length －1)  return 0;  /* 判断 i 是否合理 */
   for(j =i;j<＝L－>length－1; j＋＋)
     L－>List [j－1]= L－>List[j];
     L－>length－－;
     return 1;
}
```

(4) Locate(L,x)：查找定位，对给定的值 x，若线性表 L 中存在一个元素 a_i 与之相等，则返回该元素在线性表中的位置的序号 i；否则，返回 Null(空)。

从线性表的第一个元素开始，用要查找的内容依次与每个数据元素的内容相比较，直到找到一个与之相等的数据元素或线性表中的数据元素都比较完为止(说明该值在线性表中不存在)。若找到，则函数返回线性表中第一次出现该值的位置；否则，返回 0。

```
intLocate (SqList  * L ,Elemtype  x)
{
    int i;
    for(i=0;i< L->length;i++)
        if (L->List [i]==x)  return  i;
      return 0 ;
}
```

(5)Length(L):求长度,对给定的线性表 L,返回线性表 L 的数据元素的个数。算法程序如下:

```
int  Getlengtht(SqList  L)
{
      Return(L.length);
}
```

(6)Getlist (L,i):存取,对给定的线性表 L,返回第 $i(0\leqslant i\leqslant$Length(L)$-1)$个数据元素,否则返回 Null。

先判断所给定的 i 值是否合理,从而确定线性表中是否存在第 i 个数据元素,若存在,则函数返回元素值;否则,函数返回 NULL。

```
ElemtypeGetlist (SqList  L , int i)
{
    if (i<0 | | i>L.length-1)  return L.List [i];  /* 判断 i 值是否合理 */
    return  NULL ;
}
```

4. *线性表的顺序存储结构的特点*

线性表顺序存储结构中任意数据元素的存储地址可由公式直接导出,因此顺序存储结构的线性表可以随机存取其中的任意元素,即可以直接实现定位操作。但是顺序存储结构也有许多不方便之处,主要表现在:

(1)数据元素最大个数需预先确定,使得高级程序设计语言编译系统需预先分配相应的存储空间。在一个线性表分配顺序存储空间后,如果线性表的存储空间已满,但还需要插入新的元素,则会发生"上溢"错误。

(2) 插入与删除运算的效率很低。为了保持线性表中的数据元素的顺序,在插入操作和删除操作时需移动大量数据。这对于插入和删除操作频繁的线性表以及每个数据元素所占字节较大的问题将导致系统的运行速度难以提高。

5. *线性表的链式存储结构*

线性表的顺序存储结构虽然简单,但是对于大的线性表,特别是当线性表数据元素比较多而且元素变动频繁时,则不宜采用顺序存储结构,可以采用链式存储结构。链式存储结构不会造成空间的浪费,因为链表是根据实际的需要配置内存的。链式存储方式可用于表示线性结构,也可用于表示非线性结构。

线性表的链式存储结构是指用一组任意的存储单元(可以连续,也可以不连续)存储线性表中的数据元素,是一种逻辑上连续,但在物理存储单元上是非连续的存储结构。数据元素的逻辑顺序是通过链表中的指针链接次序实现的。线性表中每个数据存储单元称为节点。

例如，线性表(a,b,c,d)，若采用链式存储结构，其存储如图5-35所示。

线性表中的数据元素在存储时，一部分用于存储数据元素的值，称为数据域；另一部分用于存放下一个数据元素的存储节点的地址，即指向后继节点，称为指针域。每个数据元素的两部分信息组合在一起被称为节点。因为每个节点只含有一个指向后继元素的指针，所以将使用这种存储形式表示的线性表称为单链表，一般称为链表，如图5-36所示。

在图5-36中，head是头指针，它指向单链表中的第一个节点，这是单链表操作的入口点。由于最后一个结点没有直接后继节点，所以它的指针域放入一个特殊的值NULL。只有一个头节点的线性表，称为空线性表。

	存储地址	内容	直接后继存储地址
	100	b	120
	…	…	…
	120	c	160
	…	…	…
首元素位置→	144	a	100
	…	…	…
	160	d	NULL
	…	…	…

图5-35　线性表的链式存储示意图

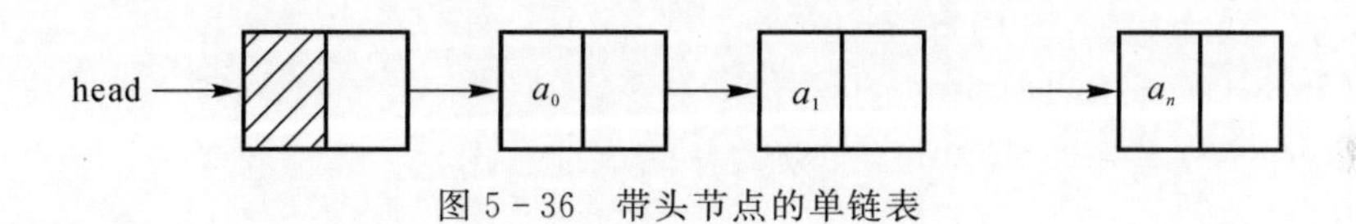

图5-36　带头节点的单链表

线性表的链式存储也称单链表，在C语言中，定义单链表节点的形式如下：

```
typedef struct SListNode
{
    DataType data;      //数据
    struct SListNode * next;   //指向下一个节点的指针
}SListNode;
```

6.单链表基本操作

关于单链表的基本操作主要有初始化、插入和删除等。

(1)单链表的初始化。

```
SListNode * Initiate( )
{
    SListNode * h;
    if(h=( SListNode * )malloc(sizeof(SListNode))==NULL)   return   NULL;
    h->next=NULL;
     return h;
}
```

(2)单链表的后插入操作、已知线性链表 head,后插入是在 p 指针所指向的节点后插入一个元素 x。在一个节点后插入数据元素时,操作较为简单,不用查找便可直接插入。相关算法如下:

```
void insertBehind (SListNode *h , SListNode *p , Elemtype x)
{   SListNode *s;
    s=((SListNode *)malloc(sizeof(SListNode));
    s->data=x;
    s->next=p->next;
    p->next=s;
}
```

(3)单链表的前插入操作,分两种情况。

1)已知线性链表 head,在 p 指针所指向的节点前插入一个元素 x。

算法基本思想为:从 head 开始,找到 p 指针所指向的结点的前驱,若找不到,则返回 0。然后在 q 指针所指的节点和 p 指针所指的节点之间插入节点 s(s 节点的数据元素为 x),插入成功,返回 1。相关算法如下:

```
int insertFrontP (SListNode *h , SListNode *p , Elemtype x)
    {
    SListNode *q, *s;
    q=h;
    while(q->next! =p&& q->next! =NULL)
      q=q->next;
      if(q->next==NULL) return 0;
    s=(SListNode*)malloc(sizeof(SListNode));
    s->data=x; s->next=p;q->next=s;
    return 1;
}
```

2)已知线性链表 head,在链表的第 i 个节点之前插入数据元素 x。

算法基本思想为:找到指向第 $i-1$ 个节点的指针 q 和指向第 i 个节点的指针 p。首先找第 $i-1$ 个节点,并判断插入位置 i 值是否有效,如果有效,则插入;否则,返回 0。相关算法如下:

```
intinsertFront I(SListNode *h,int i,Elemtype x)
{
   SListNode *p, *q, *s;
   int j=-1;
   p=h;
   while(p! =NULL&&j<i-1)
     { p=q->next;j++;     /*寻找第 i-1 个 AB 点*/ }
   if ( j! =i-1)
     {
       printf("Error!");
       return0; /*插入位置错误*/}
   if ((s=( SListNode *)malloc(sizeof(SListNode)))==NULL) return 0;
```

```
    s->data=x;
    s->next=p->next;
    q->next=s;
    return1;
  }
```

(4)单链表的删除操作。

若要删除线性链表 h 中的第 i 个节点，首先要找到第 i 个结点并使指针 p 指向其前驱第 $i-1$ 个节点，然后删除第 i 个节点并释放被删除节点空间，若删除成功，则返回 1；否则，返回 0。相关算法如下：

```
int Delete(SListNode *h,int i)
{
   SListNode *p,*s;
   int j;
   p=h;
     j=-1;
   while(p->next! =NULL&&j<i-1)
     { p=p->next;
     j=j+1; /*寻找第 i-1 个节点，p 指向其前驱*/}
   if(j! =i-1)
 {printf("Error!"); /*删除位置错误！ */
         return0; }
   s=p->next;
   p->next=p->next->next;   /*删除第 i 个节点*/
   free(s);  /*释放被删除结点空间*/
    return 1;
}
```

7.单向循环链表

单向循环链表是一种特殊形式的链式存储结构。PX 将单链表的最后一个节点指针指向链表的头节点，使整个链表形成一个环，这样从表中任一个节点出发都可找到表中其他的节点。

带头节点的循环链表的操作实现算法和带头节点的单链表的操作实现算法类同，差别在于算法中的条件在单链表中为 p! =null 或 p->next! =null；而在循环链表中应改为p! =head 或 p->next! =head。

在循环链表中，除了头指针 head 外，有时还加了一个尾指针 rear，尾指针 rear 指向最后一个节点，从最后一个节点的指针又可立即找到链表的第一个节点。在实际应用中，使用尾指针代替头指针进行某些操作，往往更简单。

8.双向链表

在单链表的每个节点中，只有一个指示后继节点的指针域，因此从任何一个节点都能通过指针域找到它的后继节点，但是若需要找出该节点的前驱节点，则需要从表头出发重新查找。可以用双向链表克服单链表的这种缺点，在双向链表中，每一个节点除了数据域外，包含两个指针域，一个指针指向该节点的后继节点，另一个指针指向它的前驱节点。双向链表的结构可定义如下：

```
typedef struct node
{Elemtype data;
struct node * prev;
struct node * next;
} DoubleLinkNode;
```

和单链的循环表类似，双向链表也可以有循环链表，让头节点的前驱指针指向链表的最后的一个节点，让最后一个节点的后继指针指向头节点。

9. 链式存储结构的优缺点

链式存储结构克服了顺序存储结构的缺点，它的节点空间可以动态申请和释放，数据元素的逻辑次序靠节点的指针指示，不需要移动数据元素。但是链式存储结构也有一些缺点：

(1)每个节点中的指针域需要额外占用存储空间。当每个节点的数据域所占字节不多时，指针域所占存储空间的比例就显得很大。

(2)链式存储结构是一种非随机存储结构。对任一节点的操作都要从头指针依指针链查找到该节点，这增加了算法的复杂度。

5.2.3 栈和队列

1. 栈的定义

栈(stack)是一种只允许在一端进行插入和删除的线性表，它是一种操作受限的线性表。在表中允许进行插入和删除的一端称为栈顶(top)，另一个固定端称为栈底(bottom)，如图5-37所示。栈顶的当前位置是随着栈中元素的数目动态变化，它由一个称为栈顶指示器的变量标识。

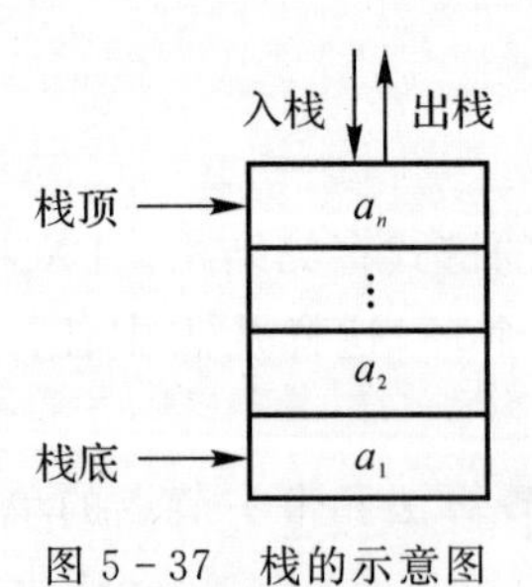

图 5-37 栈的示意图

栈的插入操作通常称为入栈或进栈(push)，而栈的删除操作则称为出栈或退栈(pop)。当栈中无数据元素时，称为空栈。栈是按照后进先出(Last In First Out, LIFO)的原则组织数据的，因此栈也被称为“后进先出”的线性表。

2. 栈的顺序存储

栈的顺序存储是利用一组地址连续的存储空间依次存放栈的所有元素，同时设栈顶指示器 top 指示栈顶元素在栈中的位置，将顺序存储结构的栈称为顺序栈。顺序栈的实现可以类似于顺序表的定义，栈中的数据元素用一个预设的足够大的一维数组 stack[MaxSize]存放，用一个整型变量top指明当前栈的栈顶位置。在C语言中，一般用结构体定义栈：

```
#define MaxSize   100
typedef struct
{
    Elemtype stack[MaxSize];
    int  top;
} SeqStack;
```

其中，规定栈顶指示器top＝－1时为空栈，Top＝MaxSize－1时栈满。

3.顺序栈的基本运算

(1) 顺序栈的初始化。

```
SeqStack  *Init_stack( )
{/* 建立一个新的空栈,然后初始化栈顶指示器 */
    SeqsStack  *s;
    s=(SeqsStack *)malloc(sizeof(SeqStack));
    s->top=-1;
    return s;
}
```

(2)顺序栈进栈操作。将元素x插入栈s中，若栈满则显示相应信息，返回0；否则栈顶指示器top增1，x赋值给栈顶元素，返回1。

```
int Push_stack(SeqStack *s, Elemtype x)
{
    if(s->top==MaxSize-1)
      { printf("Stack full! \n");
        return 0;
      }
    else
      { s->top++;
           s->stack[s->top]=x;
           return 1;
      }
}
```

(3)顺序栈出栈操作。若top≥0，表示栈非空，则取出top所指的数组中的元素，栈顶指示器top－1，指向下一个栈元素，作为新的栈顶，返回1；否则，栈空，返回0。

```
int Pop_stack(SeqStack *s)
{
    if(s->top>=0)
        {    s->top--;
      return1;
    }
    else
    {    printf("Stack empty! \n");
      return 0;
```

```
    }
}
```

4. 栈的链式存储

栈的链式存储结构类似于链表，采用链式存储结构的栈称为链栈。通常链栈用单链表表示，因此链栈结构与单链表结构相同，链栈节点的C语言定义为

```
typedef struct StackNode {
    SElemType data;
    Struct StackNode * next;
}StackNode, * LinkStackPtr;
typedef struct {
    LinkStackPtr top;
    int count;
}LinkStack;
```

链栈的基本操作与顺序栈基本相似，在此不再详述。

5. 队列的定义

队列是一种只能在线性表的一端进行插入，而在线性表的另一端进行删除的线性表。进行插入运算的一端称作队尾(rear)，进行删除的一端称作队首(front)。

向队列中插入新元素称为进队或入队，新元素进队后就成为新的队尾元素；从队列中删除元素称为离队或出队，元素离队后，其后继元素就成为新的队首元素。例如，队列 $q=(a_1,a_2,a_3,\cdots,a_n)$，$a_1$ 为队首元素，a_n 为队尾元素，队列中的元素就是按照 $a_1,a_2,a_3,\cdots,a_n$ 的顺序进入的，退出队列时元素也只能按照进队的次序依次退出，即任一元素 a_i 都只能在元素 a_i-1 出队后才离开队列，因此队列又称为先进先出(First In First Out,FIFO)表。

6. 队列的顺序存储

队列的顺序存储结构利用数组顺序存储队列中所有的元素，利用两个整型变量分别存储队首元素和队尾元素的位置。设队列元素个数最大为 MaxSize 个，所有元素具有相同的数据类型 Elemtype，队首指示器和队尾指示器分别为 front 和 rear，则队列元素用C语言可定义如下：

```
#define MaxSize  50
typedef struct
{
    Elemtype queue[MaxSize];
    int front, rear;
}SeqQueue;
```

在队列的顺序存储中，初始状态的队列其队首指示器 front 和队尾指示器 rear 均为－1。

7. 队列的顺序存储的基本运算

(1)顺序队队进队操作

```
int In_Queue(SeqQueue * Q, Elemtype x)
{
    if(Q->rear==MaxSize-1)                    /* 判断队列是否满 */
      printf("Queue full! \n");
```

```
        return 0;
    else
    {   Q->rear++;
        Q->queue[Q->rear]=x;
    }
}
```

(2)顺序队列出队操作。

```
int Out_Queue(SeqQueue *Q)
{
    if(Q->front==Q->rear)                /*判断队列是否为空*/
   printf("Queue empty! \n");
    else
    { Q->front++;
        return(Q->queue[Q->front]);
    }
}
```

8. 循环队列

采用顺序队列可能会出现队首空出若干位置,但由于队尾指示器 rear 已经达到数组的最大表示范围,此时数据无法入队,这种情况称为“假溢出”。如果将队列中现有数据向队列前端移动以腾出空间,需要花费大量时间。为了解决顺序队列中的假溢出及移动费时等问题,可使用“循环队列”。

循环队列是把顺序队列首尾相接的循环结构,队首和队尾指示器的关系不变。当插入数据时,队首指示器 front 按逆时针方向移动,而删除数据时,队尾指示器 rear 也会沿逆时针方向移动;队列空间的利用是按某个方向循环利用,当队尾指示器 rear 移动到等于队首指示器 front 时,表示队列满。

9. 队列的链式存储

队列的链式存储实际上是在单链表上插入和删除运算的特殊情况。采用链式存储的队列称为链接队列。对于一个带头节点的链接队列,出队操作时只需修改头节点的指针域,而尾指示器不变;入队操作时只需修改尾指示器,而头指示器不变。链接队列的节点类型可定义如下:

```
struct Qnode                          /* 定义节点数据结构 */
{
    Elemtype data;
    struct Qnode *next;
};
typedef struct  Lqueue                /* 定义链接队列的数据结构 */
{
    struct Qnode *front;
    struct Qnode *rear;
}LinkQueue;
```

5.2.4 树

1. 树的定义及特点

在现实生活中，存在许多可用树形结构描述的实际问题。例如，某高校组织关系图：学校包括电子学院、计算机学院和经管学院，其中电子学院包括测控教研室和电气教研室，计算机学院包括软件教研室和硬件教研室。这个组织关系可以用图 5-38 所示的树形图描述。

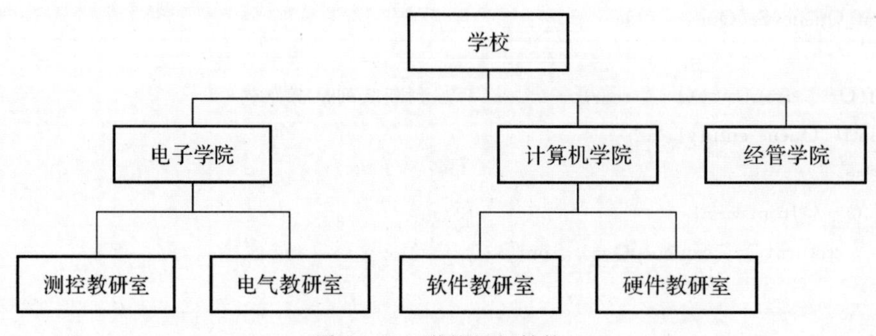

图 5-38 学校组织结构

在这棵"树"中，"树根"是学校，树的"分支点"是电子学院、计算机学院和经管学院，结构中的其他成员均为"树叶"，而树枝（即图中的线段）则描述了组织结构成员之间的关系。显然，以学校为根的树是一个大组织结构。它可以分成电子学院、计算机学院为根的两个小组织结构，每个小组织结构都是一个树形结构。

由此可抽象出树的递归定义：树（tree）是包括 $n(n\geqslant0)$ 个结点的有限集 T，当 T 非空时满足如下两个条件：

(1)有且仅有一个特定的称为根（root）的节点。

(2)除根节点之外，其余的节点可分为 $n(n\geqslant0)$ 个互不相交的非空子集 $T_1,T_2,\cdots,T_m$，而这些集合中的每一个又都是一棵树，并称其为根节点的子树（subtree）。只包括一个节点的树必然仅由根节点组成。特别地，可以允许不包括任何节点的树，把它称为空树。引入空树的概念将为后面的一些运算和叙述带来方便。

树形结构具有以下特点：

(1)树的根节点没有前驱节点，除了根节点之外的所有节点有且仅有一个前驱节点。

(2)树中所有节点可以有零个或多个后继节点。

由此可见，树形结构描述的是层次关系，树的节点之间存在一对多或多对一的关系。例如，图 5-39(b)～(d)所示的结构都不是树形结构。

树形结构常见名词术语如下：

(1) 父节点、子节点、边。若节点 y 是节点 x 的一棵子树的根，则 x 称为 y 的父节点（或双亲节点），y 称为 x 的子节点（或孩子节点），有效对 $<x,y>$ 称为从 x 到 y 的边。例如，在图 5-40 所示的树 t 中，节点 1 是节点 2 的父节点，节点 2 是节点 1 的子节点，$<1,2>$ 是从节点 1 到节点 2 的边。

(2)兄弟节点。具有同一父节点的子节点之间彼此称为兄弟节点。图 5-40 所示的树 t 中，节点 2 和节点 3 互为兄弟节点，节点 4 和节点 5 之间也互为兄弟节点。

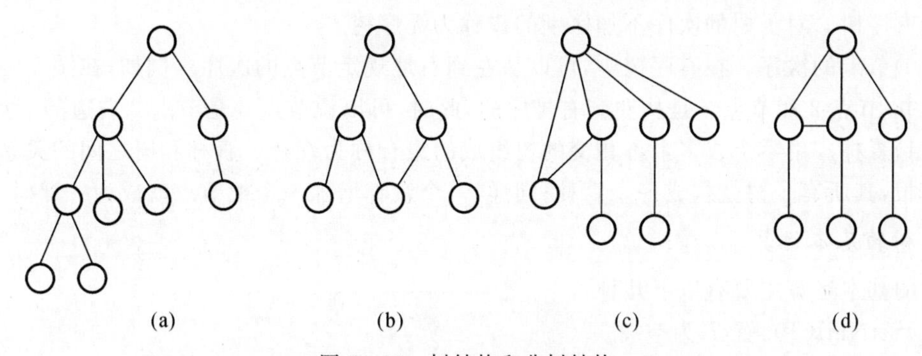

图5-39　树结构和非树结构

(a)一棵树结构；(b)非树结构；(c)非树结构；(d)非树结构

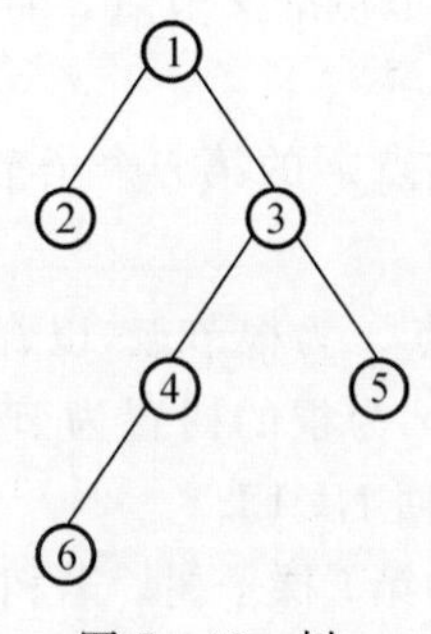

图5-40　树 t

(3)祖先节点、子孙节点。若节点 y 在以节点 x 为根的一棵子树(或树)上，且 y 不等于 x，则称 x 是 y 的祖先节点，y 是 x 的子孙节点。在图5-40所示的树 t 中，节点1是其他所有节点的祖先结点，节点6是节点1,3,4的子孙节点。

(4)路径、路径长度。树中一个节点到另一个节点之间分支数目称为对节点之间的路径。树的路径长度是指树的根节点到树中每一节点的路径长度之和。例如，图5-40所示的树 t 中，1,3,4,6是从节点1到节点6的一条路径，其长度为4。

(5)节点的层次。规定根节点的层次为1，其他节点的层次等于其父节点的层次加1。例如，在图5—40所示的树t中，1层的节点是1,2层的节点是2和3,3层的节点是4和5,4层的节点是6。

(6)树的深度。树中节点的最大层次数称为树的深度或树的高度。例如，在图5-40中，树的深度为4。

(7)节点的度数、树的度数。某一节点所包含的子节点的个数称为该节点的度数。树中度数最大的节点的度数称为树的度数。例如，在图5-40的树 t 中，节点1,2,3,4,5,6的度数分别为2,0,2,1,0,0，则树 t 的度数为2。

(8)树叶节点、分支节点。度数为0的节点称为树叶节点或终端节点，度数大于0的节点称为分支节点或非终端节点。要注意的是，当节点的度数为1时，虽然只有一个子节点，也称为终端节点。同时，这两个术语对根节点也不例外。例如，在图5-40所示的树 t 中，节点2,5,6为树叶节点，其他节点都为分支节点。

(9)有序树、无序树。将树中节点的各子树看成是从左到右依次有序且不能交换，这样的树称为有序树。对子树的次序不加区别的树称为无序树。

(10)节点的次序。在有序树中,可以从左到右地规定节点的次序。例如,在图 5-40 所示的树 t 中,节点 2 和节点 3 是从左到右排序的,此时,可以说节点 3 是节点 2 右边的节点。

(11)森林。由零个或多个不相交的树组成的集合称为森林。森林和树之间的关系为一棵树取掉根,其所有子树就构成一个森林;同样,一个森林增加一个根节点就成为一棵树。

2. 树的基本运算

树的基本运算主要有以下几种:

(1)SetNull(T):置 T 为空树。

(2)Root(T)或 Root(x):求出树 T 的根结点或求节点 x 所在的树的根节点。若 T 是空树或 x 不在树 T 上,则返回 NULL。

(3)Parent(T,x):求出树 T 中 x 节点的父节点。若节点 x 是树的根节点或节点 x 不在树 T 上,则返回 NULL。

(4)Child(T,x,i):求出树 T 中结点 x 的第 i 个子节点。若节点 x 无第 i 个子节点,则返回 NULL。

(5)Create(x,F):生成一棵以节点 x 为根节点,以森林 F 为子树的树。

(6)AddChild(y,i,x):把以节点 x 为根的树置为节点 y 的第 i 棵子树。若树中无节点 y 或节点 y 的子树个数小于 $i-1$,则返回 NULL。

(7)DelChild(x,i):删除节点 x 的第 i 棵子树。若树中无节点 x 或节点 x 的子树个数小于 i,则返回 NULL。

(8)Traverse(T):按某个次序依次访问树中各个节点,并使每个节点只能被访问一次。

3. 二叉树基本概念

二叉树(binary tree)也称为二分树、二元树和对分树等,是树形结构的一种最常见的类型,二叉树是指度为 2 的有序树。它是一种最简单而且最重要的树,在计算机领域有着广泛地应用。

二叉树的递归定义为:二叉树或者是一棵空树,或者是一棵由一个根节点和两棵互不相交的分别称作根的左子树与右子树所组成的非空树,左子树和右子树又同样都是一棵二叉树。

二叉树可以是空集,因此根可以有空的左子树或右子树,或者左、右子树皆为空。由此可见,二叉树有五种基本形态,如图 5-41 所示。

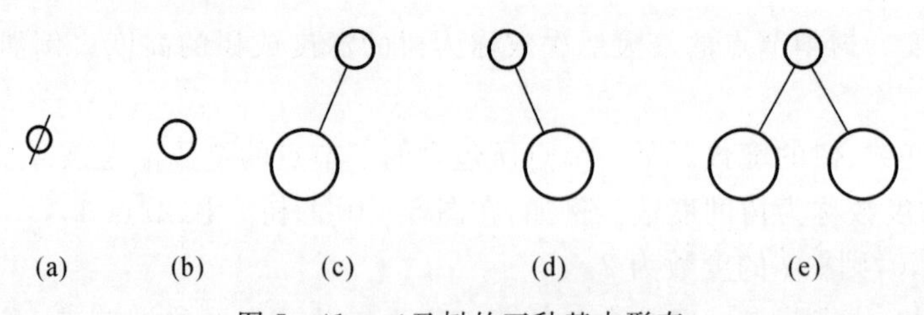

图 5-41 二叉树的五种基本形态

(a)空二叉树; (b)只有一个根节点; (c)有根节点和左子树; (d)有根节点和右子树; (e)有根节点和左、右子树

满二叉树和完全二叉树是两种特殊的二叉树。

(1)满二叉树。在一棵二叉树中,当第 i 层的节点数为 $2i-1$ 个时,则称此层的节点数是满的，当树中的每一层都满时，则称此树为满二叉树。图5－42(a)为一棵满二叉树。

(2)完全二叉树。在一棵二叉树中，除最后一层外，若其余层都是满的，并且最后一层或者是满的，或者是在右边缺少连续若干个节点，则称此树为完全二叉树。图5－42(b)为一棵完全二叉树。

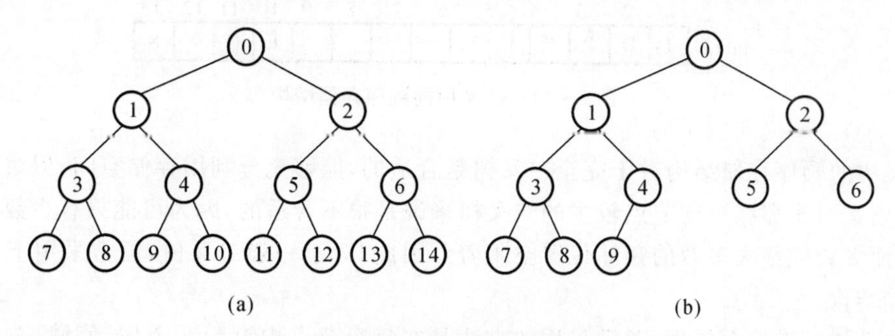

图5－42　满二叉树和完全二叉树示例

(a)满二叉树；(b)完全二叉树

满二叉树一定是完全二叉树，但完全二叉树不一定是满二叉树。

从二叉树的形态来看，二叉树具有如下性质：

性质1：二叉树的第 i 层上最多节点的数目为 $2^{i-1}(i\geqslant1)$。

性质2：深度为 k 的二叉树中最多有 $2^k-1(k\geqslant1)$ 个节点。

性质3：对任何一棵二叉树 T，设 n_0 为树叶节点的个数，n_2 为度数为2的节点的个数，则有 $n_0=n_2+1$。

性质4：具有 n 个节点的完全二叉树的深度 k 为 $\lfloor\log_2 n+1$。

4.二叉树的存储结构

顺序存储一棵二叉树时，首先要对该树中每个节点进行编号，然后以各节点的编号为下标，把各节点的值对应存储到一维数组中。树中各节点的编号与等深度的完全二叉树中对应位置上节点的编号相同。其编号过程为首先把树根节点的编号定为1，然后按照层次从上到下、每层从左到右的顺序，对每一节点进行编号，当它的双亲节点的编号为 i 时，若它为左孩子，则编号为 $2i$，若它为右孩子，则编号为 $2i+1$。在图5－43(a)和(b)中，各节点上方的数字就是该节点的编号。

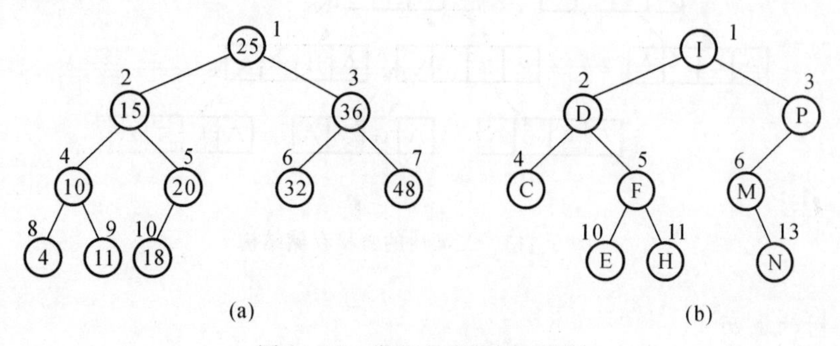

图5－43　带节点编号的二叉树

假定分别采用一维数组data1和data2的顺序存储图5－43(a)和(b)中的二叉树，则两数组中各元素的值如图 5-44 所示。

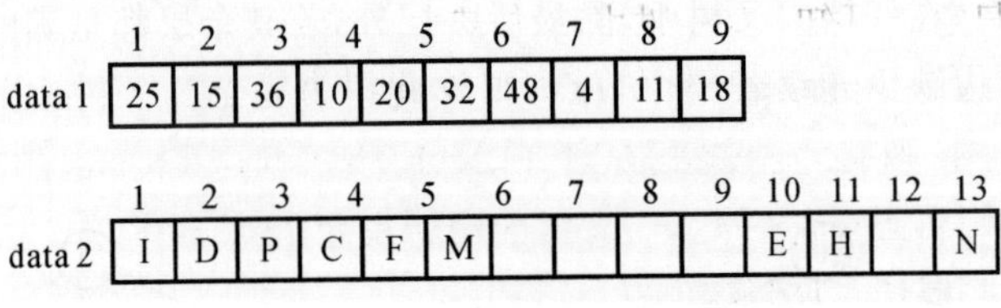

图 5-44　二叉树的顺序存储结构

二叉树的顺序存储结构对于完全二叉树是合适的，能够充分利用存储空间，但对于一般二叉树，特别是对于那些单支节点较多的二叉树来说是很不合适的，因为可能只有少数存储位置被利用，而多数或绝大多数的存储位置空闲着。因此，对于一般二叉树，通常采用下面介绍的链接存储结构。

在二叉树的链接存储中，通常采用的方法是在每个节点中设置 3 个域：值域、左指针域和右指针域。链接存储的另一种方法是：再增加一个 parent 指针域，用来指向其双亲节点，这种存储结构既便于查找孩子节点，也便于查找双亲节点，当然也带来存储空间的相应增加。

对于如图 5-45(a)所示的二叉树，它的不带双亲指针的链接存储结构（称为二叉链表）如图 5-45(b)所示，其中 f1 为指向树根节点的指针，简称树根指针或根指针；图 5-45(b)的带双亲指针的链接存储结构（称作带双亲指针的二叉链表或三叉链表）如图 5-45(c)所示，其中 f2 为树根指针。

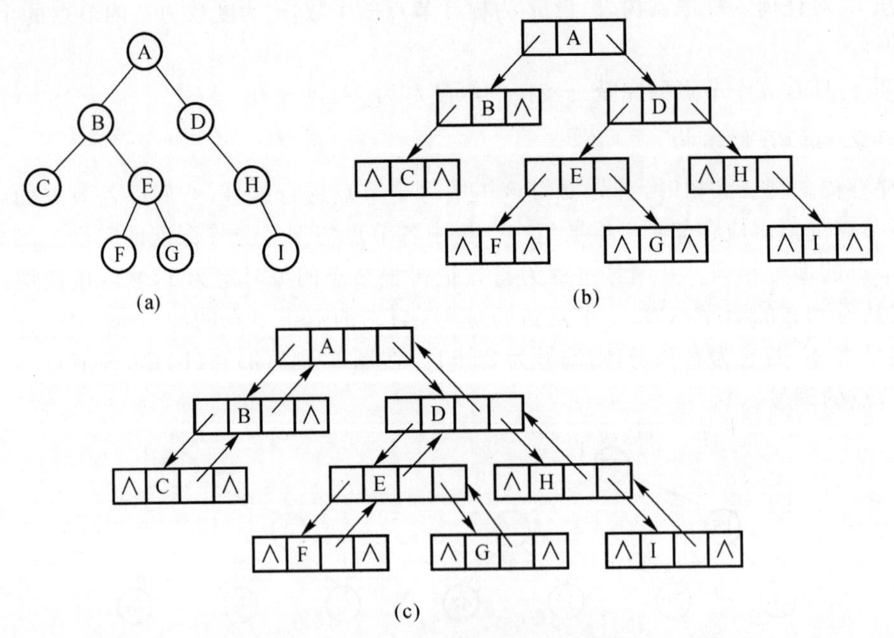

图 5-45　二叉树的链接存储结构

5. 二叉树的遍历

在二叉树的基本运算中，遍历二叉树是经常处理的问题。二叉树是一种非线性结构，每一个节点可能有两个后继，遍历就是需要找到一种规律，将层次型的二叉树转换为一个线性序列。

由二叉树的递归定义可知，二叉树由三个基本单元组成，即根节点、左子树、右子树。因此，若能依次遍历这三部分，便可以遍历整个二叉树。若以 L，T，R 分别表示遍历左子树、访问根节点、遍历右子树，则有六种遍历方案 TLR、LTR、LRT、TRL、RTL 和 RLT。通常限定先遍历左子树，后遍历右子树。因此，二叉树的遍历主要指前三种。

(1)二叉树的先序遍历 TLR。

1)访问根节点。

2)先序遍历左子树。

3)先序遍历右子树。

(2)二叉树的后序遍历 LRT。

1)后序遍历左子树。

2)后序遍历右子树。

3)访问根节点。

(3)二叉树的中序遍历 LTR。

1)中序遍历左子树。

2)访问根节点。

3)中序遍历右子树。

【例 5.20】 写出如图 5－46 所示二叉树的三种遍历序列。

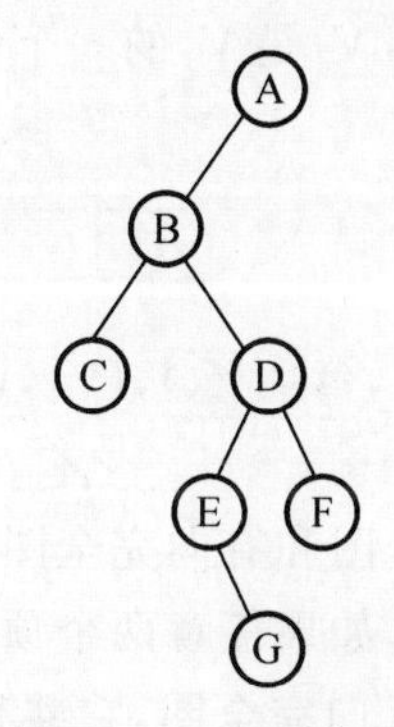

图 5－46　二叉树 T20

根据三种遍历的规则，遍历的序列分别如下：

先序遍历序列为 ABCDEGF。

中序遍历序列为 CBEGDFA。

后序遍历序列为 CGEFDBA。

5.2.5　图

1.图的定义和术语

图是由两个集合 V 和 E 组成，记为 $G=(V,E)$，其中 V 是顶点(vertex) 的非空有限集合，E 是 G 中所有边(edge)的集合。图分为有向图和无向图两类，如图 5－47 和图 5－48 所示。

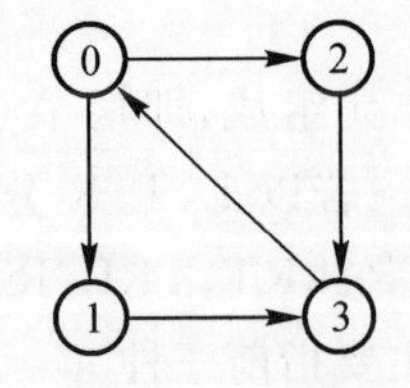

图 5-47　有向图 $G1$

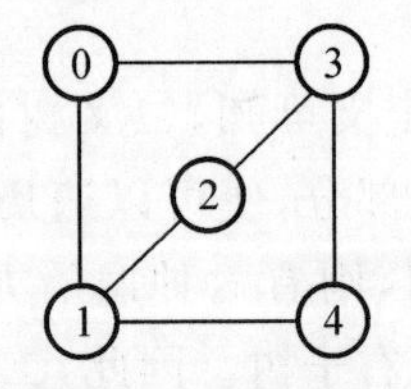

图 5-48　无向图 $G2$

如果图的每条边都是顶点的有序对，即每条边都用箭头表示方向，则称此图为有向图。有向图的边称为弧或有向边。有向边用尖括号括起的两个相关顶点来表示，如$<V_0,V_1>$是图 5-47中的一条弧(有向边)，其中 V_0 为弧头，V_1 为弧尾，此有向边是顶点 V_0 的一条出边，顶点 V_1 的一条入边。称 V_0 和 V_1 互为邻接点(adjacent)，并称 V_1 是 V_0 的出边邻接点，V_0 是 V_1 的入边邻接点。图 5-47 所示的有向图 $G1$ 可描述为

$G1=(V,E)$

$V=\{V_0,V_1,V_2,V_3\}$

$E=\{<V_0,V_1>,<V_0,V_2>,<V_2,V_3>,<V_3,V_0>,<V_1,V_3>\}$

2. 无向图

如果图中每条边都是顶点的无序对，则称为无向图。无向图的边称为无向边。无向边用圆括号括起的两个相关顶点表示，如(V_1,V_2)是图 5-48 中的一条无向边，它与(V_2,V_1)是同一条边。并且，V_1和 V_2互为邻接点，即 V_1是 V_2的一个邻接点，V_2 也是 V_1 的一个邻接点。图 5-48 所示的无向图 $G2$ 可描述为

$G2=(V,E)$

$V=\{V_0,V_1,V_2,V_3,V_4\}$

$E=\{(V_0,V_1),(V_0,V_3),(V_1,V_2),(V_2,V_3),(V_2,V_4),(V_3,V_4)\}$

在图中，经常要用到如下术语：

(1)完全图。完全图分为无向完全图和有向完全图。

1)无向完全图。在一个无向图中，如果任意两个顶点都有一条边直接连接，则称该图为无向完全图，对于一个具有 n 个顶点的无向完全图，它共有 $n(n-1)/2$ 条边。

2)有向完全图。在一个有向图中，如果任意两个顶点之间都有方向互为相反的两条弧连接，称该图为有向完全图，对于一个具有 n 个顶点的有向完全图，共有 $n(n-1)$条边。

(2)子图。对于图 $G=(V,E)$，$G'=(V',E')$，若存在 V'是 V 的子集，E'是 E 的子集，则称图 G'是 G 的一个子图。

(3)顶点的度。无向图中顶点 υ 的度(degree)是指和该顶点相关联的边数，通常记为 TD(υ)。有向图中顶点 υ 的度有入度和出度之分，入度(inndegree)是该顶点的入边的数目，记为 ID(υ)；出度(outdegree)是该顶点的出边的数目，记为 OD(υ)；顶点的度等于它的入度和出度之和，即 TD(υ)=ID(υ)+OD(υ)。

(4)边的权和网。在一个图中，每条边都可以标上具有某种含义的数值，该数值称为该边的权(weight)。例如，在一个反映城市交通线路图中，边上的权值可以表示该条线路的长度或等级；在反映工程进度的图中，边上的权值可以表示从前一个工程到后一个工程所需要的时间等。边上带权的图称为网或网络(network)。

(5)路径和路径长度。顶点V_p到顶点V_q之间的路径(path)是指顶点序列$V_p,V_{i1},V_{i2},\cdots,V_{im},V_q$。其中,$(V_p,V_{i1}),(V_{i1},V_{i2}),\cdots,(V_{im},V_q)$分别是图中的边。路径上边的数目称为路径长度。

(6)回路、简单路径和简单回路。路径中第一个顶点与最后一个顶点相同的路径称为回路或环(cycle)。序列中顶点不重复出现的路径称为简单路径。除第一个顶点与最后一个顶点外,其他顶点不重复出现的回路称为简单回路,或者简单环。

(7)连通、连通图和连通分量。在无向图中,如果从顶点V_i到顶点V_j有路径,则称V_i和V_j是连通的。如果图中任意两个顶点都连通,则称该图为连通图,否则为非连通图。无向图的极大连通子图称为连通分量。任何连通分量只有一个,即本身,而非连通图有多个连通分量。

(8)强连通图和强连通分量。在有向图中,如果从顶点V_i到顶点V_j有路径,则也称V_i和V_j是连通的。如果图中任意两个顶点都连通,则称该图为强连通图。有向图的极大强连通子图称为强连通分量。显然,强连通图只有一个强连通分量,即本身,而非强连通图有多个强连通分量。

3.图的存储结构

在图中,因为任意两个顶点之间都可能存在联系,所以图的结构比较复杂。表示图的存储结构也有多种形式,下面介绍两种图的基本存储结构邻接矩阵和邻接表。

(1)邻接矩阵。邻接矩阵(adjacency matrix)是表示图中顶点之间相邻关系的矩阵,可以用一个二维数组表示。设$G=(V,E)$是具有n个顶点的图,顶点序号依次为$0,1,2,\cdots,n-1$,则G的邻接矩阵是具有如下定义的n阶方阵:

$$A[i][j]=\begin{cases}1 & \text{若}(V_i,V_j)\text{或}<V_i,V_j>\text{是}E(G)\text{中的边}\\0 & \text{若}(V_i,V_j)\text{或}<V_i,V_j>\text{不是}E(G)\text{中的边}\end{cases}$$

对于带权图的邻接矩阵可以定义为

$$A[i][j]=\begin{cases}W_{ij} & \text{若}(V_i,V_j)\text{或}<V_i,V_j>\text{是}E(G)\text{中的边,且权值为}W_{ij}\\\infty & \text{若}(V_i,V_j)\text{或}<V_i,V_j>\text{不是}E(G)\text{中的边}\end{cases}$$

(2)邻接表。邻接表(adjacency list)是图的一种顺序和链式存储相结合的存储结构。邻接表表示是对于图中的每个顶点V_i,将所有邻接于V_i的顶点链接成一个单链表,这个单链表就称为顶点V_i的邻接表,并把所有点的邻接表表头指针用向量存储的一种图的表示方法。

对于V_i邻接表中的每个节点,是用来存储以顶点端点或起点的一条边的信息,因而被称为边节点。边节点通常包含三个域:

1)邻接点域(adjvex):用以存储顶点V_i的一个邻接顶点V_j的序号j(有向图中指出边邻接点)。

2)链域(next):用以链接V_i邻接表中的下一个边节点。

3)数据域:存储和边或弧相关的信息,如权值等。

对于每个顶点V_i的邻接表,需要设置一个表头指针,若图G中有n个顶点,则就有n个表头指针。为了便于随机访问任一顶点的邻接表,需要把这n个表头指针用一个向量(即一维数组)存储起来,其中第i个分量存储V_i邻接表的表头指针。这样,图G就可以由这个表头向量表示和存取。

4.图的遍历

图的遍历是指从图的任一顶点出发,对图中的所有顶点访问一次且仅访问一次的过程。

图的遍历操作和树的遍历操作相似。

(1)深度优先搜索。深度优先搜索(depth-first search)遍历类似于树的先序遍历,是树的先序遍历的推广。深度优先搜索遍历的方法可描述为假设初始状态是图中所有顶点均未被访问过,则深度优先搜索可从某个顶点 v 出发,首先访问此顶点(称此顶点为初始点),然后依次从 v 的任一个未被访问的邻接点出发进行深度优先搜索遍历,直到图中所有与 v 有路径相通的顶点都被访问到。若此时图中尚有顶点未被访问,则另选图中一个未被访问的顶点作为初始点,重复上述过程,直到图中所有顶点都被访问到为止。

下面以图 5-49 为例,进行深度优先搜索。假设从顶点 V_0 出发进行搜索,在访问顶点 V_0 之后,选择它的一个未被访问过的邻接点 V_1,从 V_1 出发进行搜索;依此类推,接着从 V_4、V_5 出发进行搜索。在访问了 V_5 之后,由于 V_5 的邻接点都已被访问,则搜索回到 V_4,由于同样的理由,搜索继续回到 V_1,此时由于 V_1 的另一个邻接点未被访问,则搜索又从 V_1 到 V_6,再继续进行下去。由此,得到顶点访问序列为 $V_0,V_1,V_4,V_5,V_6,V_2,V_3$。

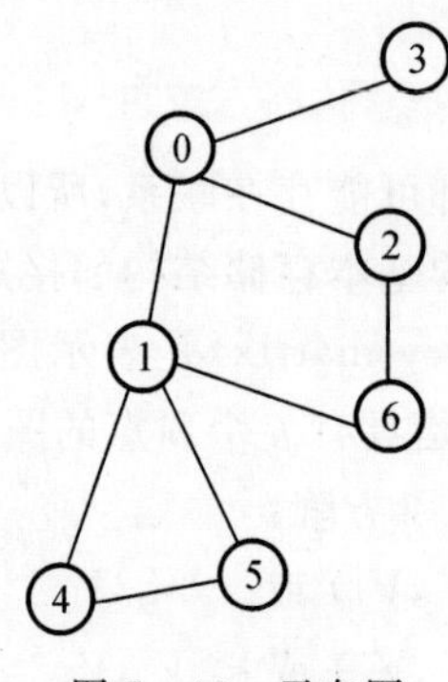

图 5-49 无向图

(2)广度优先搜索。广度优先搜索(breadth-first search)遍历类似于树的层次遍历。广度优先搜索遍历的方法可描述为:从图中某个顶点 v 出发,访问此顶点,然后依次访问 v 的各个未被访问的邻接点,其访问次序可以任意,假定依次为 $V_{i1},V_{i2},\cdots,V_{it}$,然后按照此序,访问每一个顶点的所有未被访问过的邻接点,直到图中所有与 v 有路径相通的顶点都被访问到。若此时图中尚有顶点未被访问,则另选图中一个未被访问的顶点作为初始点,重复上述过程,直到图中所有顶点都被访问到为止。

以上图 5-49 为例,进行广度优先搜索。首先从顶点 0 及 0 的邻接点 1、2 和 3,然后依次访问 1 的邻接点 4、5 和 6,再访问 2 和 3 的邻接点。由于这些顶点的邻接点均已被访问,并且图中所有的顶点都被访问,由此完成了图的广度优行搜索遍历,得到顶点访问序列为 $V_0,V_1,V_2,V_3,V_4,V_5,V_6$。

5.3 软件工程

5.3.1 软件工程简介

软件工程是用科学知识和技术原理来定义、开发、维护软件的一门学科,该定义说明了软件工程是计算机科学中的一个分支,其主要思想是在软件生产中用工程化的方法代替传统手工方法，工程化的方法借用传统的工程设计原理的基本思想，采用若干科学的、现代化的方法技术来开发软件。这种工程化的思想贯穿到需求分析、设计、实现，直到维护的整个过程。

软件工程是涉及计算机科学、工程科学、管理科学和数学等领域的一门综合性的交叉学科。计算机科学中的研究成果均可用于软件工程，但计算机科学侧重于原理和理论的研究，而软件工程侧重于如何建造一个软件系统。

就软件工程的概念，很多学者和组织机构都分别给出了自己的定义。

(1)Barry Boehm：运用现代科学技术知识设计并构造计算机程序及为开发、运行和维护这些程序所必需的相关文件资料。

(2)IEEE 在软件工程术语汇编中的定义：软件工程将系统化的、严格约束的、可量化的方法运用于软件的开发、运行和维护，即将工程化应用于软件。

(3)Fritz Bauer 在 NATO 会议上给出的定义：建议并使用完善的工程化原则，以较经济的手段获得能在实际机器上有效运行的可靠软件的一系列方法。

(4)《计算机科学技术百科全书》中的定义：软件工程是运用计算机科学、数学及管理科学等原理，开发软件的工程。软件工程借鉴传统工程的原则、方法，以提高质量，降低成本。其中，计算机科学、数学用于构建模型与算法，工程科学用于制定规范、设计范型(paradigm)、评估成本及确定权衡，管理科学用于计划、资源、质量、成本等管理。

虽然软件工程的不同定义使用了不同语句，强调的重点也有差异，但是，人们普遍认为软件工程具有下述的本质特性。

(1)软件工程关注大型程序的构造。

(2)软件工程的中心课题是控制复杂性。

(3)软件产品交付使用后仍然需要经常修改。

(4)开发软件的效率非常重要。

(5)和谐的合作是成功的开发软件的关键。

(6)软件必须有效地支持他的用户。

(7)在软件工程领域中通常由具有一种文化背景的人替具有另一种文化背景的开发产品。

5.3.2 软件生命周期

软件生命周期是软件从产生直到报废的生命周期，周期内有问题定义、可行性分析、总体描述、系统设计、编码、调试和测试、验收与运行、维护升级到废弃等阶段，这种按时间分层的思想方法是软件工程中的一种思想原则，即按部就班、逐步推进，每个阶段都要有定义、工作、审查、形成文档以供交流或备查，以提高软件的质量。但随着新的面向对象的设计方法和技术的成熟，软件生命周期设计方法的指导意义正在逐步减少。

同任何事物一样，一个软件产品或软件系统也要经历孕育、诞生、成长、成熟和衰亡等阶段，一般称为软件生命周期。

把整个软件生命周期划分若干阶段，使得每个阶段有明确的任务，使规模大、结构复杂和管理复杂的软件开发变得容易控制和管理。通常，软件生存周期包括可行性分析与开发项目计划、需求分析、设计(概要设计与详细设计)、编码、测试、维护等活动，可以将这些活动以适当的方式分配到不同的阶段去完成。

(1)问题的定义及规划。此阶段由软件开发与需求方共同讨论，主要确定软件的开发目标即其可行性。

(2)需求分析。在确定软件开发可行的情况下,对软件需要实现的各个功能进行详细分析。需求分析阶段是一个很重要的阶段,这一阶段如果做得好,将为整个软件开发项目的成功打下良好的基础。需求是在整个软件开发过程中不断变化和深入的,因此必须制定需求变更计划应付这种变化,以保护整个项目的顺利进行。

(3)软件设计。此阶段主要根据需求分析的结果,对整个软件系统进行设计,如系统框架设计、数据库设计等。软件设计一般分为总体设计和详细设计。好的软件设计将为软件程序编写打下良好的基础。

(4)程序编码。此阶段是将软件设计的结果转换成计算机可运行的程序代码。在程序编码中必须要制定统一、符合标准的编写规范,以保证程序的可读性与维护性,提高程序的运行效率。

(5)软件测试。在软件设计完成后要经过严密的测试,以发现软件在整个设计过程中存在的问题并加以纠正。整个测试过程分单元测试、组装测试以及系统测试三个阶段进行。测试的方法主要有白盒测试和黑盒测试两种。在测试过程中,需要建立详细的测试计划并严格按照测试计划进行测试,以减少测试的随意性。

(6)运行维护。软件维护是软件生命周期中持续时间最长的阶段。在软件开发完成并投入使用后,出于多方面的原因,软件不能继续适应用户的要求。要延续软件的使用寿命,就必须对软件进行维护。软件的维护包括纠错性维护和改进性维护两个方面。

5.3.3 软件开发模型

1.瀑布模型

瀑布模型(waterfall model)是一个项目开发架构,开发过程是通过设计一系列阶段顺序展开的,从系统需求分析开始直到产品发布和维护,每个阶段都会产生循环反馈,因此,如果有信息未被覆盖或者发现了问题,那么最好"返回"上一个阶段并进行适当的修改。项目开发进程从一个阶段"流动"到下一个阶段,这也是瀑布模型名称的由来。瀑布模型的开发主要包括软件工程开发、企业项目开发、产品生产以及市场营销等。

1970年,温斯顿·罗伊斯(Winston Royce)提出了著名的"瀑布模型",直到20世纪80年代早期,它一直是唯一被广泛采用的软件开发模型。

瀑布模型核心思想是按工序将问题化简,将功能的实现与设计分开,便于分工协作,即采用结构化的分析与设计方法将逻辑实现与物理实现分开。将软件生命周期划分为制订计划、需求分析、软件设计、程序编写、软件测试和运行维护等6个基本活动,并且规定它们自上而下、相互衔接的固定次序,如同瀑布流水,逐级下落,如图5-50所示。

2.快速原型法模型

快速原型法就是在系统开发之初,尽快给用户构造一个新系统的模型(原型),通过反复演示原型并征求用户意见,开发人员根据用户意见不断修改和完善原型,直到基本满足用户的要求进而实现系统。原型就是模型,而原型系统就是应用系统的模型。它是待构筑的实际系统的缩小比例模型,但是保留实际系统的大部分性能。这个模型可在运行中被检查、测试、修改,直到它的性能达到用户需求为止。因此,这个工作模型很快就能转换成原样的目标系统,如图

5－51 所示。

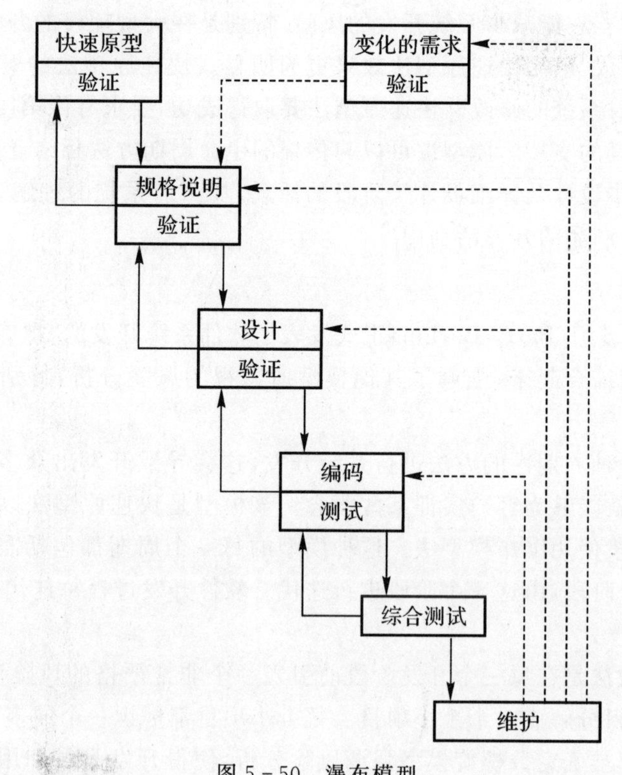

图 5－50　瀑布模型

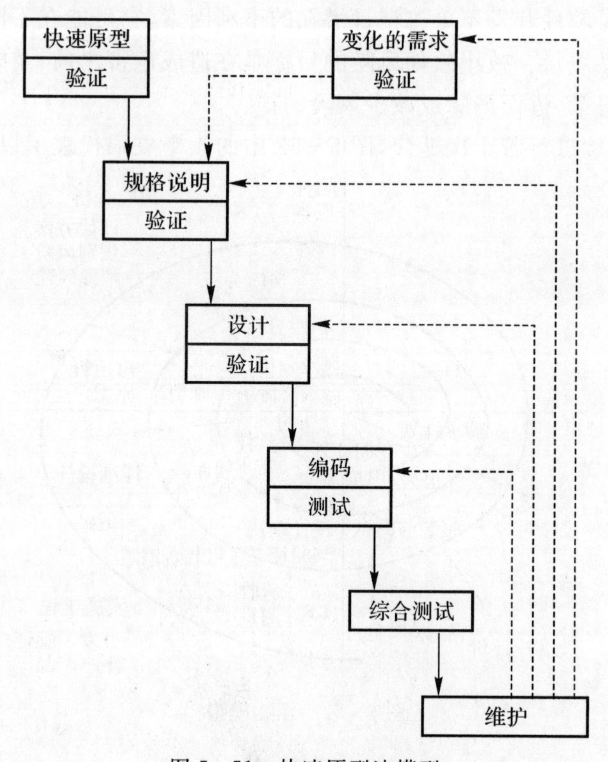

图 5－51　快速原型法模型

快速原型法的主要优点在于它是一种支持用户的方法，使得用户在系统生存周期的设计阶段起到积极的作用。它能减少系统开发的风险，特别是在大型项目的开发中，由于对项目需求的分析难以一次完成，应用快速原型法效果更为明显。快速原型法的概念既适用于系统的重新开发，也适用于对系统的修改。快速原型法要取得成功，要求有像第四代语言(4GL)这样的良好开发环境/工具的支持。原型法可以与传统的生命周期方法相结合使用，这样会扩大用户参与需求分析、初步设计及详细设计等阶段的活动，加深对系统的理解。近年来，快速原型法的思想也被应用于产品的开发活动中。

3.螺旋模型

1998年，巴利·玻姆(Barry Boehm)正式发表了软件系统开发的"螺旋模型"，它将瀑布模型和快速原型法模型结合起来，强调了其他模型所忽视的风险分析，特别适合于大型复杂的系统。

螺旋模型采用一种周期性的方法进行系统开发，这会导致开发出众多的中间版本。使用它，项目经理在早期就能够为客户实证某些概念。该模型是快速原型法以进化的开发方式为中心，在每个项目阶段使用瀑布模型法。这种模型的每一个周期都包括需求定义、风险分析、工程实现和评审4个阶段，由这4个阶段进行迭代。软件开发过程每迭代一次，软件开发就前进一个层次。

螺旋模型基本做法是在每一个开发阶段前引入一个非常严格的风险识别、风险分析和风险控制，它把软件项目分解成一个个小项目。每个小项目都标识一个或多个主要风险，直到所有的主要风险因素都被确定。螺旋模型强调风险分析，使得开发人员和用户对每个演化层出现的风险有所了解，继而做出应有的反应，因此特别适用于庞大、复杂并具有高风险的系统。对于这些系统，风险是软件开发不可忽视且潜在的不利因素，它可能在不同程度上损害软件开发过程，影响软件产品质量。减小软件风险的目标是在造成危害之前，及时对风险进行识别及分析，决定采取何种对策，进而消除或减少风险的损害。

螺旋模型沿着螺旋进行若干次迭代，图5-52中的4个象限代表了以下活动。

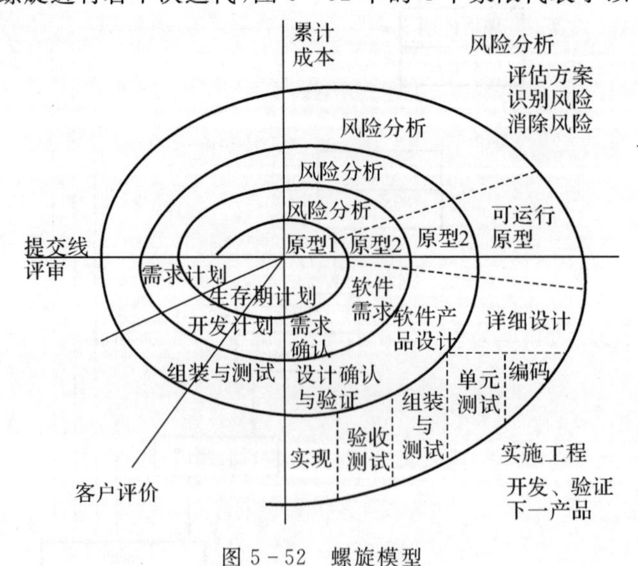

图5-52　螺旋模型

(1)制订计划:确定软件目标,选定实施方案,弄清楚项目开发的限制条件。

(2)风险分析:分析评估所选方案,考虑如何识别和消除风险。

(3)实施工程:实施软件开发和验证。

(4)客户评价:评价开发工作,提出修改建议,制定下一步计划。

螺旋模型由风险驱动,强调可选方案和约束条件从而支持软件的重用,有助于将软件质量作为特殊目标融入产品开发之中。

4.喷泉模型

喷泉模型是一种以用户需求为动力,以对象为驱动的模型,主要用于描述面向对象的软件开发过程。该模型认为软件开发过程自下而上周期的各阶段是相互重叠和多次反复的,就像水喷上去又可以落下来,类似一个喷泉。各个开发阶段没有特定的次序要求,并且可以交互进行,可以在某个开发阶段中随时补充其他任何开发阶段中的遗漏。采用喷泉模型的软件过程如图5-53所示。

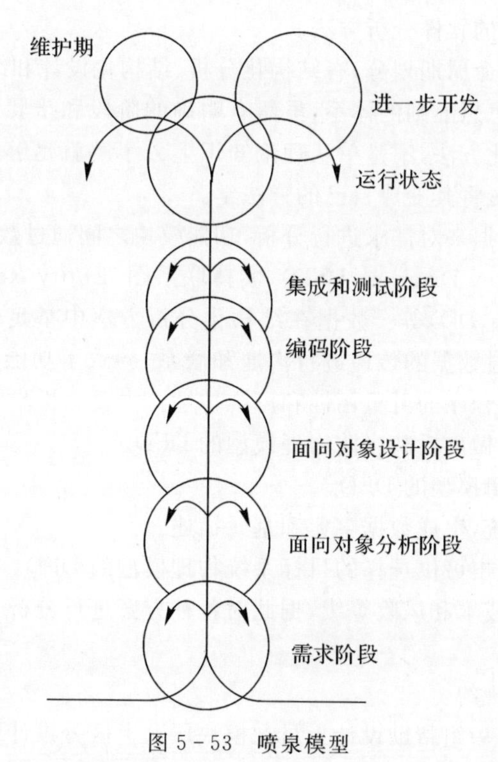

图5-53　喷泉模型

喷泉模型认为软件开发过程自下而上周期的各阶段是相互迭代和无间隙的。软件的某个部分常常被重复工作多次,相关对象在每次迭代中随之加入渐进的软件成分。无间隙指在各项活动之间无明显边界,如分析和设计活动之间没有明显的界限。由于对象概念的引入,表达分析、设计、实现等活动只用对象类和关系,从而可以较为容易地实现活动的迭代和无间隙,这一开发过程自然包含软件的复用。

喷泉模型不像瀑布模型那样,需要分析活动结束后才开始设计活动,设计活动结束后才开始编码活动。该模型的各个阶段没有明显的界限,开发人员可以同步进行开发。其优点是可以提高软件项目开发效率,节省开发时间,适应于面向对象的软件开发过程。由于喷泉模型在各个开发阶段是重叠的，因此在开发过程中需要大量的开发人员，不利于项目的管理。此外这种模型要求严格管理文档，使得审核的难度加大，尤其是面对可能随时加入各种信息、需求与资料的情况。

5.3.4 软件开发方法

1. 结构化方法

结构化方法是一种传统的软件开发方法，其基本思想：把一个复杂的问题求解过程分阶段进行，而且这种分解是自顶向下，逐层分解，使得每个阶段处理的问题都控制在人们容易理解和处理的范围内。

结构化方法的基本要点是自顶向下、逐步求精和模化块设计。结构化分析方法是以自顶向下、逐步求精为基点，以一系列经过实践的考验被认为是正确的原理和技术为支撑，以数据流图、数据字典、结构化语言、判定表、判定数等图形表达为主要手段，强调开发方法的结构合理性和系统的结构合理性的软件分析方法。

结构化方法按软件生命周期划分，有结构化分析、结构化设计和结构化实现。其中要强调的是，结构化方法是一个思想准则的体系，虽然有明确的阶段和步骤，但是也集成了很多原则性的东西，因此学会结构化方法，不是单从理论知识上去了解就足够的，更多的还是在实践中慢慢地理解各个推测，慢慢将其变成自己的方法学。

结构化分析是通过数据来对需求进行分析，功能模块之间通过数据进行联系，采用的建模技术有数据流图（Data Flow Diagram，DFD）、实体联系图（Entity Relation Diagram，ERD）和数据字典（Data Dictionary，DD）等。数据在结构化分析方法中举足轻重，就相当于血管之于人体，系统的各个模块通过数据的传递进行沟通和联系，导致了功能模块的强耦合性，模块之间的耦合性降低了结构化程序的可重用性和可维护性。主要分析步骤如下：

（1）分析当前的情况，做出反映当前物理模型的 DFD。

（2）推导出等价的逻辑模型的 DFD。

（3）设计新的逻辑系统，生成数据字典和基元描述。

（4）建立人机接口，提出可供选择的目标系统物理模型的 DFD。

（5）确定各种方案的成本和风险等级，据此对各种方案进行分析。

（6）选择一种方案。

（7）建立完整的需求规约。

结构化设计方法给出一组帮助设计人员在模块层次上区分设计质量的原理与技术。它通常与结构化分析方法衔接起来使用，以数据流图为基础得到软件的模块结构。结构化设计方法尤其适用于变换型结构和事务型结构的目标系统。在设计过程中，它从整个程序的结构出发，利用模块结构图表述程序模块之间的关系。

结构化设计阶段将分析阶段得到的目标系统物理模型的 DFD 表示的具体信息转化成程序结构的设计描述，过渡成软件结构。在这个过程中采用的建模技术有系统结构图（System Struct Diagram，SSD）。这个过程分两步完成，第一步是从分析得到的结果出发，构造一个设计方案，决定系统功能模块的结构；第二步进行详细设计，确定每个功能模块的内部控制结构和算法，最终产生每个功能模块的程序流程图。具体步骤如下：

（1）评审和细化数据流图。

(2)确定数据流图的类型。

(3)把数据流图映射到软件模块结构,设计出模块结构的上层。

(4)基于数据流图逐步分解高层模块。

(5)对模块结构进行优化,得到更为合理的软件结构。

(6)描述模块接口。

2.面向对象方法

面向对象方法是一种把面向对象的思想应用于软件开发过程中,指导开发活动的系统方法,简称 OO(Object - Oriented)方法,是建立在“对象”概念基础上的方法学。对象是由数据和容许的操作组成的封装体,与客观实体有直接对应关系,一个对象类定义了具有相似性质的一组对象。而继承性是对具有层次关系的类的属性和操作进行共享的一种方式。所谓面向对象就是基于对象概念,以对象为中心,以类和继承为构造机制,来认识、理解、刻画客观世界和设计、构建相应的软件系统。

用计算机解决问题需要用程序设计语言对问题求解并加以描述(即编程),实质上,软件是问题求解的一种表述形式。显然,假如软件能直接表现人求解问题的思维路径(即求解问题的方法),那么软件不仅容易被人误解,而且易于维护和修改,从而会保证软件的可靠性和可维护性,并能提高公共问题域中的软件模块和模块重用的可靠性。面向对象的机能和机制恰好可以使得人们按照通常的思维方式建立问题域的模型,设计出尽可能自然的表达求解方法的软件。

概括地说,面向对象方法具有以下 4 个特点:

(1)面向对象的软件系统是由对象组成的,软件中的任何元素都是对象,复杂的软件对象由比较简单的对象组合而成。

(2)把所有对象都划分成各种对象类(简称为类,class),每个对象类都定义了一组数据和一组方法。数据用于表示对象的静态属性,是对象的状态信息。

(3)按照子类(或称为派生类)与父类(或称为基类)的关系,把若干个对象类组成一个层次结构的系统(也称为类等级)。

(4)对象彼此之间仅能通过传递消息互相联系。

面向对象方法的出发点和基本原则,是尽可能模拟人类习惯的思维方式,使开发软件的方法与过程尽可能接近人类认识世界并解决问题的方法与过程,也就是使描述问题的问题空间(也称为问题域)与实现解法的解空间(也称为求解域)在结构上尽可能一致。面向对象方法把对象作为由数据及可以施加在这些数据上的操作所构成的统一体。对象与传统的数据有本质区别,它不是被动地等待外界对它施加操作,相反,它是进行处理的主体。必须发消息请求对象主动地执行它的某些操作,处理它的私有数据,而不能从外界直接对它的私有数据进行操作。

面向对象方法作为一种新型的独具优越性的新方法正引起全世界越来越广泛的关注和高度的重视,被誉为“研究高技术的好方法”,更是当前计算机界关心的重点。20 世纪 80 年代以来,在对 OO 方法如火如荼的研究热潮中,许多专家和学者预言:正像 20 世纪 70 年代结构化方法对计算机技术应用所产生的巨大影响和促进那样,90 年代 OO 方法会强烈地影响、推动和促进一系列高技术的发展和多学科的综合。

5.4 编译原理

5.4.1 编译程序的概念

从理论上说,构造专用计算机直接执行用某种高级语言编写的程序是可能的。但是,目前的机器能执行的是非常低级的语言,即机器语言,那么一个基本的问题是,高级语言最终是怎样在计算机上执行的呢?

在计算机上执行一个高级语言程序一般要分为两步:第一步,用一个编译程序把高级语言翻译成机器语言程序;第二步,运行所得的机器语言程序求得计算结果。

现代计算机系统一般都含有不止一个高级语言程序,对有些高级语言甚至配置了几个不同性能的编译程序,供用户根据不同需要进行选择。高级语言的编译程序是计算机系统软件的组成部分之一,也是用户最直接关心的工具之一。

从功能上看,一个编译程序就是一个语言编译程序,它能够把某一种语言程序(称为源语言程序)转换成另一种语言程序(称为目标语言程序),而后者与前者在逻辑上是等价的。例如,汇编程序是一个翻译程序,它把汇编语言程序翻译成机器语言程序。如果源语言是像FORTRON、Pascal、C、Ada、Smalltalk 或 Java 这样的"高级语言",而目标语言是诸如汇编语言或机器语言之类的"低级语言",这样的一个翻译程序就被称为编译程序。

高级语言程序除了像上面所说的先编译后执行外,有时也可以"解释"执行。一个源语言的解释程序是这样的程序,它以该语言写的源程序作为输入,但不产生目标程序,而是边解释边执行源程序本身。本书将不对解释程序作专门的讨论。实际上,许多编译程序的构造与实现技术同样适用于解释程序。

如果把编译程序看成一个"黑盒子",它所执行的转换工作可以用图 5 - 54 说明。根据不同的用途和侧重,编译程序可进一步分类。专门用于帮助程序开发和调试的编译程序称为诊断编译程序(diagnostic compiler),着重于提高目标代码效率的编译程序叫优化编译程序(optimizing compiler)。现在很多编译程序同时提供了调试、优化等多种功能,用户可以通过"开关"进行选择。运行编译程序的计算机被称为宿主机,运行编译程序所产生目标代码的计算机被称为目标机。如果一个编译程序产生不同于其宿主机的机器代码,则称它为交叉编译程序(cross compiler)。如果不需要重写编译程序中与机器无关的部分就能改变目标机,则称该编译程序为可变目标编译程序(retargetable compiler)。

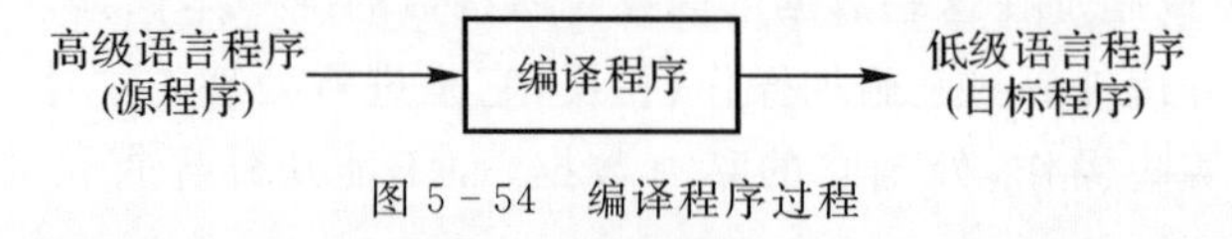

图 5 - 54　编译程序过程

世界上第一个编译程序——FORTRAN 编译程序是 20 世纪 50 年代中期研制成功的。当时,人们普遍认为设计和实现编译程序是一件十分困难、令人生畏的事情。经过 40 年的努力,编译理论与技术得到迅速发展,现在已形成了一套比较成熟的系统化的理论与方法,并且开发出了一些好的编译程序。

使用过计算机的人都知道,除了编译程序外,还需要一些其他的程序才能生成一个可以在计算机上执行的目标程序。分析一下一个程序设计语言的典型的处理过程，如图 5－55 所示，可以从中进一步了解编译程序的作用。

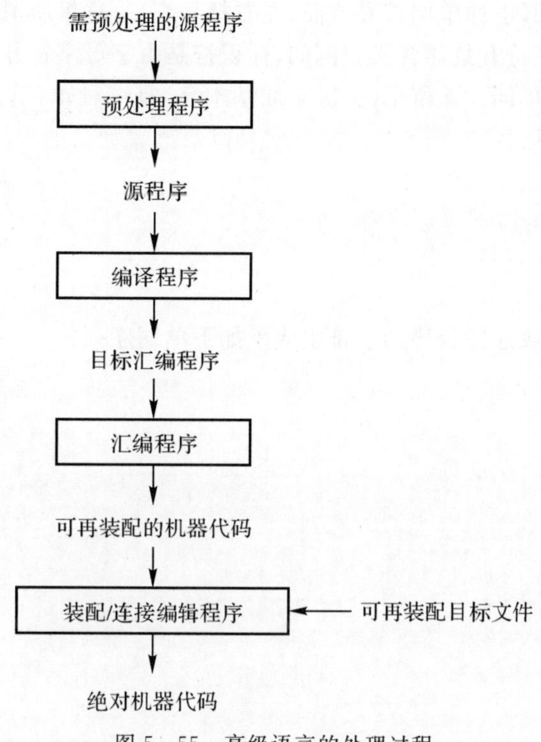

图 5－55　高级语言的处理过程

一个源程序有时可能被分成几个模块存放在不同的文件里，将这些源程序汇集在一起的任务，由一个叫作预处理程序的程序完成，有些预处理程序也负责宏展开，像 C 语言的预处理程序要完成文件合并、宏展开等任务。图 5－55 中的编译程序生成的目标程序是汇编代码的形式，需要经由汇编程序翻译成可再装配的机器代码，再经由装配/连接编辑程序与某些库程序连接成真正能在机器上运行的代码。也就是说，一个编译程序的输入可能是由一个或多个预处理程序产生的。另外，为得到能运行的机器代码，编译程序的输出仍可能需要进一步处理。

5.4.2　编译过程概述

编译程序的工作，从输入源程序开始到输出目标程序为止的过程是非常复杂的。但就其过程而言，它与人们进行自然语言的翻译有许多相近之处。当把一种文字翻译为另一种文字时，如把一段英文翻译为中文时，通常需要下列步骤：

(1)识别出句子中的一个单词。

(2)分析句子的语法结构。

(3)根据句子的含义进行初步翻译。

(4)对译文进行修饰。

(5)写出最后的译文。

类似地，编译程序的工作过程一般也可以划分为 5 个阶段：词法分析、语法分析、语义分析与中间代码产生、优化和目标代码生成。

(1)第一阶段,词法分析。词法分析的任务是输入源程序对构成的源程序进行扫描和分解,识别出一个个的单词(也称单同符号或简、左右括号等)。这里所谓的单词是指逻辑上机密相连的一组字符,这些字符有集体含义。例如,标识符是由字母字符开头,后跟字母、数字字符的字符序列组成的一种单词。保留字(关键字或基本字)是一种单词,此外还有算符、界符等。例如,某源程序片断如下:

```
begin
var position, initial, rate: real;
position :=initial+rate * 60
end
```

词法分析阶段将构成这段程序的字符组成了如下单词序列:

保留字 begin

保留字 var

标识符 position

逗号,

标识符 initial

逗号,

标识符 rate

冒号:

保留字 real

分号;

标识符 position

赋值号:=

标识符 initial

加号+

标识符 rate

乘号 *

整数 60

保留字 end

使用 idl、id2 和 id3 分别表示 position、initial 和 rate 这 3 个标识符的内部形式,经过词法分析后上述程序片断中的赋值语句 position:= initial+rate * 60 表示为 idl:=id2+id3 * 60

这些单词间的空格在词法分析阶段都被滤掉了,它们是组成上述程序片断的基本符号。单词符号是语言的基本组成部分,是人们理解和编写程序的基本要素,识别和理解这些要素无疑也是翻译的基础。在词法分析阶段的工作中所依循的是语言的词法规则,或称构词规则,描述词法规则的有效工具是正规式和有限自动机。

(2)第二阶段,语法分析。语法分析的任务是在词法分析的基础上,把单词符号串分解成各类语法单位(语法范畴),如“短语”“子句”“句子”(“语句”)“程序段”和“程序”等。通过语法分析,确定整个输入串是否构成语法上正确的“程序”。语法分析所依循的是语言的语法规则,即描述程序结构的规则。程序的结构通常是由递归规则表示的,语法规则通常用上下文无关文法描述。词法分析是一种线性分析，这种线性扫描不能用于识别递归定义的语法成分，而语法分析是一种层次结构分析。一般这种语法单位也称语法短语，可表示成语法树。例如，上述程序段中的单词序列 id1：＝id2＋id3＊60，经语法分析得知其是 Pascal 语言的赋值语句，可表示成如图 5-56（或图 5-57）所示的语法树。

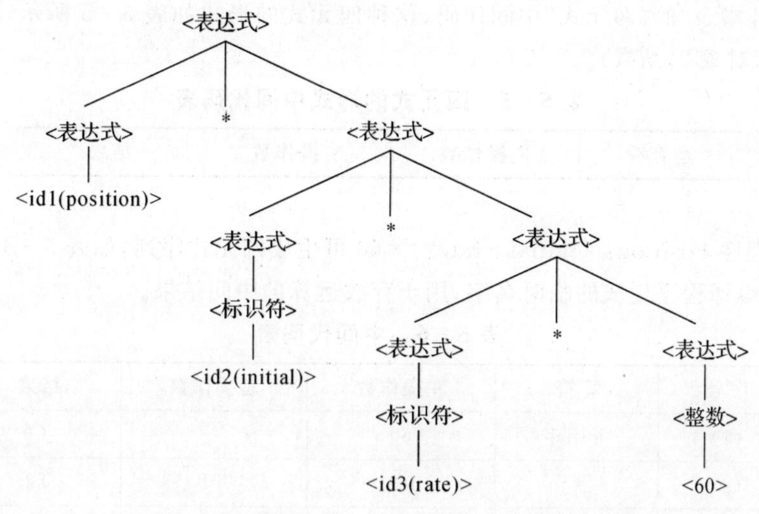

图 5-56　语句 id1：＝id2＋id3＊60 的语法树

（3）第三阶段，语义分析与中间代码产生。这一阶段的任务是对语法分析所识别出的各类语法范畴，分析其含义，并进行初步翻译（产生中间代码）。这一阶段通常包括如下两个方面的工作。

1）语义分析。语义分析是审查源程序中有无语义错误，为代码生成阶段收集类型信息。语义分析的一个工作是进行类型审查，审查每个算符是否具有语言规范允许的运算对象，当不符合语言规范时，编译程序应报告错误。如果有的编译程序会对实数用作数组下标的情况报告错误，成某些语言规定运算对象可以被强制，那么当二目运算施于一个整数和一个实数对象时，编译程序应将整型转换成实型而不能认为是源程序的错误。假如在语句 position＝initial＋rate＊60 中，＊的两个运算对象中，rate 是实型，60 是整型，则在语义分析阶段进行类型检查之后，在语法分析所得到的分析树上增加一个语义处理节点，表示整型变成实型的一目算符 inttoreal，则图 5－57 的树变成图 5-58 所示的形式。

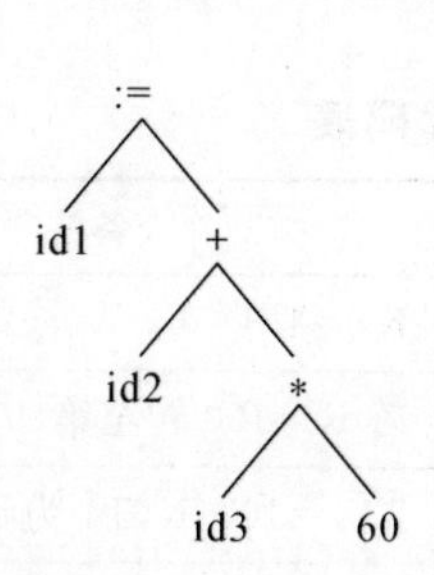

图 5-57　语句 id1：＝id2＋id3＊60 的语法树另一种形式

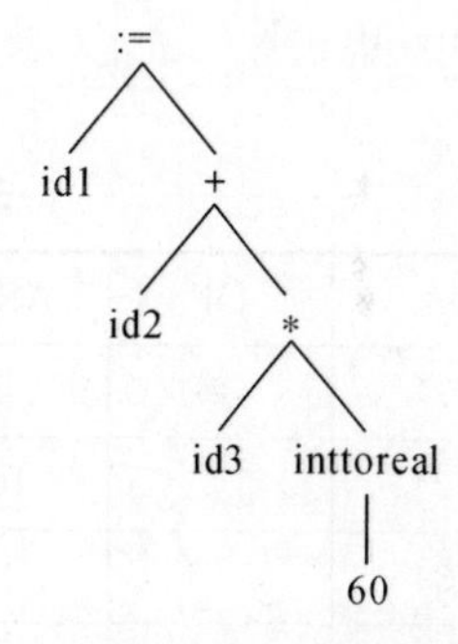

图 5-58　插入语义处理节点的树

2)中间代码生成。在进行了上述的语法分析和语义分析阶段的工作之后,有的编译程序会将源程序变成一种内部表示形式,这种内部表示形式叫做中间语言或中间代码。所谓“中间代码”,是一种结构简单、含义明确的记号系统,这种记号系统可以设计成为多种多样的形式,重要的设计原则有两点,一是容易生成,二是容易将它翻译成目标代码。很多编译程序采用了种近似“三地址指令”的“四元式”中间代码,这种四元式的形式如表 5-5 所示,为(运算符,运算对象 1,运算对象 2,结果)。

表 5-5 四元式的形式中间代码表

运算符	左操作数	右操作数	结果

例如,源程序 Position:=initial+rate? *60 可生成四元式序列,如表 5-6 所示,其中 Ti(i=1,2,3)是编译程序生成的临时名字,用于存放运算的中间结果。

表 5-6 中间代码表

序号	算符	左操作数	右操作数	结果
(1)	initial	60		T1
(2)	*	id3	T1	T2
(3)	+	id2	T2	T3
(4)	:=	T3		id1

一般而言,中间代码是一种独立于具体硬件的记号系统。常用的中间代码,除了四元式之外,还有三元式间接三元式、逆波兰记号和树形表示等。

(4)第四阶段,优化。优化的任务是对前段产生的中间代码进行加工变换,以期在最后阶段能产生出更为高效(省时间和空间)的目标代码。优化的主要方面有公共子表达式的提取循环优化并删除无用代码等。有时为了便于并行运算,还可以对代码进行并行化处理。优化所依循的原则是程序的等价变换规则。例如,可以把如下程序片断的中间代码分析见表 5-7。

```
For K:=I to 100 do
begin
M:=1+ 10 * K;
N:=J+ 10 * K
end
```

表 5-7 循环优化前的中间代码表

序号	OP	ARG1	ARG2	RESULT	备注
(1)	:=	1		K	K:=1
(2)	j<	100	K	(9)	若 K>100 转至第(9)个四元式
(3)	*	10	K	T1	T1:=10*K,T1 为临时变量
(4)	+	I	T1	M	M:=1+T1
(5)	*	10	K	T2	T2:=10*K,T2 为临时变量

续表

序号	OP	ARG1	ARG2	RESULT	备注
(6)	＋	J	T2	N	N：＝J＋T2
(7)	＋	K	1	K	K：＝K＋1
(8)	j				转至第(2)个四元式
(9)					

将表 5－7 换成如表 5－8 所示的等价代码，最终所得的目标程序的执行效率就肯定会提高很多。这是由于对于前者，在循环中需做 300 次加法和 200 次乘法；对于后者，在循环中只需做 300 次加法。尤其是在多数硬件中，乘法的时间比加法的时间要长得多。

表 5－8　循环优化后的中间代码表

序号	OP	ARG1	ARG2	RESULT	备注
1	：＝	I		M	M：＝I
2	：＝	J		N	N：＝J
3	：＝1	1		K	K：＝1
4	J＜	100	K	(9)	If(100＜K＝goto(9)
5	＋	M	10	M	M：＝M＋10
6	＋	N	10	N	N：＝N＋10
7	＋	K	1	K	K：＝K＋1
8	j			(4)	Goto(4)
9					

表 5－6 的代码可转换为表 5－9 的代码，仅剩 2 个四元式而执行同样的计算，因为编译程序的这个阶段已经把 60 转换成实数型的代码化简掉了，同时因为 T3 仅用来将其值传递给 idl，也可以被化简掉。这就是优化工作的几个方面。

表 5－9　转化后的中间代码表

序号	算符(OP)	左操作数(ARG1)	右操作数(ARG2)	结果(RESULT)
(1)	*	id3	10.0	T1
(2)	＋	id2	T1	id1

(5)第五阶段，目标代码生成。这一阶段的任务是把中间代码(或经优化处理之后的代码)变换成特定机器上的低级语言代码。这个阶段实现了最后的翻译，它的工作有赖于硬件系统结构和机器指令含义。这阶段工作非常复杂，涉及硬件系统功能部件的运用、机器指令的选择、各种数据类型变量的存储空间分配以及寄存器和后援寄存器的调度等。如何产生出能够充分发挥硬件效率的目标代码，是一件非常不容易的事情。

例如，使用两个寄存器 R1 和 R2，可将表 5-6 的中间代码生成表 5-10 的某种汇编代码。

表 5-10 汇编代码表

(1)	MOV	id3	R2
(2)	MUL	#60.0	R2
(3)	MOV	Id2	R1
(4)	ADD	R1	R2
(5)	MOV	R1	Id1

第 1 条指令将 id3 的内容送至寄存器 R2，第 2 条指令将其与实常数 60.0 相乘，这里用#表明 60.0 的处理为常数，第 3 条指令将 i2 移至寄存器 R1，第 4 条指令将 R1 和 R2 中的值相加，第 5 条指令将寄存器 R1 的值移到 id1 的地址中。这些代码实现了本节开头给的源程序片断的赋值。

目标代码的形式可以是绝对指令代码，也可以是可重定位的指令代码或汇编指令代码。如果目标代码是绝对指令代码，则这种目标代码可立即执行；如果目标代码是汇编指令代码，则需汇编器汇编之后才能运行。现代多数实用编译程序所产生的目标代码都是一种可重定位的指令代码。这种目标代码在运行前必须借助于一个连接装配程序把各个目标模块(包括系统提供的库模块)连接在一起，确定程序变量(或常数)在主存中的位置，然后装入内存中指定的起始地址，使之成为一个可以运行的绝对指令代码程序。

上述编译过程的 5 个阶段是一种典型的分法。事实上，并非所有编译程序都分成这 5 个阶段，有些编译程序对优化没有什么要求，优化阶段就可以省去。在某些情况下，为了加快编译速度，中间代码产生阶段也可以去掉。有些简单的编译程序是在语法分析的同时产生中间代码。但是，多数实用编译程序的工作过程大致都像上面所说的分为 5 个阶段。

5.5 本章小结

本章主要主要介绍程序设计的基础知识、程序设计的主要步骤和执行方式、数据结构、软件工程以及编译原理的基本概念等内容。通过本章的学习，读者能够理解问题求解过程的基本思维。

习 题

1. 简述结构化程序设计的主要原则。
2. 简述面向对象程序设计的主要原则。
3. 简述程序设计的过程。
4. 简述程序可以分为 3 种基本结构。
5. 简述 C 语言程序的开发过程。
6. 编程：输入 3 个数，求出这 3 个数的和以及平均值，并在屏幕上输出。
7. 编程：输入一个 3 位整数 $x(999\geqslant x\geqslant 100)$，将其分解出百位、十位、各位，并求出各位之和以及各位之积。

8. 试编程判断输入的正整数是否既是 5 又是 7 的整数倍，若是，输出 yes；否则，输出 no。

9. 请编程序，根据以下函数关系，对输入的每个 x 值，计算出相应的 y 值。

x	y
$x \leqslant 0$	0
$0 < x \leqslant 10$	x
$10 < x \leqslant 20$	10
$20 < x < 40$	$-0.5x+20$

10. 每个苹果 0.8 元，第一天买 2 个苹果，第二天开始买前一天的 2 倍，直至购买的苹果个数达到不超过 100 的最大值。编写程序求每天平均花多少钱。

11. 编写程序，根据以下公式求 e 的值。要求用两种方法计算：

$$e \approx 1+\frac{1}{1!}+\frac{1}{2!}++\frac{1}{3!}+\frac{1}{4!}+\frac{1}{5!}+\cdots+\frac{1}{n!}$$

(1) for 循环，计算前 50 项；

(2) while 循环，直至最后一项的值小于 10^{-4}。

12. 韩信点兵。

韩信有一队兵，他想知道有多少人，便让士兵排队报数：按从 1 至 5 报数，最末一个士兵报的数为 1；按从 1 至 6 报数，最末一个士兵报的数为 5；按从 1 至 7 报数，最末一个士兵报的数为 4；最后再按从 1 至 11 报数，最末一个士兵报的数为 10。编程求韩信至少有多少兵?。

13. 题目：判断 101～200 有多少个素数，并输出所有素数。

14. 简述下列术语：数据、数据元素、数据对象、数据结构、存储结构、数据类型和抽象数据类型。

15. 对以下单链表分别执行下列各程序段，并画出结果示意图。

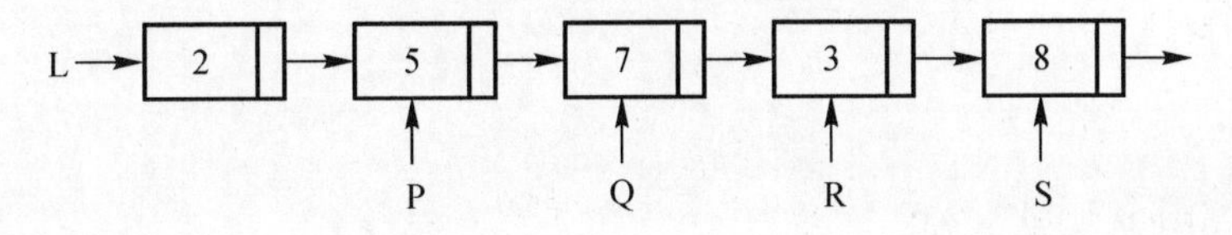


```
(1) Q=P->next;
(2) L=P->next;
(3) R->data=P->data;
(4) R->data=P->next->data;
(5) P->next->next->next->data=P->data;
(6) T=P;
while(T! =NULL)
{
        T->data=T->data * 2;
        T=T->next;
```

```
}
(7) T＝P；
while(T－＞next！＝NULL)
{
    T－＞data＝T－＞data＊2；
    T＝T－＞next；
}
```

16.已知L是无表头节点的单链表，且P节点既不是首元节点，也不是尾元节点，试从下列提供的答案中选择合适的语句序列。

a.在P节点后插入S节点的语句序列是＿＿＿＿＿＿。

b.在P节点前插入S节点的语句序列是＿＿＿＿＿＿。

c.在表首插入S节点的语句序列是＿＿＿＿＿＿。

d.在表尾插入S节点的语句序列是＿＿＿＿＿＿。

```
(1) P－＞next－S；
(2) P－＞next＝P－＞next－＞next；
(3) P－＞next＝S－＞next；
(4) S－＞next＝P－＞next；
(5) S－＞next＝L；
(6) S－＞next＝NULL；
(7) Q＝P；
(8) while(P－＞next！＝Q)
        P＝P－＞next；
(9) while(P－＞next！＝NULL)
        P＝P－＞next；
(10)P＝Q；
(11)P＝L；
(12)L＝S；
(13)L＝P；
```

17.简述栈和线性表的差别。

18.写出下列程序段的输出结果(栈的元素类型SElemType为char)。

```
void main()
{
    Stack S；
    char x, y；
    InitStack(S)；
    x='c'; y ='k'；
    Push(S, x)；   Push(S,'a')；Push(S, y)；   Pop(S, x)；
    Push(S,'t')；  Push(S, x)；   Pop(S, x)；     Push(S,'s')；
    while(！StackEmpty(S))
    {
```

```
            Pop(S,y);
            printf(y);
        }
        printf(x);
    }
```

19. 已知一棵树的集合为{<I, M>, <I, N>, <E, I>, <B, E>, <B, D>, <A, B>, <G, J>, <G, K>, <C, G>, <C, F>, <H, L>, <C, H>, <A, C>}, 请画出这棵树,并回答下列问题:

(1)哪个是根节点?

(2)哪些是叶子节点?

(3)哪个是节点 G 的双亲?

(4)哪些是节点 G 的祖先?

(5)哪些是节点 G 的孩子?

(6)哪些是节点 E 的子孙?

(7)哪些是节点 E 的兄弟?哪些是节点 F 的兄弟?

(8)节点 B 和 N 的层次号分别是什么?

(9)树的深度是多少?

(10)以节点 C 为根的子树的深度是多少?

20. 已知如图 5－59 所示的有向图,请给出该图的

(1)每个顶点的入/出度;

(2)邻接矩阵;

(3)邻接表。

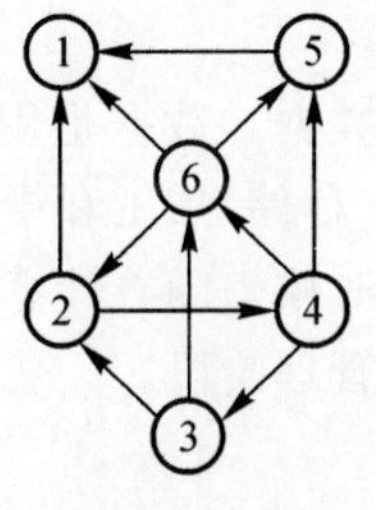

图 5－59

20. 什么是软件工程?

21. 简述软件生命周期。

22. 简述结构化方法。

23. 简述面向对象方法。

24. 解释下列术语:编译程序;源程序;目标程序。

25. 编译程序主要有哪些构成成分?它们各自的主要功能是什么?

第6章　数据库基础

从20世纪50年代中期开始，计算机的应用由科学研究部门组建扩展到企业、行政部门，数据处理已成为计算机的主要应用。在60年代末，数据库技术是作为数据处理中的一门新技术发展起来的。数据库技术从诞生到现在，形成了坚实的理论基础、成熟的商业产品及广泛的应用领域，吸引了越来越多的研究者加入，使得数据库技术成为一个研究者众多且被广泛关注的研究领域。

通过本章的学习，可以了解数据管理技术的发展、数据库系统三级模式/两级映像的体系结构；了解数据库的概念、数据库管理系统的功能与数据库系统的组成；掌握概念模型中几个常用概念，如实体、属性、联系和关键字等，以及实体间的三类联系；掌握常用的结构化查询语言SQL的特点和功能，了解常用的关系数据库系统。

6.1　数据库基本知识

6.1.1　数据库系统的发展

对现实世界的描述，最终都表现为数据。数据是用于载荷信息的物理符号。当用计算机处理这些数据时，需要对它们进行组织、存储、加工和维护，即进行数据管理。进行数据管理是非常必要的，特别是当数据量非常大的时候。随着计算机技术的发展，数据管理技术也经历了人工管理阶段、文件管理阶段和数据库管理阶段。

1.人工管理阶段

20世纪50年代中期以前，数据管理主要由人工完成。该阶段的计算机系统主要应用于科学计算，还没有专用的软件对数据进行管理。该阶段数据是面向程序的，即一组数据对应一个程序。在程序设计中，不仅需要规定数据的逻辑结构，还要定义数据的物理结构（包括存储结构、存取方法等）。当数据的物理组织或存储设备改变时，应用程序必须重新编制。因此，程序与数据间不具有独立性，应用程序间无法共享数据资源，存在大量的重复数据，难以维护应用程序之间的数据一致性。

人工管理阶段程序与数据间的关系如图6-1所示。

这一阶段数据管理的特点如下。

（1）数据面向具体应用，不共享。一组数据只能对应一组应用程序，如果数据的类型、格式或者数据的存取方法、输入/输出方式等改变了，程序必须做相应的修改。这使得数据不能共享，即使两个应用程序涉及某些相同的数据，也必须各自定义，无法互相利用。因此，程序与程序之间存在大量的冗余。

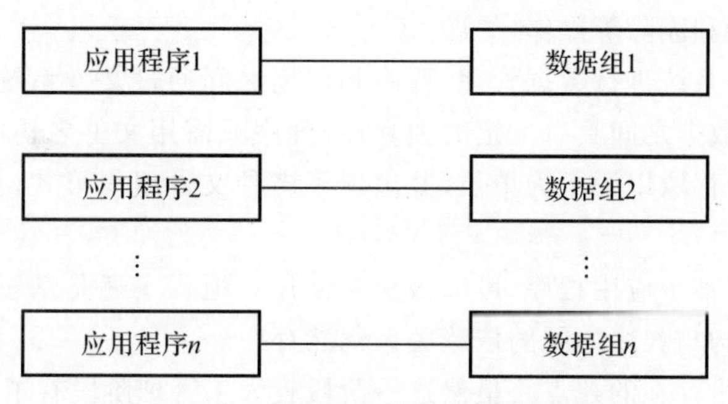

图6-1　人工管理阶段程序与数据关系结构

(2)数据不单独保存。由于应用程序与数据之间结合得非常紧密,每处理一批数据,都要特地为这批数据编制相应的应用程序。数据只为本程序所使用,无法被其他应用程序利用。因此,程序的数据均不能单独保存。

(3)没有软件系统对数据进行管理。数据管理任务,包括数据存储结构、存取方法、输入/输出方式等,完全由程序开发人员全面负责,没有专门的软件进行管理。一旦数据发生改变,就必须修改程序,这就给应用程序开发人员增加了很大的负担。

(4)没有文件的概念。这个阶段只有程序的概念,没有文件的概念。数据的组织方式必须由程序员自行设计。

2. 文件管理阶段

20世纪50年代后期到60年代中期,计算机的软硬件水平都有了很大的提高,出现了磁盘、磁鼓等直接存取设备,并且操作系统也得到发展,产生了依附于操作系统的专门数据管理系统——文件系统,计算机系统由文件系统统一管理数据存取。该阶段程序和数据是分离的,数据可长期保存在外设上,以多种文件形式(如顺序文件、索引文件、随机文件等)组织。数据的逻辑结构(指呈现在用户面前的数据结构)与数据的存储结构(指数据在物理设备上的结构)之间可以有一定的独立性。在该阶段,实现了以文件为单位的数据共享,但未能实现以记录或数据项为单位的数据共享,数据的逻辑组织还是面向应用的,因此在应用之间还存在大量的冗余数据。

文件管理阶段程序与数据间的关系如图6-2所示。

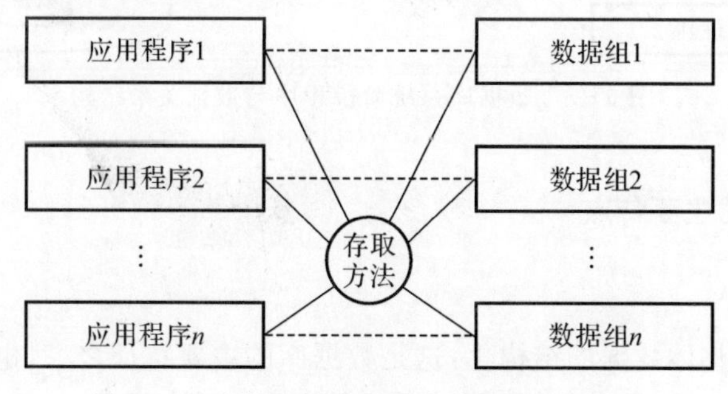

图6-2　文件系统阶段程序与数据关系结构

(1)文件系统阶段数据管理的特点。

1)程序与数据分开存储,数据以"文件"形式可长期保存在外部存储器上,并可对文件进行多次查询、修改、插入和删除等操作。

2)有专门的文件系统进行数据管理,程序和数据之间通过文件系统提供存取方法并进行转换。因此,程序和数据之间具有一定的独立性,程序只需用文件名访问数据,不必关心数据的物理位置。数据的存取以记录为单位,并出现了多种文件组织形式,如索引文件、随机文件和直接存取文件等。

3)数据不只对应某个应用程序,可以被重复使用。但程序还是基于特定的物理结构和存取方法,因此数据结构与程序之间的依赖关系仍然存在。

(2)文件管理阶段存在的缺点。虽然这一阶段较人工管理阶段有了很大的改进,但仍显露出很多缺点。

1)数据冗余度大。文件系统中数据文件结构的设计仍然对应于某个应用程序,也就是说,数据还是面向应用的。当不同的应用程序所需要的数据有部分相同时,也必须建立各自的文件,而不能共享部分相同的数据。因此,出现大量重复数据,浪费存储空间。

2)数据独立性差。文件系统中数据文件是为某一特定要求设计的,数据与程序相互依赖。如果改变数据的逻辑结构或文件的组织方式,必须修改相应的应用程序;而应用程序的改变,如应用程序的编程语言改变了,也将影响数据文件结构的改变。

因此,文件系统是一个不具有弹性的、无结构的数据集合,即文件之间是独立的,不能反映现实世界事物之间的内在联系。

3. 数据库管理阶段

20 世纪 60 年代后期,进入数据库管理阶段。该阶段的计算机系统广泛应用于企业管理,需要有更高的数据共享能力,程序和数据必须具有更高的独立性,从而减少应用程序研制和维护的费用。数据库系统将一个单位或一个部门所需的数据综合地组织在一起,构成数据库,由数据库管理系统软件实现对数据库的集中统一管理。

数据库管理阶段程序与数据间的关系如图 6-3 所示。

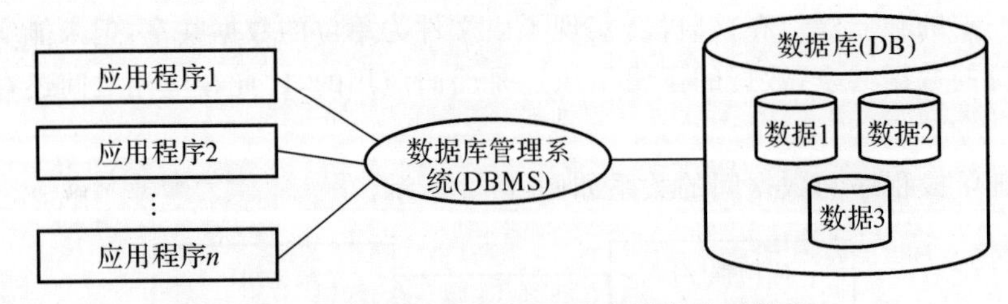

图 6-3　数据库系统阶段程序与数据关系结构

6.1.2　数据库的主要特点

1. 数据结构化

数据库系统实现整体数据的结构化,这是数据库的主要特征之一,也是数据库系统与文件系统的本质区别。

在文件系统中,文件中的记录内部具有结构,但是记录的结构和记录之间的联系被固化在程序中,需要由程序员进行维护。这种工作模式既加重了程序员的负担,又不利于结构的变动。

所谓“整体”结构化是指数据库中的数据不再仅针对某一个应用，而是面向整个组织或企业；不仅数据内部是结构化的，而且整体是结构化的，数据之间是具有联系的。也就是说，不仅要考虑某个应用的数据结构，还要考虑整个组织的数据结构。例如，一个学校的信息系统中不仅要考虑教务处的课程管理、学生选课管理、成绩管理，还要考虑学生处的学生学籍管理，同时还要考虑研究生院的研究生管理、人事处的教员人事管理、科研处的科研管理等。因此，学校信息系统中的学生数据就要面向各个处室的应用，而不仅是教务处的一个学生选课应用。

在数据库系统中，记录的结构和记录之间的联系由数据库管理系统维护，从而减轻了程序员的工作量，提高了工作效率。

在数据库系统中，不仅数据是整体结构化的，而且存取数据的方式也很灵活，可以存取数据库中的某一个或某一组数据项、一个记录或一组记录；而在文件系统中，数据的存取单位是记录，粒度不能细到数据项。

2.数据的共享性高，冗余度低，易扩充

数据库系统从整体角度看待和描述数据，数据不再面向某个应用而是面向整个系统，因此数据可以被多个用户、多个应用共享使用。数据共享可以大大减少数据冗余，节约存储空间。数据共享还能够避免数据之间的不相容性与不一致性。

所谓数据的不一致性是指同一数据不同副本的值不一样。采用人工管理或文件管理时，由于数据被重复存储，当不同的应用使用和修改不同的副本时就很容易造成数据的不一致。在数据库中，数据共享减少了由于数据冗余造成的不一致现象。

由于数据面向整个系统，是有结构的数据，不仅可以被多个应用共享使用，而且容易增加新的应用，这就使得数据库系统弹性大，易于扩充，可以适应各种用户的要求。可以选取整体数据的各种子集用于不同的应用系统，当应用需求改变或增加时，只要重新选取不同的子集或加上一部分数据，便可以满足新的需求。

3.数据的独立性高(高度的物理独立性和一定的逻辑独立性)

数据独立性是借助数据库管理数据的一个显著优点，它已成为数据库领域中一个常用术语和重要概念，包括数据的物理独立性和逻辑独立性。

物理独立性是指用户的应用程序与数据库中数据的物理存储是相互独立的。也就是说，数据在数据库中怎样存储是由数据库管理系统管理的，用户程序不需要了解，应用程序要处理的只是数据的逻辑结构，这样当数据的物理存储改变时应用程序不用改变。

逻辑独立性是指用户的应用程序与数据库的逻辑结构是相互独立的。也就是说，当数据的逻辑结构改变时，用户程序也可以不变。

数据独立性是由数据库管理系统提供的二级映像功能来保证的，将在后面的内容中进行讨论。

数据与程序的独立把数据的定义从程序中分离出去，加上存取数据的方法又由数据库管理系统负责提供，从而简化了应用程序的编制，大大减少了应用程序的维护和修改。

4.数据由DBMS统一管理和控制

数据库的共享将会带来数据库的安全隐患，而数据库的共享是并发的共享，即多个用户可以同时存取数据库中的数据，甚至可以同时存取数据库中同一个数据，这又会带来不同用户间相互干扰的隐患。另外,数据库中数据的正确与一致也必须得到保障。为此,数据库管理系统还必须提供以下几方面的数据控制功能。

(1)数据的安全性保护。数据的安全性是指保护数据以防止不合法使用造成的数据泄密和破坏。每个用户只能按规定对某些数据以某些方式进行使用和处理。

(2)数据的完整性检查。数据的完整性指数据的正确性、有效性和相容性。完整性检查将数据控制在有效的范围内,并保证数据之间满足一定的关系。

(3)并发控制。当多个用户的并发进程同时存取、修改数据库时,可能会发生相互干扰而得到错误的结果或使得数据库的完整性遭到破坏,因此必须对多用户的并发操作进行控制和协调。

(4)数据库恢复。计算机系统的硬件故障、软件故障、操作员的失误以及故意破坏也会影响数据库中数据的正确性,甚至造成数据库部分或全部数据的丢失。数据库管理系统必须具有将数据库从错误状态恢复到某一已知的正确状态(亦称为完整状态或一致状态)的功能,这就是数据库的恢复功能。

综上所述,数据库是长期存储在计算机内有组织、大量、共享的数据集合。它可以供各种用户共享,具有最小冗余度和较高的数据独立性。数据库管理系统在数据库建立、运用和维护时对数据库进行统一控制,以保证数据的完整性和安全性,并在多用户同时使用时进行并发控制,在发生故障后对数据库进行恢复。

数据库系统的出现使信息系统从以加工数据的程序为中心,转向围绕共享的数据库为中心的新阶段。这样既便于数据的集中管理,又能简化应用程序的研制和维护,既提高了数据的利用率和相容性,又提高了决策的可靠性。

目前,数据库已经成为现代信息系统的重要组成部分。具有数百 GB、数百 TB,甚至数百 PB 字节的数据库已经普遍存在于科学技术、工业、农业、商业、服务业和政府部门的信息系统中。

6.1.3 数据库系统的结构

1. 数据库系统的三级模式结构

构建数据库系统的模式结构是为了保证数据的独立性,以达到数据统一管理和共享的目的。数据的独立性包括物理独立性和逻辑独立性。物理独立性是指用户的应用程序与存储在磁盘上的数据库中数据的相互独立性。也就是说,在磁盘上数据库中数据的存储是由 DBMS 管理的,用户程序一般不需要了解。应用程序要处理的只是数据的逻辑结构,也就是数据库中的数据,这样在计算机存储设备上的物理存储改变时,应用程序可以不必改变,而由 DBMS 处理这种改变,这就称为“物理独立性”。有的 DBMS 还提供一些功能,使得即使某些程序上数据库的逻辑结构改变了,用户程序也可以不改变,这称为“逻辑独立性”。

数据库体系结构是数据库的一个总体框架,是数据库内部的系统结构。1978 年,美国国家标准协会(American National Standard Institute,ANSI)的数据库管理研究小组提出标准化建议,从数据库管理系统角度,将数据库结构分成三级模式和两级映像。

数据库系统的三级模式结构是指数据库系统是由外模式、模式和内模式三级构成,它们之间的关系如图 6-4 所示。

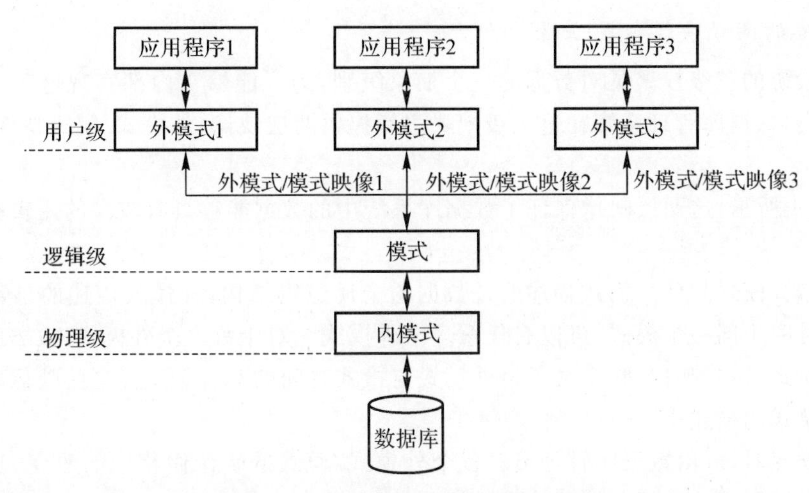

图 6-4　数据库系统的三级模式结构

(1)外模式。外模式也称子模式或用户模式，属于视图层抽象，它是数据库用户(包括应用程序员和最终用户)能够看见和使用的局部数据的逻辑结构和特征的描述，是数据库用户的数据视图，也是与某一应用有关的数据的逻辑表示。

外模式通常是模式的子集。一个数据库可以有多个外模式。由于它是各个用户的数据视图，如果用户在应用需求、提取数据的方式、对数据保密的要求等方面存在差异，则其外模式描述是有所不同的。即使对模式中同一数据，在外模式中的结构、类型、长度、保密级别等都可以不同。可见，不同数据库用户的外模式可以不同。

每个用户只能看见和访问所对应的外模式中的数据，数据库中的其余数据是不可见的，对于用户来说，外模式就是数据库。这样既能实现数据共享，又能保证数据库的安全性。DBMS 提供模式语言(data description language)严格定义外模式。

(2)模式。模式也称逻辑模式或概念模式，是数据库中全体数据的逻辑结构和特征的描述，是所有用户的公共数据视图，是数据库管理员看到的数据库，属于逻辑层抽象。它介于外模式与内模式之间，既不涉及数据的物理存储细节和硬件环境，也与具体的应用程序、与所使用的应用程序无关。

模式实际上是数据库数据在逻辑级上的视图。一个数据库只有一个模式。数据库模式以某一种数据模型为基础，统一考虑所有用户的需求，并将这些需求有机地结合成一个逻辑整体。定义模式时不仅要定义数据的逻辑结构，如数据记录由哪些数据项构成，数据项的名字、类型、取值范围等，而且要定义数据之间的联系，定义与数据有关的安全性、完整性要求。模式可以减小系统的数据冗余，实现数据共享。DBSM 提供模式描述语言(data description language)严格地定义模式。

(3)内模式。内模式也称存储模式，是数据在数据库中的内部表示，属于物理层抽象。内模式是数据物理结构和存储方式的描述，一个数据库只有一个内模式，它是 DBMS 管理的最低层。DBSM 提供内模式描述语言(internal schema data description language)来严格地定义内模式。

总之，模式描述数据的全局逻辑结构，外模式涉及的是数据的局部逻辑结构，即用户可以直接接触到的数据的逻辑结构，而内模式更多地是由数据库系统内部实现的。

2. 数据库的两级映像与独立性

数据库系统的三级模式是对数据的三个抽象级别，为了能够在内部实现这三个抽象层次的联系和转换，数据库管理系统在这三级模式之间提供两层映像：外模式/模式映像和模式/内模式映像

如图 6－4 所示，这两层映像保证了数据库系统中的数据能够具有较高的逻辑独立性和物理独立性。

(1)外模式/模式映像。模式描述的是数据的全局逻辑结构，外模式描述的是数据的局部逻辑结构。对应于同一个模式，可以有任意多个外模式。对于每一个外模式，数据库系统都提供了一个外模式/模式映像，它定义了该外模式与模式之间的对应关系。这些映像定义通常包含在各自外模式的描述中。

当模式改变时，可由数据库管理员对各个外模式/模式的映像做相应的改变，从而保持外模式不变。应用程序是依据数据的外模式编写的，因此应用程序就不必修改了，保证了数据与程序的逻辑独立性，简称数据的逻辑独立性。

(2)模式/内模式映像。因为数据库中只有一个模式，也只有一个内模式，所以模式/内模式映像是唯一的，它定义了数据全局逻辑结构与存储结构之间的对应关系。当数据库的存储结构改变了(如选用了另一种存储结构)，为了保持模式不变，也就是应用程序保持不变，可由数据库管理员对模式/内模式映像做相应改变就可以了。这样，就保证了数据与程序的物理独立性，简称数据的物理独立性。

在数据库的三级模式结构中，数据库模式即全局逻辑结构是数据库的中心与关键，它独立于数据库的其他层次。因此，设计数据库模式结构时应首先确定数据库的逻辑模式。

数据库的内模式依赖于它的全局逻辑结构，但独立于数据库的用户视图即外模式，也独立于具体的存储设备。它是将全局逻辑结构中所定义的数据结构及其联系按照一定的物理存储策略进行组织，以达到较好的时间与空间效率。

数据库的外模式面向具体的应用程序，它定义在逻辑模式之上，但独立于存储模式和存储设备。当用户需求发生较大变化，相应外模式不能满足其视图要求时，该外模式就要做相应的改动，因此设计外模式时应充分考虑到应用的扩充性。

特定的应用程序是在外模式描述的数据结构上编制的，它依赖于特定的外模式，与数据库的模式和存储结构独立。不同的应用程序有时可以共用同一个外模式。数据库的两级映像保证了数据库外模式的稳定性，从而从底层保证了应用程序的稳定性，除非应用需求本身发生变化，否则应用程序一般不需要修改。

数据库的三级模式和两级映像保证了数据与程序之间的独立性，使得数据的定义和描述可以从应用程序中分离出去。另外，数据的存取由 DBMS 管理，用户不必考虑存取路径等细节，从而简化了应用程序的编制，大大减少了应用程序的维护和修改。

6.1.4 数据库、数据库管理系统和数据库系统

1. 数据库

数据库(DataBase，DB)是存储在计算机存储设备上结构化的相关数据集合。它不仅包括描述事物的数据本身，还包括相关事物之间的联系。

人们收集并抽取出一个应用所需要的大量数据之后,应将其保存起来以供进一步加工处理,进一步抽取有用信息。在科学技术飞速发展的今天,人们的视野越来越广,数据量急剧增加。过去人们把数据存放在文件柜里,现在人们借助计算机和数据库技术科学地保存和管理大量的复杂的数据,以便能方便而充分地利用这些宝贵的信息资源。例如,一个单位可以将全部员工的情况存入数据库进行管理,一个图书馆可以将馆藏图书和图书借阅情况保存在数据库中,以便于对图书信息的管理。

因此,数据库是长期储存在计算机内、有组织的、可共享的数据集合。数据库中的数据按一定的数据模型组织、描述和储存,具有较小的冗余度、较高的数据独立性和易扩展性,并可以为各种用户所共享。

2.数据库管理系统

数据库管理系统(DBMS)是处理数据访问的软件系统,也就是位于用户与操作系统之间的一层对数据库进行管理的软件。用户必须通过数据库管理系统统一管理和控制数据库中的数据。一般来说,数据库管理系统的功能主要包括下述内容。

(1)数据定义。DBMS提供数据定义语言(Data Definition Language,DDL),定义数据库的三级结构,包括外模式、模式和内模式及相互之间的映像;定义数据的完整性、安全控制等约束。各级模式通过动态链接库(Dynamic Link Library,DLL)编译成相应的目标模式,并被保存在数据字典中,以便在进行数据操纵和控制时使用。这些定义存于数据字典中,是DBMS存储和管理数据的依据。DBMS根据这些定义,从物理记录导出全局逻辑记录,又从全局逻辑记录导出用户所检索的记录。

(2)数据操纵。DBMS还提供数据操纵语言(Data Manipulation Language,DML),用户可以使用DML操纵数据实现对数据库的基本操作,如存取、检索、插入、删除和修改等。DML有两类:一类DML可以独立交互使用,不依赖于任何程序设计语言,称为自主型或自含型语言;另一类DML必须嵌入到宿主语言中使用,称为宿主型DML。在使用高级语言编写的应用程序中,需要使用宿主型DML访问数据库中的数据。因此,DBMS必须包含编译或解释程序。

(3)数据库的运行管理。所有数据库的操作都要在数据库管理系统的统一管理和控制下进行,以保证事务的正确运行和数据的安全性、完整性。这也是DBMS运行时的核心部分,它包括以下内容。

1)数据的并发(concurrency)控制。当多个用户的并发进程同时存取、修改或访问数据库时,可能会发生相互干扰而得到错误的结果或使得数据库的完整性遭到破坏,因此必须对多用户的并发操作加以控制和协调。

2)数据的安全性(security)保护。数据的安全性保护是指保护数据以防止不合法的使用造成数据的泄密和破坏。因此,每个用户只能按规定,对某些数据以某些方式进行使用和处理。

3)数据的完整性(integrity)控制。数据的完整性控制是指设计一定的完整性规则以确保数据库中数据的正确性、有效性和相容性。例如,当输入或修改数据时,不符合数据库定义规定的数据系统不予接受。

4)数据库的恢复(recovery)。计算机系统的硬件故障、软件故障、操作员的失误以及故意的破坏,也会影响数据库中数据的正确性,甚至造成数据库部分或全部数据的丢失。DBMS

必须具有将数据库从错误状态恢复到某一已知的正确状态(也称为完整状态或一致状态)的功能，这就是数据库的恢复功能。

总而言之，数据库是个通用的综合性的数据集合，它可以供各种用户共享，并且具有最小的冗余度和较高的数据与程序的独立性。

(4)数据字典。数据字典(Data Dictionary,DD)中存放着对实际数据库各级模式所做的定义，也就是对数据库结构的描述。这些数据是数据库系统中有关数据的数据，称为元数据(metadata)。因此，数据字典本身也可以看成是一个数据库，只不过它是系统数据库。

数据字典是数据库管理系统存取和管理数据的基本依据，主要由系统管理和使用。数据字典描述了对数据库数据的集中管理手段，并且还可以通过查阅数据字典了解数据库的使用和操作。数据字典经历了人工字典、计算机文件、专用数据字典系统和数据库管理系统与数据字典一体化 4 个发展阶段。专用的数据字典在系统设计、实现、运行和扩充各个阶段是管理和控制数据库的有力信息工具。

综上所述，数据库管理系统是在建立、运行和维护时对数据库进行统一控制，以确保多种程序并发地使用数据库，并可以及时、有效地处理数据。

3. 数据库系统

数据库系统是指引进了数据库技术后的计算机系统，它能够有组织地、动态地存储大量数据，提供数据处理和数据共享机制，一般由硬件系统、软件系统、数据库和人员组成。数据库系统的组成结构如图 6-5 所示。

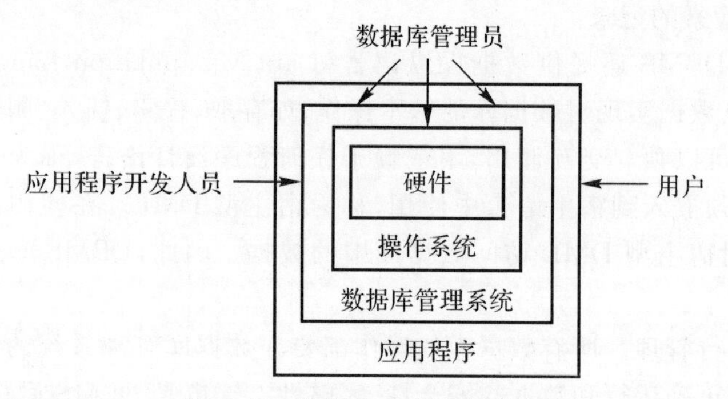

图 6-5　数据库系统组成结构

(1)硬件系统。由于数据库系统数据量都很大，加之 DBMS 丰富的功能使得自身的规模也很大，因此整个数据库系统对硬件资源提出了以下较高的要求。

1)有足够大的内存，存放操作系统、DBMS 的核心模块、数据缓冲区和应用程序。

2)有足够大的磁盘等直接存取设备存放数据库；有足够数量的存储介质(内部存储设备和外部存储设备)，作数据备份。

3)有较高的通信能力，以提高数据传送率。

(2)软件系统。数据库系统的软件主要包括数据库管理系统(DBMS)和支持 DBMS 运行的操作系统(operating system)。数据库管理系统是整个数据库系统的核心，是位于用户与操作系统之间的一层数据管理软件，主要用于数据库的建立、使用和维护，提供对数据库中数据资源进行统一管理和控制，同时将数据库应用程序和数据库中的数据联系起来。另外，数据库系统的软件还包括具有与数据库接口的高级语言和应用程序开发工具。

一般来说,一种数据库只支持一种或两种操作系统。然而,近几年来,跨平台作业越来越受到人们的重视,许多大型数据库都同时支持几种操作系统,如 Orcale 数据库等。

应用程序开发工具主要是用来开发与数据库相关的应用程序,现在流行的数据库应用程序开发工具有很多种,如本书所介绍的 Access 2003 就是一种优秀的工具,它的功能齐全,并且处理数据的速度较高。

(3)人员。这里的人员主要是指开发、设计、管理和使用数据库的人员,包括数据库管理员、应用程序开发人员和最终用户。

1)数据库管理员(DataBase Administrator,DBA)。为保证数据库系统的正常运行,需要有专门人员负责全面管理和控制数据库系统,承担此任务的人员就称为 DBA。数据库管理员具体职责包括:

a. 规划数据库的结构及存取策略。DBA 要了解、分析用户的应用需求,创建数据模式,并根据此数据模式决定数据库的内容和结构。同时要和数据库设计人员共同决定数据的存储结构和存取策略,以求获得较高的存取效率和存储空间利用率。此外,DBA 还要负责确定各个用户对数据库的存取权限、数据的保密级别和完整性约束条件。

b. 监督和控制数据库的使用。DBA 的一个重要职责就是监视数据库系统的运行情况,及时处理运行过程中出现的问题。例如,系统发生各种故障时,数据库会因此遭到不同程度的破坏,DBA 必须在最短时间内将数据库恢复到正确状态,并尽可能不影响或少影响系统其他部分的正常运行。

c. 负责数据库的日常维护。DBA 还负责在系统运行期间的日常维护工作,对运行情况进行记录、统计和分析、并可以根据实际情况对数据库进行改进和重组重构。

数据库管理员的工作十分复杂,尤其是大型数据库的 DBA,一般是由几个人组成的小组协同工作。数据库管理员的职责十分重要,直接关系到数据库系统的顺利运行。因此,DBA 必须由专业知识和经验较丰富的专业人员担任。

2)应用程序开发人员是设计数据库管理系统的人员。他们主要负责根据系统的需求分析,使用某种高级语言编写应用程序。应用程序可以对数据库进行访问、修改和存取等操作,并能够将数据库返回的结果按一定的形式显示给用户。

3)最终用户是从计算机终端与系统交互的用户。最终用户可以通过已经开发好的具有友好界面的应用程序访问数据库,还可以使用数据库系统提供的接口进行联机访问数据库。

6.2 数据模型

模型是对现实世界的抽象。在数据库技术中,用模型的概念描述数据库的结构与语义。数据模型是表示实体类型及实体间联系的模型。

数据模型的种类很多,目前被广泛使用的可分为两种类型:一种是在概念设计阶段使用的数据模型,称为概念数据模型;另一种是在逻辑设计阶段使用的数据模型,称为逻辑数据模型。

概念数据模型是独立于计算机系统的数据模型,完全不涉及信息在计算机中的表示,只是用来描述某个特定组织所关心的信息结构。概念数据模型是按用户的观点对数据建模,强调其语义表达能力。概念数据模型应该简单、清晰、易于用户理解,是对现实世界的第一层抽象,是用户和数据库设计人员之间进行交流的工具。这一类数据模型中最著名的是"实体联系模型”。

逻辑数据模型是直接面向数据库的逻辑结构，是对现实世界的第二层抽象。这类数据模型直接与 DBMS 有关，一般也称为“结构数据模型”，如层次、网状、关系、面向对象等数据模型。这类数据模型有严格的形式化定义，以便于在计算机系统中实现。它通常有一组严格定义的无二义性语法和语义的数据库语言，人们可以用这种语言来定义、操纵数据库中的数据。

6.2.1 实体联系模型

实体联系模型(entity relationship model，ER 模型)是直接从现实世界中抽象出实体及实体间联系，然后用实体联系图(ER 图)表示数据模型。

(1)数据联系。现实世界中，事物是相互联系的，即实体间可能是有联系的。这种联系必然要在数据库中有所反映。联系(relationship)是实体之间的相互关系。与一个联系相关的实体集的个数，称为联系的元数，即联系有一元联系、二元联系和三元联系等。

1)二元联系。

二元联系有以下三种类型：

a. 一对一联系：如果对于联系的两个实体集 E1 和 E2，E1 中每个实体至多和 E2 中的一个实体有联系，反之亦然，则 E1 和 E2 的联系称为“一对一联系”，记为“1∶1”。

b. 一对多联系：如果对于联系的两个实体集 E1 和 E2，E1 中每个实体可以和 E2 中任意个(零个和多个)实体有联系，而 E2 中每个实体至多和 E1 中一个实体有联系，则 E1 和 E2 的联系称为“一对多联系”，记为“1∶*N*”。

c. 多对多联系：如果对于联系的两个实体集 E1 和 E2，E1 中每个实体可以和 E2 中任意个(零个和多个)实体有联系，反之亦然，则 E1 和 E2 的联系称为“多对多联系”，记为“*M*∶*N*”。

【例 6.1】 学校里的班主任和班级之间(约定一个教师只能担任一个班级的班主任)，由于一个班主任至多带一个班级，而一个班级至多有一个班主任，所以班主任和班级之间是一对一联系。学校里的班主任和学生之间，由于一个班主任可以带多个学生，而一个学生至多有一个班主任，所以班主任和学生之间是一对多联系。学校里的教师和学生之间，由于一个教师可以带多个学生，而一个学生可以有多个教师，所以教师和学生之间是多对多联系。

2)其他联系。其他联系与二元联系一样，也有一对一联系、一对多联系和多对多联系三种类型。

(2)ER 图。ER 图是直接表示概念模型的有力工具，在 ER 图中有以下 4 个基本成分。

1)矩形框：表示实体，并将实体名记入框中。

2)菱形框：表示联系，并将联系名记入框中。

3)椭圆形框：表示实体或联系的属性，并将属性名记入框中。对于实体标识符则在下面画划一条横线。

4)连线：实体与属性之间，联系与属性之间用直线连接；实体与联系型之间也以直线相连，并在直线端部标注联系的类型(1∶1、1∶*N* 或 *M*∶*N*)。

【例 6.2】 为“学生选课系统”设计一个 ER 模型。

1)首先确定实体。本题有两个实体类型：学生 s，课程 c。

2)确定联系。实体 s 与实体 c 之间有联系，且为 *M*∶*N* 联系，命名为 sc。

3)确定实体和联系的属性。实体 s 的属性有学号 sno、班级 class、姓名 sname、性别 sex、出生日期 birthday、地址 address、电话 telephone、电子信箱 email，其中实体标识符为 sno。实体 c 的属性有课程编号 cno、课程名称 cname、学分 credit，其中实体标识符为 cno。联系 sc 的属性是某学生选修某课程的成绩 score。

4)按规则画出"学生选课系统"ER 图，如图 6-6 所示。

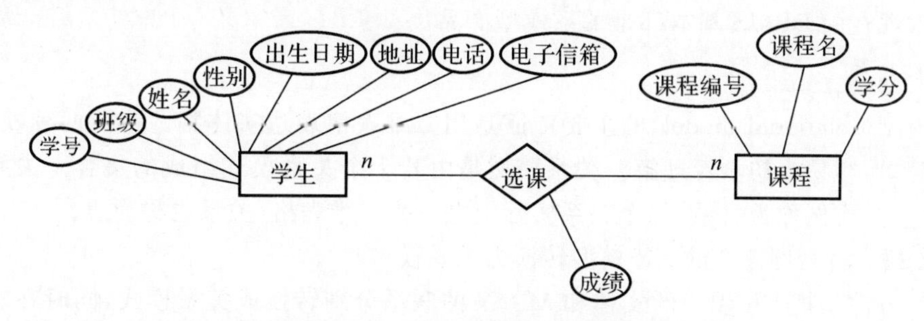

图 6-6　"学生选课系统"ER 图

ER 模型有两个明显的优点：一是简单，容易理解，能够真实地反映用户的需求；二是与计算机无关，用户容易接受。因此，ER 模型已成为软件工程的一个重要设计方法。但是 ER 模型只能说明实体间语义的联系，还不能进一步说明详细的数据结构。在数据库设计时，遇到实际问题总是先设计一个 ER 模型，再把 ER 模型转换成计算机能实现的结构数据模型，如关系模型。

6.2.2　结构数据模型

1. *层次模型*

用树型（层次）结构表示实体及实体间联系的数据模型称为层次模型（hierarchical model）。树的节点是记录类型，每个非根结点有且仅有一个父节点。上一层记录类型和下一层记录类型之间的联系是 $1:N$ 联系。

层次模型的特点是记录之间的联系通过指针实现，查询效率较高。与文件系统的数据管理方式相比，层次模型是一个飞跃，用户和设计者面对的是逻辑数据而不是物理数据，用户不必花费大量的精力考虑数据的物理细节。逻辑数据与物理数据之间的转换由 DBMS 完成。但层次模型有两个缺点：一个是只能表示 $1:N$ 联系，虽然系统有多种辅助手段实现 $M:N$ 联系但较复杂，用户不易掌握；另一个是由于层次顺序的严格和复杂，引起数据的查询和更新操作很复杂，因此应用程序的编写也比较复杂。

1968 年，美国 IBM 公司推出的 IMS 系统是典型的层次模型系统，20 世纪 70 年代在商业上得到了广泛应用。

2. *网状模型*

用有向图结构表示实体及实体间联系的数据模型称为网状模型（network model）。有向图中的节点是记录类型，箭头表示从箭尾的记录类型到箭头的记录类型间联系是 $1:N$ 联系。

网状模型的特点是记录之间联系通过指针实现，$M:N$ 联系也容易实现（一个 $M:N$ 联系可拆成两个 $1:N$ 联系），查询效率较高。网状模型的缺点是数据结构复杂和编程复杂。

1969 年，CODASYL 组织提出 DBTG 报告中的数据模型是网状模型的主要代表。网状模型有许多成功的 DBMS 产品，20 世纪 70 年代的 DBMS 产品大部分是网状系统，如 Honeywell 公司的 IDS/Ⅱ，HP 公司的 IMAGE/3000，Burroughs 公司的 DMSⅡ，Univac 公司的 DMS1100，Cullinet 公司的 IDMS，CINCOM 公司的 TOTAL 等。

由于层次系统和网状系统的天生缺点，从 20 世纪 80 年代中期起，其市场已被关系模型产品所取代。现在的 DBMS 基本都是关系模型产品。

3. 关系模型

关系模型（relational model）的主要特征是用二维表格表达实体集。与前两种模型相比，数据结构简单，容易为初学者理解。关系模型是由若干个关系模式组成的集合。关系模式相当于文件，它的实例称为关系，每个关系实际上是一张二维表格，关系也称为表。

【例 6.3】 将实例 6.2 的 ER 模型转换为关系模型。

转换的方法是把 ER 图中的实体和 $M:N$ 的联系分别转换成关系模式，同时在实体标识符下加一横线表示关系模式的关键码。联系关系模式的属性为与之联系的实体类型的关键码和联系的属性，关键码为与之联系的实体类型的关键码的组合。

表 6-1 为"学生选课系统"的关系模型。

表 6-1 "学生选课系统"关系模型

学生关系模式	s(sno, class, sname, sex, birthday, address, telephone, email)
课程关系模式	c(cno, cname, credit)
选课关系模式	sc(sno, cno, score)

在层次和网状模型中，联系是用指针实现的，而在关系模型中基本的数据结构是表格，记录之间联系是通过模式的关键码体现的。关系模型和层次、网状模型的最大差别是用关键码而不是用指针导航数据，其表格简单，用户易懂，用户只需用简单的查询语句就可以对数据库进行操作，并不涉及存储结构、访问技术等细节。关系模型是数学化的模型。由于把表格看成一个集合，因此集合论、数理逻辑等知识可引入到关系模型中。

20 世纪 70 年代，对关系数据库的研究主要集中在理论和实验系统的开发方面。80 年代初才形成产品，但很快得到广泛的应用和普及，并最终取代层次、网状数据库产品。目前，基本所有的数据库产品都是关系数据库。典型的关系数据库产品有 Oracle、SQL Server、Sybase、DB2 和微机型产品 FoxPro、Access 等。

6.3 关系数据库

在关系模型中，实体以及实体间的联系都是用关系表示的。例如，导师实体、研究生实体、导师与研究生之间的一对多联系都可以分别用一个关系表示。在一个给定的应用领域中，所有关系的集合构成一个关系数据库。

关系数据库的设计步骤：

数据库设计包括了如下 6 个阶段：

(1)需求分析：了解用户的数据需求、处理需求、安全性及完整性要求。

(2)概念结构设计：通过数据抽象，设计系统概念模型，一般为 ER 模型。

(3)逻辑结构设计:设计系统的模式和外模式,对于关系模型主要是基本表和视图。

(4)物理结构设计:设计数据库的存储结构和存取方法,如索引的设计。

(5)数据库实施:组织数据入库、编制应用程序和试运行。

(6)数据库运行和维护 :系统投入运行,长期进行维护工作。

6.4　结构化查询语言

结构化查询语言(Structured Query Language,SQL),是 1974 年 IBM 关系型数据库原型 System R 的原型语言,主要应用于关系数据库,实现了关系数据库中的数据检索。

1986 年 10 月,美国国家标准局(ANSI)颁布了最早的 ANSI 标准 ANSI SQL86。SQL 标准几经修改和完善,目前使用的 SQL 标准是 ANSI SQL99。而其名字也已根本不再有任何字母缩写的含义。

随着 SQL 标准的制订,SQL 成为了关系型数据库管理系统(RDBMS)的国际标准语言,被绝大多数商品化的关系数据库系统采用。这些厂商在其数据库产品中都在 SQL 标准的基础上进行了不同程度的扩充,形成了各自的 SQL。Transact - SQL(简称 T - SQL)就是 Microsoft 公司在 SQL Server 中的 ANSI SQL - 99 的实现,它增强了 SQL 的功能,如变量说明、程序控制流程、语言功能函数等,同时又保持了与 SQL 标准的兼容性。但是,因为 SQL 与其他编程工具的定位点不同,所以这些命令的功能侧重于处理 SQL Server 中的数据,其他功能仍需要前端开发工具(如 FoxPro、Delphi、PowerBuilder 和 Visual Basic 等)来处理。因此,一般称 SQL Server、Oracle 和 Informix 等数据库系统为“数据库引擎”。

SQL 是关系数据库的标准语言,也是一个通用的、功能极强的关系数据库语言。其功能不但是查询,而且包括数据库模式创建、数据库数据的插入语修改、数据库安全性完整性定义与控制等一系列功能。

目前,所有主要的关系数据库管理系统支持某些形式的 SQL 语言,SQL 成为国际标准后,大部分数据库遵守 ANSI SQL99 标准。同时,对数据库以外的领域也产生了很大影响,不少软件产品将 SQL 语言的数据查询功能与图形功能、软件工程工具、软件开发工具、人工智能程序结合起来。

6.4.1　SQL 的特点

SQL 之所以能够为用户和业界所接受并成为国际标准,是因为它是一个综合的、功能极强同时又简洁易学的语言。SQL 集数据查询(data query)、数据操纵(data manipulation)、数据定义(data definition)和数据控制(data control)功能于一体,其主要特点包括以下几部分。

1. 综合统一

数据库系统的主要功能是通过数据库支持的数据语言实现的。

非关系模型(层次模型、网状模型)的数据语言一般都分为:

(1)模式数据定义语言(Schema Data Definition Language,模式 DDL)。

(2)外模式数据定义语言(Subschema Data Definition Language,外模式 DDL 或子模式 DDL)。

(3)数据存储有关的描述语言(Data Storage Description Language,DSDL)。

(4)数据操纵语言(Data Manipulation Language,DML)。

它们分别用于定义模式、外模式、内模式和进行数据的存取与处置。在用户数据库投入运行后,如果需要修改模式,必须停止现有数据库的运行,转储数据,修改模式并编译后再重装数据库,十分麻烦。

SQL集数据定义语言、数据操纵语言、数据控制语言的功能于一体,语言风格统一,可以独立完成数据库生命周期中的全部活动,包括以下操作要求:

(1)定义和修改、删除关系模式,定义和删除视图,插入数据,建立数据库。

(2)对数据库中的数据进行查询和更新。

(3)数据库重构和维护。

(4)数据库安全性、完整性控制,以及事务控制。

(5)嵌入式SQL和动态SQL定义。

这就为数据库应用系统的开发提供了良好的环境。特别是用户在数据库系统投入运行后还可根据需要随时地、逐步地修改模式,并不影响数据库的运行,从而使系统具有良好的可扩展性。

另外,在关系模型中,实体和实体间的联系均用关系表示,这种数据结构的单一性带来数据操作符的统一性,查找、插入、删除、更新等每一种操作都只需一种操作符,从而克服了非关系系统由于信息表示方式的多样性带来的操作复杂性。例如,在DBTG网状数据库系统中,需要两种插入操作符:STORE用来把记录存入数据库,CONNECT用来把记录插入系值(系值是网状数据库中记录之间的一种联系方式)以建立数据之间的联系。

2.高度非过程化

非关系数据模型的数据操纵语言是"面向过程"的语言,用"过程化"语言完成某项请求必须指定存取路径。而用SQL进行数据操作时,只要提出"做什么",而无须指明"怎么做",因此无须了解存取路径。存取路径的选择以及SQL的操作过程由系统自动完成。这不但大大减轻了用户负担,而且有利于提高数据独立性。

3.面向集合的操作方式

非关系数据模型采用的是面向记录的操作方式,操作对象是一条记录。例如,查询所有平均成绩在80分以上的学生姓名,用户必须一条一条地把满足条件的学生记录找出来(通常要说明具体处理过程,即按照哪条路径,如何循环等)。而SQL采用集合操作方式,不仅操作对象、查找结果可以是元组的集合,而且一次插入、删除、更新操作的对象也可以是元组的集合。

4.以同一种语法结构提供多种使用方法

SQL既是独立的语言,又是嵌入式语言。作为独立的语言,它能够独立地用于联机交互的使用方式,用户可以在终端键盘上直接键入SQL命令对数据库进行操作;作为嵌入式语言,SQL语句能够嵌入高级语言(如C、C++、Java)程序中,供程序员设计程序时使用。而在两种不同的使用方式下,SQL的语法结构基本上是一致的。这种以统一的语法结构提供多种不同使用方式的做法,提供了极大的灵活性与方便性。

5.语言简洁,易学易用

SQL功能极强,但由于设计巧妙,语言十分简洁,完成核心功能只用了9个动词,SQL接近英语口语,因此易于学习和使用。

6.4.2　SQL 的基本功能

SQL 具有 4 大功能:数据查询、数据操纵、数据定义和数据控制。这四大功能使 SQL 成为一个通用的、功能极强的关系数据库语言。下面结合具体的 SQL 语句对这 4 个功能进行简要介绍。

1. 数据查询功能

数据查询是数据库中使用得最多的操作,它是通过 SELECT 语句完成的,SELECT 语句的功能非常强大,表达形式非常丰富,可以完成很多复杂的查询任务 SQL 的最初设计就是用于数据查询,这也是它之所以称为结构查询语言(structured query language)的主要原因。

2. 数据操纵功能

应该说,数据操纵仅次于数据查询,它也是数据库中使用得较多的操作之一。数据操纵是通过 INSERT、UPDATE、DELETE 语句完成的。其中,INSERT、UPDATE、DELETE 语句分别用于实现数据插入、数据更新和数据删除功能。

3. 数据定义功能

数据定义是通过 CREATE、ALTER、DROP 语句完成的。其中,CREATE、ALTER、DROP 语句分别用于定义、修改和删除数据库与数据库对象,这些数据库对象包括数据表、视图等。

4. 数据控制功能

数据控制主要是指事务管理、数据保护(包括数据库的恢复、并发控制等)以及数据库的安全性和完整性控制。在 SQL 中,数据控制功能主要通过 GRANT、REVOKE 语句完成。

6.4.3　结构化查询语言结构

结构化查询语言包含如下 6 个部分:

(1)数据查询语言(DQL):其语句也称为数据检索语句,用以从表中获得数据,确定数据怎样在应用程序中给出。保留字 SELECT 是 DQL(也是所有 SQL)用得最多的动词,其他 DQL 常用的保留字有 WHERE、ORDER BY 和 HAVING。这些 DQL 保留字常与其他类型的 SQL 语句一起使用。

(2)数据操作语言(DML):其语句包括动词 INSERT、UPDATE 和 DELECT。它们分别用于添加、修改和删除表中的行。DML 也称为动作查询语言。

(3)事务处理语言(TPL):其语句能确保被 DML 语句影响的表的所有行及时得以更新。TPL 语句包括 BEGIN TRANSACTION、COMMIT 和 ROLLBACK。

(4)数据控制语言(DCL):其语句通过 GRANT 或 REVOKE 获得许可,确定单个用户和用户组对数据库对象的访问。某些 RDBMS 可用 GRANT 或 REVOKE 控制对表单个列的访问。

(5)数据定义语言(DDL):其语句可在数据库中创建新表(CREAT TABLE),为表加入索引等。DDL 包括许多与数据库目录中获得数据有关的保留字、也是动作查询的一部分。

(6)指针控制语言(CCL):其语句像 DECLARE CURSOR、FETCH INTO 和 UPDATE WHERE CURRENT,通常用于对一个或多个表单独行的操作。

6.5 常用的关系数据库介绍

6.5.1 Oracle

Oracle 数据库是一种大型数据库系统，一般应用于商业和政府部门，它的功能很强大，能够处理大批量的数据，在网络方面也用得非常多。Oracle 数据库管理系统是一个以关系型和面向对象为中心管理数据的数据库管理软件系统，其在管理信息系统、企业数据处理、因特网及电子商务等领域有着非常广泛的应用。其在数据安全性与数据完整性控制方面的优越性能，以及跨操作系统、跨硬件平台的数据互操作能力，使得越来越多的用户将 Oracle 作为其应用数据的处理系统。Oracle 数据库是基于“客户端-服务器”模式的结构。客户端应用程序执行与用户进行交互的活动，它接收用户信息，并向“服务器端”发送请求。服务器系统负责管理数据信息和各种操作数据的活动。

6.5.2 DB2

IBM 公司研制的一种关系型数据库系统——DB2 主要应用于大型应用系统，具有较好的可伸缩性，可支持从大型机到单用户环境，应用于 OS/2、Windows 等平台。DB2 提供了高层次的数据利用性、完整性、安全性和可恢复性，以及小规模到大规模应用程序的执行能力，具有与平台无关的基本功能和 SQL 命令。DB2 采用了数据分级技术，能够使大型机数据很方便地下载到 LAN 数据库服务器，使得客户机-服务器的用户和基于 LAN 的应用程序可以访问大型机数据，并使数据库本地化及远程连接透明化。它以拥有一个非常完备的查询优化器而著称，其外部连接改善了查询性能，并支持多任务并行查询。DB2 具有很好的网络支持能力，每个子系统可以连接十几万个分布式用户，可同时激活上千个活动线程，对大型分布式应用系统尤为适用。除了它可以提供主流的 OS/390 和 VM 操作系统以及中等规模的 AS/400 系统之外，IBM 还提供了跨平台（包括基于 UNIX 的 Linux，HP - UX，SunSolaris，以及 SCO UNIXWare；还有用于个人电脑的 OS/2 操作系统，以及微软的 Windows 2000 和其早期的系统）的 DB2 产品。DB2 数据库可以通过使用 Microsoft 公司的开放数据库连接（ODBC）接口、Java 数据库连接（JDBC）接口或者 CORBA 接口代理被任何的应用程序访问。

6.5.3 SQL Server

SQL Server 是 Microsoft 公司推出的关系型数据库管理系统，具有使用方便、可伸缩性好与相关软件集成程度高等优点，可跨越从运行 Microsoft Windows 98 的膝上型电脑到运行 Microsoft Windows 2012 的大型多处理器的服务器等多种平台使用。SQL Server 是由 Microsoft 公司开发和推广的关系数据库管理系统（DBMS），最初是由 Microsoft、Sybase 和 Ashton - Tate 三家公司共同开发的，并于 1988 年推出了第一个 OS/2 版本。Microsoft SQL Server 近年来不断更新版本，1996 年，Microsoft 公司推出了 SQL Server 6.5 版本；1998 年，SQL Server 7.0 版本和用户见面；SQL Server 2000 是 Microsoft 公司于 2000 年推出，目前最新版本是 2017 年份推出的 SQL Server 2017。

Microsoft SQL Server 是一个全面的数据库平台，使用集成的商业智能（BI）工具提供了企业级的数据管理。Microsoft SQL Server 数据库引擎为关系型数据和结构化数据提供了更安全可靠的存储功能,可以构建和管理用于业务的高可用和高性能的数据应用程序。

SQL Server 具有以下 4 个主要特性:

(1)高性能设计,可充分利用 Windows NT 的优势。

(2)系统管理先进,支持 Windows 图形化管理工具,支持本地和远程的系统管理和配置。

(3)强壮的事务处理功能,采用各种方法保证数据的完整性。

(4)支持对称多处理器结构、存储过程和 ODBC,并具有自主的 SQL 语言。SQL Server 以其内置的数据复制功能、强大的管理工具、与 Internet 的紧密集成和开放的系统结构为广大的用户、开发人员和系统集成商提供了一个出众的数据库平台。

6.5.4　SyBase

1984 年,Mark B. Hiffman 和 Robert Epstern 创建了 Sybase 公司,并在 1987 年推出了 Sybase 数据库产品。Sybase 主要有三种版本:一是 UNIX 操作系统下运行的版本,二是 Novell Netware 环境下运行的版本,三是 Windows NT 环境下运行的版本。对 UNIX 操作系统目前广泛应用的为 Sybase 10 和 Sybase 11 for SCO UNIX。Sybase 数据库主要由三部分组成:①进行数据库管理和维护的一个联机的关系数据库管理系统 Sybase SQL Server;②支持数据库应用系统的建立与开发的一组前端工具 Sybase SQL Toolset;③可把异构环境下其他厂商的应用软件和任何类型的数据连接在一起的接口 Sybase Open Client/Open Server。

6.5.5　Access

Access 是 Microsoft 公司推出的基于 Windows 的桌面关系数据库管理系统,是 Office 系列应用软件之一。它提供了表、查询、窗体、报表、页、宏和模块 7 种用来建立数据库系统的对象,提供了多种向导、生成器和模板,把数据存储、数据查询、界面设计、报表生成等操作规范化。为建立功能完善的数据库管理系统提供了方便,也使得普通用户不必编写代码就可以完成大部分数据管理的任务。

6.6　本章小结

本章概述数据库的基本概念,并通过对数据管理技术进展情况的介绍,阐述数据库技术产生和发展的背景,并说明数据库系统的优点。数据管理技术经历人工管理、文件管理和数据库管理 3 个阶段。数据库系统是在文件系统的基础上发展而成的,同时又克服了数据冗余、不一致性和联系弱的缺陷。

数据模型是对现实世界进行抽象的工具,是数据库系统的核心和基础。本章简要介绍概念模型、组成模型的三要素和三种主要的数据库模型——层次模型、网状模型和关系模型。

关系的集合构成一个关系数据库,关系数据库的设计包含 6 个步骤。结构化查询语言是关系数据库中的标准语言,已广泛应用在商用系统中。SQL 主要由数据查询、数据定义、数据操纵、事务处理、数据控制语言和指针控制语言 6 部分组成。

最后,本章介绍了几种常见的关系数据库系统。

习　题

1.数据管理技术经历了哪三个阶段？各阶段的主要特点是什么？

2.什么是数据库、数据库系统和数据库管理系统？

3.什么是外模式、模式和内模式？

4.试述数据库系统的两级映像功能。

5.试述数据库系统的三级模式结构是如何保证数据的独立性的。

6.简单说明数据库管理系统包含的功能。

7.什么是数据模型？并说明为什么将数据模型分成两类，各起什么作用。

8.什么是概念模型？概念模型的表示方法是什么？举例说明。

9.解释概念模型中的常用术语：实体、属性、联系、属性值、关键字、实体型和实体集。

10.什么是关系系数据库？

11.简述数据库设计步骤。

12.简述 SQL 语言的特点。

13.简述 SQL 的基本功能。

14.简述几种常用的数据库系统。

15.用 ER 图表示出版社与作者和图书的概念模型。它们之间的联系如下：

(1) 一个出版社可以出版多种图书，但同一本书仅为一个出版社出版。

(2) 一本图书可以由多个作者共同编写，而一个作者可以编写不同的书。

16.一个工厂可以生产若干产品，每种产品由不同的零件组成，有的零件可以用在不同的产品上。这些零件由不同的原材料制作，一种原材料可适用于多种零件的生产。工厂内有若干仓库存放零件和产品，但同一种零件或产品只能放在一个仓库内。请用 ER 图画出此工厂产品、零件、材料和创建的概念模型。

17.某学校有若干系，每个系有若干个教研室和专业，每个教研室有若干名教师，其中一名为教研主任。每个专业有若干个班，每个班有若干名学生，其中有一名学生是班长。每名学生可以选修若干门课程，每门课程可由若干名学生选修，但同一门课程只能有一名教师讲授。用 ER 图画出此学校的概念模型。

第7章　网络基础

21世纪是信息时代、计算机时代和网络时代，是科学技术高速发展的时代。计算机网络已经渗透到人类社会生活的各个方面，其应用已成为各学科发展的基础。因此，学习和掌握计算机网络基础知识已成为人们的迫切要求，只有熟练掌握计算机网络应用的基本技能和操作技巧，才能站在时代的前列，才能适应社会的发展。

7.1　计算机网络概述

计算机网络是现代通信技术与计算机技术紧密相结合的产物，利用通信线路和通信设备，用一定的连接方法，可以将分布在不同地点(也可是同一地点)的具有独立功能的多台计算机系统(可包括独立计算机和网络两种)相互连接起来，在网络软件的支持下进行数据通信，实现资源共享的系统。

不同的人群对计算机网络的含义和理解是不尽相同的。早期，人们将分散的计算机、终端及其附设，利用通信媒体连接起来，能够实现相互的通信称作网络系统。1970年，在美国信息处理协会召开的春季计算机联合会议上，计算机网络定义为“以能够共享资源(硬件、软件和数据等)的方式连接起来，并且各自具备独立功能的计算机系统之集合”。从现代计算机网络的角度出发，可以认为，计算机网络是自主计算机互联的集合。“自主”说明网络系统中各计算机无主从关系，“互联”不仅指计算机间的物理上的连通，而且指计算机之间的信息资源共享。这就需要通信设备和传输介质的支持以及网络协议的协调控制。

7.1.1　计算机网络类别

计算机网络可以从不同角度进行分类，下面列出最常见的几种分类方法。

1. 按网络分布范围的大小进行分类

(1)局域网(Local Area Network，LAN)。局域网一般用微型计算机通过高速通信线路(速率通常在10 Mb/s以上)相连，但在地理上则局限在较小的范围(如一个实验室、一幢大楼、一个校园)。局域网按照采用的技术、应用范围和协议标准的不同，可以分为共享局域网与交换局域网。局域网技术发展非常迅速，并且应用日益广泛，是计算机网络中最为活跃的领域之一。

(2)城域网(Metropolis Area Network，MAN)。城域网的作用范围在广域网和局域网之间，如一个城市，其传送速率比局域网的更高，但作用距离为5～50 km。城域网设计的目标是满足几十千米范围内的大量企业、机关、公司的多个局域网互联的需求，以实现大量用户之间的数据、语音、图形与视频等多种信息的传输功能。

(3)广域网(Wide Area Network,WAN)。广域网的作用范围通常为几十到几千千米。广域网有时也称为远程网。广域网覆盖一个国家、地区或横跨几个洲,形成国际性的远程网络。广域网的通信子网主要使用分组交换技术。广域网的通信子网可以利用公用分组交换网、卫星通信网和无线分组交换网,它将分布在不同地区的计算机系统互联起来,达到资源共享的目的。

2.按交换方式分类

(1)线路交换。线路交换最早出现在电话系统中,早期的计算机网络就是采用此方式传输数据,传输时,必须数字信号经过变换称为模拟信号后才能传输。

(2)报文交换。报文交换是一种数字化网络传输方式。当通信开始时,源机发出的一个报文被存储在交换机中,交换机根据报文的目的地址选择合适的路径发送报文,报文的长度不受限制。

报文交换采用"存储—转发"原理,每个中间节点要为传输的报文选择适当的路径,使其能最终到达目的端。

(3)分组交换。分组交换也采用报文传输,它是将一个长的报文分为许多定长的报文分组,以分组作为传输的基本单位。这不仅大大简化了对计算机存储器的管理,而且也加快了信息在网络中的传播速度。由于分组交换优于线路交换和报文交换,具有许多优点。因此,它已成为计算机网络中传输数据的主要方式。

3.按通信方式分类

(1)点对点通信。在点对点传输网络中,数据以点到点的方式在计算机或通信设备中传输。星形网、环形网就是采用这种传输方式。

(2)广播式通信。在广播式传输网络中,数据在公用介质中传输。无线网和总线型网络属于这种类型。

4.按传输介质分类

计算机网络的传输介质分为有线和无线两大类。有线传输介质有双绞线、同轴电缆和光纤,最常用的为双绞线和光纤,光纤的带宽可以达到几十吉比特每秒。无线传输介质有微波、红外线和激光。目前,卫星通信、移动通信、无线通信发展迅速,对于计算机网络来说,无线通信是有线通信的补充。

5.按用途分类

按用途划分,计算机网络可以分为专用网(金融网、教育网、税务网)和公用网(帧中继网、DDN 网、X.25 网)。

7.1.2 计算机网络体系结构

计算机网络系统采用分层结构和分层协议,国际标准化组织制定的著名开放系统互连参考模型(OSI)分为七个层次。开放系统互连参考模型是一个标准化开放式计算机网络层次结构模型,为开放式互连信息系统提供了功能结构框架。"开放"的含义表示能使任何两个遵守参考模型和有关标准的系统进行互连。

OSI参考模型定义了开放系统的层次结构和各层所提供的服务，清晰地分开了服务、接口和协议这三个容易混淆的概念。服务描述了每一层的功能，接口定义了某层提供的服务如何被高层访问，而协议是每一层功能的实现方法。通过区分这些抽象概念，OSI参考模型将功能定义与实现细节分开来，概括性高，使它具有普遍的适应能力。

应用层
表示层
会话层
传输层
网络层
数据链路层
物理层

图7-1 OSI七层模型

OSI体系结构定义的七层模型，从下向上依次为：物理层(physical layer)、数据链路层(data link layer)、网络层(network layer)、传输层(transport layer)、会话层(session layer)、表示层(presentation layer)和应用层(application layer)，如图7-1所示。

该模型有下面几个特点：

(1)每层的对应实体之间都通过各自的协议通信。

(2)各个计算机系统都有相同的层次结构。

(3)不同系统的相应层次有相同的功能。

(4)同一系统的各层次之间通过接口联系。

(5)相邻的两层之间，下层为上层提供服务，同时上层使用下层提供的服务。

7.1.3 TCP/IP网络体系结构

TCP/IP是为互联网开发的第一套协议。事实上，设计TCP/IP的研究人员也开发了前面所述的互联网体系结构。20世纪70年代，几乎就在开发局域网的同时，开发TCP/IP的工作就开始了。美国军方通过高级研究计划署(Advanced Research Projects Agency，ARPA)资助了许多有关TCP/IP和网络互连的研究工作。军方是拥有多个物理网的第一批组织之一，因此军方也是第一 批认识到需要通用服务的组织之一。到80年代中期，国家科学基金会和其他的美国政府机构资助了TCP/IP的开发。

网络联成了现代联网的最重要的思想之一。事实上，互联网技术在计算机通信上引起了一次革命。大多数组织已经使用网络互连作为主要的计算机通信机制，更重要的是，除了私有互联网以外，TCP/IP技术使得一个全球因特网(Internet)成为可能，它已经有位于全世界107个国家的学校、商业机构和组织、政府和军方的超过3 600万台计算机。

七层参考模型是在网络互连被发明之前设计的，因此模型中没有包含用于互联网协议的一层。另外，七层参考模型为会话协议提供了完整的一层，而这一层随着计算机系统从大型分时系统转变到个人工作站后已经变得不很重要了。在这种情况下，开发TCP/IP的研究人员发明了一个新的分层模型。

TCP/IP分层模型(TCP/IP layering model)也被称为互联网分层模型或互联网参考模型，包括了如图7-2所示的五层。TCP/IP参考模型中有四层对应于ISO参考模型中的一层或多层，但ISO模型没有互联网层。因特网中使用的tcp/ip网络体系结构即层次结构，由下向上分为四个层次：网络接口层(network interface layer)、网络层(internet layer)、传输层(transport layer)和应用层(application layer)。

第一层：物理层。第一层对应于基本网络硬件，如同ISO七层参考模型一样。

第二层:网络接口层。第二层协议规定了怎样把数据组织成帧及计算机怎样在网络中传输帧,类似于ISO七层参考模型的第二层。用于控制对本地局域网或广域网的访问,如以太网(ethernet network)、令牌环网(token ring)、分组交换网(X.25网)、数字数据网(DDN)等。

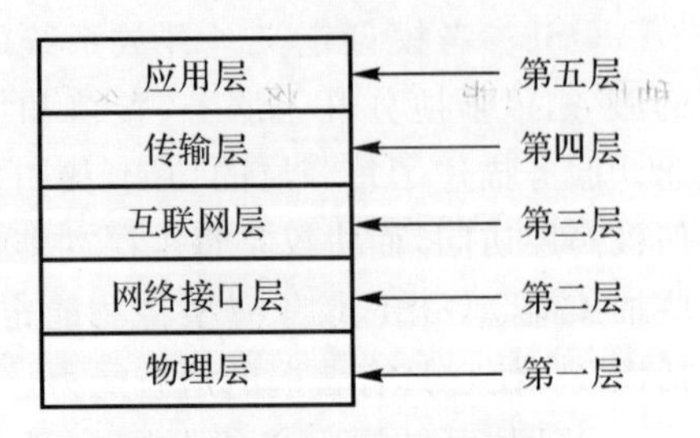

图7-2 TCP/IP分层模型

第三层:互联网层。第三层协议规定了互联网中传输的包格式及从一台计算机通过一个或多个路由器到最终目标的包转发机制。互联网层负责解决一台计算机与另一台计算机之间的通信问题,该层的协议主要为IP协议,也称为互联网协议。用IP地址标识互联网中的网络和主机,IP协议存放在主机和网间互联设备中。

第四层:传输层。第四层协议像ISO七层参考模型的第四层一样,规定了怎样确保可靠性传输。传输网层负责端到端的通信,TCP协议是该层的主要协议,它只存在于主机中,提供面向连接的服务。通信时,须先建立一条TCP连接,用于提供可靠的端到端数据传输。该层的用户数据报协议也是常用的传输层协议,提供无连接的服务。

第五层:应用层。第五层协议对应于ISO七层参考模型的第六层和第七层,第五层协议规定了应用程序怎样使用互联网,包括若干网络应用协议。应用层的协议有FTP、SMTP、HTTP和SNMP等,人们在Internet上浏览WWW信息、发送电子邮件、传输数据就用到这些协议,应用层的协议只在主机上实现。

7.2 局域网概述

局域网LAN是计算机通信网的重要组成部分,是一种在一个局部地区范围内(如一个学校、一个工厂、一家医院和一个机关等),把各种计算机、外围设备和数据库等相互连接起来组成的计算机通信网。局域网具有以下特征:

(1)局域网仅工作在有限的地理范围内,采用单一的传输介质。

(2)数据传输率快,传统的LAN速度为10～100 Mb/s。新的LAN运行速度更快,可达到数百兆位每秒。

(3)由于数据传输距离短,因此传输延迟低且误码率低。

(4)局域网组网方便、使用灵活,是目前计算机网络中最活跃的分支。

常用局域网按网络拓扑进行分类,可分为总线型、星形与环形结构三种。网络传输介质主要采用双绞线、同轴电缆和光纤等。

7.2.1 局域网组成

局域网通常由网络服务器、工作站、网络通信设备和网络软件四部分组成。

1. 网络服务器

网络服务器是整个网络系统的核心,它为网络用户提供服务并管理整个网络,在其上面运行着网络操作系统。

按照服务器所能提供的资源区分,可分为文件服务器、打印服务器、应用系统服务器和通信服务器等。在实际应用中,常把几种服务集中在一台服务器上,这样一台服务器就能执行几种服务功能。例如,将文件服务器连接网络共享打印机,此服务器就能作为文件和打印服务器使用。

文件服务器在网络中起着非常重要的作用。它负责管理用户的文件资源,处理客户机的访问请求,将相应的文件下载到某一客户机。为了保证文件的安全性,常为文件服务器配置磁盘阵列或备份的文件服务器。

打印服务器负责处理网络中用户的打印请求。一台或几台打印机与一台计算机相连,并在计算机中运行打印服务程序,使得各个客户机都能共享打印机,这就构成了打印服务器。还有一种网络打印机,内部装有网卡,可以直接与网络的传输介质相连,作为打印服务器。应用系统服务器运行应用程序的服务器端软件,该服务器一般保存着大量信息供用户查询。应用系统服务器处理客户端程序的查询请求,只将查询结果返回给客户机。通信服务器负责处理本网络与其他网络的通信,以及远程用户与本网的通信。在整个网络中,服务器的工作量通常是普通工作站的几倍甚至几十倍。

2. 工作站

工作站又称为客户机。当一台计算机网络连接到局域网上由服务器进行管理和提供服务时,这台计算机就成为局域网的一个工作站。工作站为操作它的用户提供服务,是用户和网络的接口设备,用户通过它可以与网络交换信息,共享网络资源。工作站需要运行网络操作系统的客户端软件。

工作站通过网络适配器、通信介质以及通信设备连接到网络服务器。工作站只是一个接入网络的设备,它的接入和离开对网络不会产生多大的影响,现在的工作站都用具有一定处理能力的PC机充当。

3. 网络通信设备

网络通信设备是指连接服务器与工作站的连接设备和物理线路,连接设备包括网络适配器、交换机和传输介质及附属设备等。

(1)网络适配器。网络适配器(Network Interface Card,NIC)俗称网卡,是连接计算机与网络的硬件设备,通过物理线路与网络交换数据、共享资源,是构成局域网的最基本、最重要的连接设备。计算机主要通过网络适配器接入局域网络。网络适配器除了起到物理接口作用外,还有控制数据传送的功能。网络适配器一方面负责接收网络上传过来的数据包,处理后将数据传输给本地计算机;另一方面将本地计算机上的数据送入网络。

在PC环境中,有四种常见的总线结构,即ISA总线、EISA总线、微通道和PCI总线。每种总线类型都与其他的不同,网络适配器与总线类型匹配是一个基本要求,故网络适配器的类型也根据计算机总线的不同被分成不同的型号。

另外,按网络适配器的工作速度不同,它可分为10 Mb/s、100 Mb/s、10/100 Mb/s自适应和1 000 Mb/s几种网络适配器;按接口类型的不同,网络适配器可分为AUI接口(粗缆接口)网络适配器、BNC接口(细缆接口)网络适配器和RJ-45接口网络适配器。

(2)交换机。交换机(Switch)通常都有十几个或更多的接口,每个接口都直接与一个单台主机或另一个局域网交换机相连,其一般都工作在全双工方式。交换机还具有并行性,即能同时连通多对接口,使多对主机能同时通信。相互通信的主机都是独占传输媒体,无碰撞地传输数据。交换机一般都具有多种速率的接口，例如，可以具有 10Mb/s、100Mb/s 和 1Gb/s 的接口的各种组合，方便各种不同情况的用户

交换机是一种即插即用设备，内部使用了专门的交换结构芯片，用硬件转发，交换机的帧交换表则是通过自学算法自动地逐渐建立起来的。交换机的接口具有存储器，能在输出端口繁忙时把到来的帧进行缓存。因此，如果连接在交换机上的两台主机，同时向另一台主机发送帧，那么当这台主机的接口繁忙时，发送帧的这两台主机的接口会把收到的帧暂存一下，以后再发送。

(3)传输介质及附属设备。局域网所使用的传输介质主要是双绞线、同轴电缆和光缆。双绞线和同轴电缆一般作为建筑内部的局域网干线；光缆则因其性能优良、价格较高，常作为建筑物之间的连接干线。一般小规模的局域网，只需采用一种传输介质就可满足要求。

4. 网络软件

局域网的硬件设备仅能完成网络的物理连接，为通信双方提供一条物理通道，而要在网络上真正实现信息的交换，还必须有控制信息传送的协议和软件。协议和软件在网络通信中扮演了极为重要的角色。网络软件是一种在网络环境下运行和使用，或者是控制与管理网络运行和通信双方交流信息的计算机软件。网络是在网络软件的控制下工作的。在计算机网络中，通信双方都必须遵守相同的协议，才能正确地进行信息交换和资源共享，因此网络软件必须实现网络协议，并在协议的基础上管理网络、控制通信和提供网络服务。可以说网络软件由协议或规则组成。根据网络软件的功能与作用，网络软件可大致分为网络系统软件和网络应用软件两种类型。

网络系统软件是控制和管理网络运行、提供网络通信和网络资源分配与共享功能的网络软件，为用户提供访问网络和操作网络的友好界面。网络系统软件主要包括网络操作系统、控制信息传送的网络协议软件和网络通信软件等。著名的网络操作系统 NetWare 和广泛应用的协议软件 TCP/IP 软件包，以及各种类型的网卡驱动程序都是重要的网络系统软件。网络应用软件是指为某一个应用目的而开发的网络软件，它为用户提供一些实际的应用。

网络应用软件既可用于管理和维护网络本身，也可用于某一个业务领域，如网络管理监控程序、网络安全软件、分布式数据库、管理信息系统、数字图书馆、Internet 信息服务、远程教学、远程医疗、视频点播等。网络应用的领域极为广泛，应用软件也极为丰富。现在人们越来越认识到网络应用的重要性，各界人士都在关注着网络应用软件的开发。

7.2.2 局域网参考模型

微型计算机的大量应用和局域网应用的日趋普及，促进了网络厂商开发局域网产品的积极性，使局域网的产品越来越多。在这种情况下，为了使不同厂商生产的网络设备之间具有兼容性、互换性和互操作性，以便让用户更灵活地进行设备选型，用很少的投资构建一个具有开放性和先进性的局域网，国际标准化组织开展了局域网的标准化工作。自 1980 年 2 月局域网标准化委员会(IEEE802 委员会)成立以来，该委员会制定了一系列局域网标准，称为 IEEE802 标准。IEEE802 标准化工作进展很快，不但为以太网、令牌环网、FDDI 等传统局域网技术制定了标准，而且还制定了一系列高速局域网标准，如快速以太网、交换以太网、千兆以太网、万兆以太网及无线局域网标准等。局域网的标准化极大地促进了局域网技术的飞速发展，并对局域网的推广应用起到了巨大的推动作用。

根据局域网的特征，局域网的体系结构一般仅包含 OSI 参考模型的最低两层：物理层和数据链路层，如图 7－3 所示。

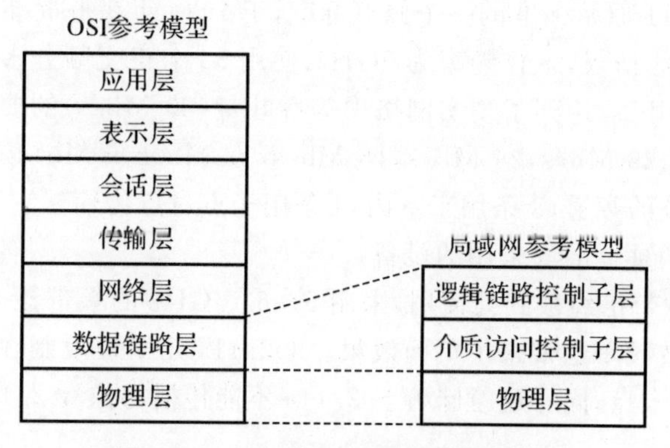

图 7－3　OSI 模型和局域网参考模型

（1）物理层。物理层的主要作用是处理机械、电气、功能和规程等方面的特性，确保在通信信道上二进制位信号的正确传输。其主要功能包括信号的编码与解码，同步前导码的生成与去除，二进制位信号的发送与接收，错误校验（CRC 校验），提供建立、维护和断开物理连接的物理设施等功能。

（2）数据链路层。在 OSI 参考模型中，数据链路层的功能简单，它只负责把数据从一个节点可靠地传输到相邻的节点。在局域网中，多个站点共享传输介质，在节点间传输数据之前必须首先解决由哪个设备使用传输介质，因此数据链路层要有介质访问控制功能。由于介质的多样性，所以必须提供多种介质访问控制方法。为此 IEEE 802 标准把数据链路层划分为两个子层：逻辑链路控制（Logical Link Control，LLC）子层和介质访问控制（Media Access Control，MAC）子层。LLC 子层负责向网际层提供服务，它提供的主要功能是寻址、差错控制和流量控制等；MAC 子层的主要功能是控制对传输介质的访问，不同类型的局域网，需要采用不同的控制法，并且在发送数据时负责把数据组装成带有地址和差错校验段的帧，在接收数据时负责把帧拆封，执行地址识别和差错校验。

尽管将局域网的数据链路层分成了 LLC 和 MAC 两个子层，但这两个子层是都要参与数据的封装和拆封过程的，而不是只由其中某一个子层完成数据链路层帧的封装及拆封。在发送方，网络层下来的数据分组首先要加上目的服务访问点（Destination Service Access Point，DSAP）和源服务访问点（Source Service Access Point，SSAP）等控制信息在 LLC 子层被封装成 LLC 帧，然后由 LLC 子层将其交给 MAC 子层，加上 MAC 子层相关的控制信息后被封装成 MAC 帧，最后由 MAC 子层交局域网的物理层完成物理传输；在接收方，则首先将物理的原始比特流还原成 MAC 帧，在 MAC 子层完成帧检测和拆封后变成 LLC 帧并交给 LLC 子层，LLC 子层完成相应的帧检验和拆封工作，将其还原成网络层的分组并上交给网络层。

7.2.3　无线局域网标准

802.11 是 IEEE 最初制定的一个无线局域网标准，主要用于解决办公室局域网和校园网中，用户与用户终端无线接入，业务主要限于数据存取，速率最高只能达到 2 Mb/s。目前，3Com 等公司都有基于该标准的无线网卡。由于 802.11 在速率和传输距离上都不能满足人们的需要，因此，IEEE 小组又相继推出了 802.11b 和 802.11a 两个新标准。三者之间技术上的主要差别在于 MAC 子层和物理层。

802.11a 是 802.11 原始标准的一个修订标准，于 1999 年获得批准。802.11a 标准采用了与原始标准相同的核心协议，工作频率为 5GHz，使用 52 个正交频分多路复用副载波，最大原始数据传输率为 54 Mb/s，达到了现实网络中等吞吐量(20 Mb/s)的要求。如果需要的话，数据率可降为 48 Mb/s，36 Mb/s，24 Mb/s，18 Mb/s，12 Mb/s，9 Mb/s 或者 6 Mb/s。802.11a 拥有 12 条不相互重叠的频道，8 条用于室内，4 条用于点对点传输。它不能与 802.11b 进行互操作，除非使用了对两种标准都采用的设备。

由于 2.4 GHz 频带已经被到处使用，采用 5～6.5 GHz 的频带让 802.11a 具有更少冲突的优点。然而，高载波频率也带来了负面效果。802.11a 几乎被限制在直线范围内使用，这导致必须使用更多的接入点；同样还意味着 802.11a 不能传播得像 802.11b 那么远，因为它更容易被吸收。

在 52 个 OFDM 副载波中，48 个用于传输数据，4 个是引示副载波，每一个带宽为 0.312 5 MHz(20 MHz/64)，可以是二相移相键控(BPSK)、四相移相键控(QPSK)；16 - QAM 或者 64 - QAM。总带宽为 20 MHz，占用带宽为 16.6 MHz。符号时间为 4 μs，保护间隔 0.8 μs。实际产生和解码正交分量的过程都是在基带中由 DSP 完成，然后由发射器将频率提升到 5 GHz。每一个副载波都需要用复数表示。时域信号通过逆向快速傅里叶变换产生。接收器将信号降频至 20 MHz，重新采样并通过快速傅里叶变换重新获得原始系数。使用 OFDM 的好处包括减少接收时的多路效应，增加频谱效率。

802.11a 产品于 2001 年开始销售，比 802.11b 的产品还要晚，这是因为产品中 5GHz 的组件研制成功太慢。由于 802.11b 已经被广泛采用了，所以 802.11a 没有被广泛采用。再加上 802.11a 的一些弱点和一些地方的规定限制，使得它的使用范围更窄了。802.11a 设备厂商为了应对这样的市场匮乏，对技术进行了改进(现在的 802.11a 技术已经与 802.11b 在很多特性上都很相近了)，并开发了可以使用不止一种 802.11 标准的技术。现在已经有了可以同时支持 802.11a 和 b 或者 a、b、g 都支持的双频、双模式或者三模式的的无线网卡，它们可以自动根据情况选择标准。同样，也出现了移动适配器和接入设备能同时支持所有的这些标准。

在 802.3 协议中的 CSMA/CD 冲突检测机制已经很难运用在 802.11 协议中，所以在 802.11 中对 CSMA/CD 进行了一些调整，采用了新的协议 CSMA/CA(Carrier Sense Multiple Access with Collision Avoidance)或者 DCF(Distributed Coordination Function)实现冲突检测和尽可能避免冲突。

7.2.4 局域网协议

局域网中常用的通信协议有三种。

1. NetBEUI 协议

这是一种体积小、效率高、速度快的通信协议。在微软公司的主流产品中，如 Windows 95/98 和 Windows NT，NetBEUI 已成为固有的缺省协议。NetBEUI 是专门为几台到百余台电脑所组成的单网段小型局域网而设计的，不具有跨网段工作的功能，即 NetBEUI 不具备路由功能。如果一个服务器上安装多块网卡，或采用路由器等设备进行两个局域网的互联时，不能使用 NetBEUI 协议。否则，在不同网卡(每一块网卡连接一个网段)相连的设备之间，以及不同的局域网之间将无法进行通信。虽然 NetBEUI 存在许多不尽人意的地方，但它也具有其他协议所不具备的优点：在三种常用的通信协议中，NetBEUI 占用内存最少，在网络中基本不需要任何配置。

2. IPX/SPX 及其兼容协议

这是 Novell 公司的通信协议集。与 NetBEUI 的明显区别是：IPX/SPX 比较庞大，在复杂环境下有很强的适应性。这是由于 IPX/SPX 在设计时考虑了多网段的问题，具有强大的路由功能，适合大型网络使用。当用户端接入 NetWare 服务器时，IPX/SPX 及其兼容协议是最好的选择。但在非 Novell 网络环境中，一般不使用 IPX/SPX。尤其在 Windows NT 网络和由 Windows 95/98 组成的对等网中，无法使用 IPX/SPX 协议。

3. TCP/IP

这是目前最常用的一种通信协议，也是互联网的基础协议。TCP/IP 具有很高的灵活性，支持任意规模的网络，几乎可连接所有的服务器和工作站，但同时设置也较复杂，NetBEUI 和 IPX/SPX 在使用时不需要进行配置，而 TCP/IP 协议在使用时首先要进行复杂的设置，每个节点至少需要一个 IP 地址、子网掩码、默认网关和主机名。在 Windows NT 中提供了一个称为动态主机配置协议的工具，它可自动为客户机分配连入网络时所需的信息，减轻了联网工作的负担，避免出错。IPX/SPX 及其兼容协议与 TCP/IP 之间存在着一些差别。TCP/IP 的地址是分级的，而 IPX/SPX 协议中的 IPX 使用的是一种广播协议。

7.3 因特网概述

Internet 采用 TCP/ IP 通信协议，将世界范围内许许多多计算机网络连接在一起，而成为当今规模最大的、最具影响力的国际性网络。因此，Internet 是由世界范围内众多计算机网络汇合成的一个网络集合体，而并非一个具有独立形态的网络。正如 Internet 本身的英语含义所示，在英语中“inter -”的含义是“交互”，而“net”则指的是“网络”。然而仅从计算机网络的“网络”的角度描述 Internet 是远远不够的，因为计算机网络仅是传输信息的载体，而 Internet 的魅力在于它所提供的信息交流和资源共享环境。与 Internet 相连接，意味着可以分享丰富的信息资源，并可以和其他 Internet 用户以各种方式进行信息交流。在这方面，Internet 所起的巨大作用是其他任何社会媒体或服务机构都无可比拟的。今天 Internet 的发展已远远超过了其作为一个网络的含义，它是一个信息社会的缩影。

综上所述，Internet 的定义应该包含以下三个方面的内容：

(1) Internet 是一个基于 TCP/ IP 协议簇的国际互连网络。

(2) Internet 是一个网络用户的团体，用户使用网络资源，同时也为该网络的发展壮大贡献力量；

(3) Internet 是所有可被访问和利用的信息资源的集合。

7.3.1 因特网的发展

从某种意义上，Internet 可以说是第二次世界大战之后美苏冷战的产物，其由来可追溯到 1962 年。当时，美国国防部为了保证美国本土防卫力量和海外防御武装在受到苏联第一次核打击以后仍然具有一定的生存和反击能力,认为有必要设计出一种分散的指挥系统:它由一个个分散的指挥点组成,部分指挥点被摧毁后,其他点仍能正常工作,并且这些点之间能够绕过那些已被摧毁的指挥点而继续保持联系。为了对这一构思进行验证,1969 年,美国国防部国防高级研究计划署资助建立了一个名为 ARPAnet 的网络,这个网络把加利福尼亚大学洛杉矶分校、加利福尼亚大学圣芭芭拉分校、斯坦福大学以及位于盐湖城的犹他州州立大学的计算机主机连接起来,位于各个节点的大型计算机采用分组交换技术,通过专门的通信交换机(Interface Message Processor, IMP)和专门的通信线路相互连接。这个 ARPAnet 就是 Internet 最早的雏形, ARPAnet 较好地解决了异种机网络互连的一系列理论和技术问题,提出资源共享、分组交换以及网络通信协议分层等思想,从而奠定 Internet 存在和发展的基础。

Internet 的真正发展是从 1986 年 NSFnet 的建立开始的。最初,美国国家科学基金会(National Science Foundation, NSF)曾试图用 ARPAnet 作为 NSFnet 的通信干线,但这个决策没有取得成功,究其原因是政治上的考虑而不是出于技术角度。由于 ARPAnet 的军用性质,并且其受控于政府机构,不难想像,要把它作为 Internet 的基础并不是容易的事情。20 世纪 80 年代是网络技术取得巨大进展的年代,不仅大量涌现出诸如以太网电缆和工作站组成的局域网,而且发展了建立大规模广域网的技术基础。正是这时的发展,使得 NSFnet 的计划又被提到议事日程上来。1988 年底,美国国家科学基金会把在全国建立的五大超级计算机中心用通信干线连接起来,组成全国科学技术网 NSFnet,并以此作为 Internet 的基础,实现同其他网络的连接。采用 Internet 的名称是在 MILnet(在 1983 年 ARPAnet 分裂为两部分: ARPAnet 和纯军事用的 MILnet)和 NSFnet 实现连接后开始的。其后,美国其他联邦部门的计算机网相继并入 Internet,如能源科学网 Esnet、航天技术网 NASAnet、商业网 COMnet 等。从这以后, NSF 巨型计算机中心一直肩负着扩展 Internet 的使命。NSFnet 对 Internet 的重大贡献在于它使得 Internet 对全社会开放, 而不再像以前那样仅能供计算机专家、政府职员和政府项目承包者使用。由于 Internet 取得的成功,一些原来不采用 TCP/IP 协议的商用网络,也试图转向为客户提供 Internet 的服务。办法是开发异种网络的互连技术,把诸如 BITnet、USEnet、

DECnet 这样一些不执行 TCP/IP 协议的网络也同 Internet 连接起来。NSFnet 与商用通信主干网共同形成了早期的 Internet。今天, NSFne 作为 Internet 的主干网之一,连接了全美上百万台计算机,拥有几百万用户,是 Internet 最主要的成员网。以美国 Internet 为中心的网络互连迅速向全球发展,连入的国家和地区日益增加,信息流量也不断增加,特别是 WWW (World Wide Web)超文本服务的普及,是 Internet 上信息剧增的主要原因。

Internet 之所以在 20 世纪 80 年代出现并立即获得迅速发展和扩大,可以举出多种原因。但以下几点可主要原因。

(1)计算机网络通信、网络互连和信息工程技术的发展为其奠定了必要的技术基础。

(2)通过资源共享满足不同用户的需求,成为一种强大的驱动力量。每个参与者既是信息和资源的创建者,又是使用者。

(3) Internet 在其建立和发展过程中,始终执行一种非常开放的策略,对于开发者和用户都不施加不必要的限制。任何个人或机构既可以使用它,也能为它的发展做出贡献, 它不仅拥有极其庞大的用户, 也拥有甚为众多的开发者。

(4) Internet 在为人们提供计算机网络通信设施的同时,还为广大用户提供非常友好的、

人人乐于接受的访问手段。Internet 使计算机工具、网络技术和信息资源不仅被科学家、工程师和计算机专业人员使用,同时也能为一般民众服务,进入非技术领域、商业和家庭。今天,Internet 已经渗透到社会生活的各个方面。人们通过 Internet 可以随时了解最新的气象信息、新闻动态、旅游信息、世界金融股票行情,实现网上购物、订飞机/火车票、给银行或信用卡公司汇款/转账、发送和阅读电子邮件、到信息资源服务器或各类数据库中查询所需的资料,如软件工具、科技文献、教学课件等。Internet 可以说是人类历史上的一大奇迹,就连它的创造者们也没有预见到它所产生的如此巨大的社会影响力。可以说它改变了人们的生活方式,加速了社会向信息化发展的步伐。

7.3.2 因特网主要功能

Internet 从早期的远程登录访问 Telnet、FTP 文件传输服务、电子邮件 E-mail、网络新闻服务 News、电子公告牌 BBS,到目前最为流行的 WWW 信息浏览,服务形式多样,功能各异。

这些信息服务基本上可以归类为三个主要功能:共享资源、交流信息、发布和获取信息。在 Internet 上的任何活动都离不开这三个基本功能。

1.共享资源

Internet 上的信息资源非常丰富,如通过浏览器可以浏览 Internet 上的网站,了解用户感兴趣的信息,可以访问世界上著名的大学、图书馆、博物馆等。通过远程登录服务 Telnet,可以通过网络共享计算机资源,包括硬件和软件资源。例如,可以在家里或在外地通过远程登录服务访问在单位的各种服务器,但需要在这些服务器上拥有合法的账号。一旦登录到服务器上,就可以执行各种命令,如同坐在服务器的终端前操作一样。人们使用远程登录服务不仅是为了使用远地系统的硬件资源,而通常是为了享用远地系统的特殊服务,典型的有访问电子公告牌服务 BBS,用户可以登录到 BBS 服务器上,参与各类讨论。此外,通过文件传输服务 FTP 可以将远地资源取到本地计算机来使用。不管两台计算机之间相距多远,也不管它们上面运行的是什么操作系统,通过 FTP 它们之间就可以传输文件。Internet 所提供的共享资源的方式有多种多样,它打破了传统的人们获取信息的时空障碍。

2.交流信息

人们组成社会是为了相互交流和协作。Internet 突破了空间距离和物体媒介的限制,极大地拓展了人与人之间的联系。Internet 上交流的方式很多,最常见的应用是电子邮件 E-mail。与打电话、发传真相比,电子邮件可以说是既便宜又方便,一封电子邮件 的费用通常仅需花几分钱,而且通常在几分钟内就可以将信息发送到世界上任何有 Internet 连接的地方。此外,Internet 提供了很多人们可以就某些感兴趣话题进行交流的方式和场所,如在 Internet 上有成千上万个讨论组、新闻组,把兴趣相同的人聚合在一起,使相隔万里的人们一起讨论所喜欢的问题,而电子公告牌 BBS 则更加灵活,大家都通过同一台 BBS 服务器分享个人感受、交流思想、相互学习、结交朋友。随着网络运行速度的提高,网上信息交流的形式也迅速发展,增加了实时的、多媒体的通信手段,如网络电视、网络会议、网络学校、网络游戏和网络寻呼等。Internet 所带给人们的是一次交流方式的变革。

3.发布和获取信息

Internet 作为一种新的信息传播媒体,为人们提供了一种让外界了解自己的窗口,提供了广阔的空间。特别是 WWW 应用出现以后，Internet 真正变成了一个多媒体的信息发布海洋。网上报刊、网上广播、网上书店、网上画廊、网上图书馆和网上招聘等，应有尽有。许多大学、科研机构、政府部门、企业公司、团体和个人都在 Internet 上设立了图文并茂、内容独特、不断更新的 WWW 网站，作为自己对外宣传和联络的窗口。Internet 在发布和获取信息方面突破了传统媒体的限制，其主要特点如下。

(1)24 h 不间断播放。存放信息的服务器通常 24 h 都在运行，这样世界各地的人们都可以在任何时间里访问发布的信息。这是传统的媒体不可比拟的。

(2)跨越了空间限制。Internet 已经连接了全世界 180 多个国家。这就意味着，只要信息在网上，那么在连网国家的任何一个人都可以访问到。

(3)了解信息的人们由被动变为主动。人们可以主动地、自主地选择要访问的信息。Internet 突破了以往传统的信息获得的方式，变被动为主动，使人们对信息的搜集获 取变得非常简单。“信息就在你的指尖”是人们对今天获取知识非常形象的描述。在 Internet 上，只要敲击键盘或移动鼠标，就可以获得信息。为了给人们在 Internet 上搜寻信息提供方便，Internet 上有不少专门的信息检索站点，称之为搜索引擎。用户只要通 过 WWW 浏览器(Internet Explorer 或 Netscape 等)访问其站点，输入关键词就可以获得要查找的信息，现在国内外有很多搜索引擎，较知名的有 www. google. com ，www . yahoo. com ，www . baidu. com 等。随着 Internet 的发展，越来越多的服务以 Internet 为媒体来进行。例如，人们可以通过电子商务网络购物、进行证券交易、了解股市行情等；远程教学使人们不需要走 进学校就可以接受教育，不受时间、空间的限制；通过远程医疗可以对疑难病症进行专家会诊，及时抢救病人。

7.4 网络安全

网络安全是指网络系统的硬件、软件及其系统中的数据受到保护，不因偶然的或者恶意的原因而遭受到破坏、更改、泄露，系统连续可靠正常地运行，网络服务不中断，具有保密性、完整性、可用性、可控性和可审查性等特征。保密性是指信息不泄露给非授权用户、实体或过程，或供其利用的特性。完整性是指数据未经授权不能进行改变的特性，即信息在存储或传输过程中保持不被修改、不被破坏和丢失的特性。可用性是指可被授权实体访问并按需求使用的特性，即当需要时能否存取所需的信息。例如，网络环境下拒绝服务、破坏网络和有关系统的正常运行等都属于对可用性的攻击；可控性是指对信息的传播及内容具有控制能力；可审查性是指出现安全问题时提供依据与手段。

7.4.1 网络安全问题概述

怎样才算得上一个安全的网络呢？怎样才能使一个网络变得更安全呢？尽管安全网络的概念对大多数用户来说都是很具有吸引力的，但是网络并不能简单地划分为安全的或是不安全的。这是由于安全这个词本身就有其相对性，不同的人们有不同的理解。例如，有些单位的数据是很有保密价值的，就把网络安全定义为其数据不被外界访问；有些单位需要向外界提供信息，但禁止外界修改这些信息，就把网络安全定义为数据不能被外界修改；有些单位注重通信的隐秘性，就把网络安全定义为信息不可被他人截获或阅读；还有些单位对安全的定义会更复杂,把数据划分为不同的级别,其中有些级别数据对外界保密,有些级别数据只能被 外界访问而不能被修改等。正因为没有绝对意义上的安全网络(secure network)存在,任何安全系统的第一步就是制定一个合理的安全策略(security policy)。该策略不需规定具体的技术实现,而只需清晰地阐明要保护的各项条目即可。制定网络安全策略是一件很复杂的事情,其主要复杂性在于网络安全策略必须能够覆盖数据在计算机网络系统中存储、传输和处理等各个环节,否则安全策略就不会有效。比如,保证数据在网络传输过程中的安全,并不能保证数据一定是安全的,因为该数据终究要存储到某台计算机上。如果该计算机上的操作系统等不具备相应的安全性,数据可能从那儿泄漏出去。因此,安全策略只有全方位地应用,才能是有效的。也就是说,该策略必须考虑数据的存储、传输和处理等。制定网络安全策略的复杂性还体现在对网络系统信息价值的评定。很容易理解,任何组织只有正确认识其数据信息的价值,才能制定一个合理的安全策略。而在大多数情况下,信息的价值是很难评估的。不妨以一个简单的工资数据库系统为例,该数据库系统记录了某公司所有雇员、他们的上班时间及工资等级等信息。该系统的价值来自三个方面:第一,重新建立该系统的代价,这一部分最容易评价,只要计算出重新收集和组织该系统信息所需的工作量即可。第二,如果该系统信息不正确,公司可能面临的损失,如非法操作使系统中某些雇员的工资等级比实际情况高,公司将被迫多支付薪水。第三,如果信息泄漏导致间接损失,如工资信息被竞争者窃取,竞争者会采取针对性措施使该公司在人力资源方面蒙受巨大损失,如被迫提高员工薪水、增加培训等各项开销。总结如下:由于制定合理的网络安全策略需要正确评估系统信息的价值,网络安全策略的制定并不是一件容易的事。为了对数据进行有效的保护,网络安全策略必须能够覆盖数据在计算机网络系统中存储、传输和处理等各个环节。

7.4.2　因特网安全协议

在信息网络中,可以在ISO七层协议中的任何一层采取安全措施。大部分安全措施都采用特定的协议实现,如在网络层加密和认证采用IPSec协议,在传输层加密和认证采用SSL协议等。安全协议本质上是关于某种应用的一系列规定,包括功能、参数、格式、模式等,通信各方只有共同遵守协议,才能互操作。在这一节中主要根据开放系统互联参考模型介绍网络安全协议。

安全协议可描述为,它是建立在密码体制基础上的一种高互通协议,运行在计算机通信网或分布式系统中,为安全需求的各方提供一系列步骤,借助于密码算法达到密钥分配、身份认证、信息保密以及安全地完成电子交易等目的。密码算法为网络上传递的消息提供高强度的加解密操作和其他辅助算法(Hash 函数等),而安全协议是在这些密码算法的基础上为各种网络安全性方面的需求提供其实现方案。

按照其目的,在网络通信中最常用的、最基本的安全协议可分成以下四类。

1. 密钥交换协议

这类协议用于完成会话密钥的建立。在一般情况下,是在参与协议的两个或者多个实体之间建立共享的秘密,如用于一次通信中的会话密钥。协议中的密码算法可采用对称密码体制,也可以采用非对称密码体制。这一类协议往往不单独使用,而是与认证协议相结合。

2. 认证协议

认证协议包括实体认证(身份认证)协议、消息认证协议、数据源认证协议和数据目的认证协议等，用来防止假冒、篡改和否认等攻击。

3.认证和密钥交换协议

这类协议将认证协议和密钥交换协议结合在一起，先对通信实体的身份进行认证，在成功认证的基础上，为下一步的安全通信分配所使用的会话密钥，它是网络通信中应用最普遍的一种安全协议。常见的认证和密钥交换协议有互联网密钥交换(IKE)协议、分布认证安全服务(DASS)协议和 Kerberos 认证协议等。

4.电子商务协议

与上述协议最为不同的是，在电子商务协议中主体，往往代表交易的双方，其利益目标是不一致的，或者根本就是矛盾的，电子商务协议关注的就是公平性，即协议应保证交易双方都不能通过损害对方利益而得到它不应得的利益。常见的电子商务协议有 SET 协议等。

7.4.3 网络环境下的信息安全

随着物联网、移动互联网和云计算技术及应用的蓬勃发展，人类产生的数据量正以指数级增长，其中，很多是用户信息等敏感信息，甚至涉及国家机密。因此，难免会吸引来自世界各地的各种人为攻击(如信息泄漏、信息窃取、数据篡改、数据删添和病毒攻击等)。同时，网络实体还要经受诸如水灾、火灾、地震、电磁辐射等方面的考验，因此，网络环境下的信息安全将直接影响社会的经济效益，应对日益增多的网络攻击、病毒破坏和黑客入侵等问题已经成为各界关注的重点。在信息网络安全方面，国际黑客组织“匿名者”多次攻击朝鲜网站并致其瘫痪，甚至造成会员账号信息泄露。这类似样事件的发生，使得人们的目光迅速聚焦到网络信息安全上面，无不提醒人们注重网络安全的重要性。

在互联网上每天有大量敏感信息持续不断的产生，而网络安全成为保障数据安全的重 要保证。网络下的信息安全分析体现在以下几个方面：

物理安全分析：网络的物理安全是整个网络系统安全的前提。在网络工程建设中，应充分考虑网络规划、网络系统设计的合理性；考虑机房环境防潮防尘；考虑各种线路之间的距离，防止电磁干扰；考虑电源电压和电源故障；考虑设备硬件配置和计算能力；考虑设备 不会被破坏，线路不会被截断；考虑报警装置和系统备份设计；考虑网络设备不受电、火灾 和雷击等自然灾害的侵害；考虑人为对物理设备操作失误或错误。

信息内容安全分析：网络环境下，信息内容的安全性主要体现在两种方式，一种是信息泄露，另一种是信息破坏。信息泄露就是未经合法用户的授权，非法用户侦破、截获、窃取或者破译目标系统中的数据，一旦一些隐私信息被泄露出去，会给用户带来隐患和困扰；信息破坏指由于系统故障、非法行为或系统感染病毒，使得数据内容被删减、添加或者修改，破坏数据的完整性、正确性和可用性。如果一些重要信息遭到泄露和破坏，将对经济、社会和政治产生很大的影响。

信息传播安全分析：在网络环境下，数据信息的传输的载体是各种网络通信协议，如 TCP/IP、IPX/SPX、HTTP、XMPP 等，这些协议往往并不是专门为实现数据的安全通信而设计，通常存在安全漏洞，缺乏数据安全保护机制。许多非法入侵、网络攻击和病毒传播往往就是利用这些协议中的这些漏洞对网络系统或用户数据进行泄露和破坏。另外，如果信息传播受到攻击，会造成数据在网络上传播失控，严重时将直接导致整个网络系统瘫痪。

管理安全分析:无论何种情况下,管理都是网络中安全最重要的部分。安全管理制度的不健全和缺乏可操作性等都可能引起管理安全的风险。例如,无法对网络出现攻击行为或内部人员的违规操作等进行实时的检测、监控、报告与预警。同时,在事故发生后,也无法提供黑客攻击行为的追踪线索及破案依据,缺乏对网络的可控性与可审查性。这种管理上的疏忽,会造成数据的丢失无迹可寻,为以后的数据安全管理留下隐患。

网络安全防护措施在网络环境下,黑客攻击、病毒传播、系统漏洞等来自安全技术的攻击,就要用安全技术的手段去防卫。

访问控制是网络安全防御和保护的主要策略。进行访问控制的目的是对用户访问网络资源的权限进行严格的认证和控制,保证网络资源不被非法使用和非法访问,从而达到维护系统安全和保护网络资源的目的。无论何种情况下,加密是保护数据安全的重要手段。

加密是采用加密算法和加密密钥将明文的数据转变成密文,从而将信息数据隐蔽起来,再将加密后的信息数据传播出去,即使加密后的信息数据在传输过程中被窃取或截获,窃取者也无法了解信息数据中的内容,从而保证信息数据存储和传输的安全性。

网络隔离一般采用在数据存储系统上部署防火墙作为主要隔离手段。防火墙将网络分为内部和外部网络,内部网络是安全的和可信赖的,而外部网络则存在大量威胁。防火墙技术是通过对网络的隔离和限制访问等方法控制网络的访问权限,只允许授权的数据通过,并且防火墙本身也必须能够免于渗透。

入侵检测是一种主动的网络安全防御措施,它不仅可以通过监测网络实现对内部攻击、外部攻击和误操作的实时保护,有效地弥补防火墙的不足,而且还能结合其他网络安全产品,对网络安全进行全方位的保护,具有主动性和实时性的特点,是防火墙重要的和有益的补充。

在网络环境下,病毒防护主要包括病毒的预防、检测与清除,在第一时间内阻止病毒进入系统,而有效地预防病毒的措施实际上来自用户的行为。

网络安全审计是一种高性能、高稳定性的网络信息安全审计手段,安全审计系统通过网络旁路的方式,监听捕获并分析网络数据包,还原完整的协议原始信息,并准确记录网络访问的关键信息。它能通过统一的策略设置的规则,智能地判断网络异常行为,并对异常行为进行记录、报警和阻断,保护业务的正常运行。数据备份是数据保护的最后一道防线,其目的是为了在重要数据丢失时能对原有数据进行恢复。当系统出现故障或灾难事件时,能够方便且及时地恢复系统中的有效数据,以保证系统正常运行。随着网络安全技术的不断发展,绝对的安全是不存在的,任何网络安全和数据保护的防范措施都是有一定的限度。网络安全的提高不仅要依赖于不断发展的技术,更依赖于完善的管理和用户安全意识的提高。除了运用各种安全技术之外,还要建立一系列安全管理制度。只有这样,才能有效地防御各种网络攻击,使网络安全、稳定地运行。

7.5　本章小结

本章主要介绍计算机网络基本概念、分类、网络体系结构、Internet 概念以及发展、网络安全等,重点介绍 TCP/IP 网络体系结构、局域网参考模型以及局域网协议。通过本章学习,掌握计算机网络体系结构、局域网参考模型,了解局域网协议,可以为下一步学习打下良好基础。

习 题

1. 计算机网络按分布范围的大小可分为几类?

2. 计算机网络有几种交换方式?

3. OSI 体系结构从下向上依次为哪七层? 特点是什么?

4. TCP/IP 体系结构从下向上依次为哪五层? 每层的功能是什么?

5. 什么是局域网? 局域网由哪几部分组成?

6. 简述局域网参考模型中的数据链路层功能。

7. 简述局域网通信协议。

8. 简述 Internet 的主要功能。

9. 什么是网络安全?

10. 网络通信中最常用的、最基本的安全协议可分成哪四类?

11. 网络下的信息安全分析体现在哪几方面?

第8章　物联网基础

物联网自从其诞生以来，已经引起巨大关注，被认为是继计算机、互联网、移动通信网之后的又一次信息产业浪潮。物联网将人类生存的物理世界网络化、信息化，将分离的物理世界和信息空间有效互联，代表了未来网络的发展趋势与方向。

作为第三次信息化浪潮，物联网的大力发展主要来源于三大推动力：第一大推动力政府、第二大推动力企业、第三大推动力教育界科技界，目前已经成为国家战略性新兴产业。从应用的角度上讲，物联网已经广泛地应用在智慧地球、智慧城市、智慧校园中，同时物联网的终端在人体健康监护、智能电网、智能家居等领域也有广泛的用途。从技术的角度上讲，物联网分成三个层次和八层架构，其中三个层次是：物联网感知层和物联网网络层、物联网应用层；同时包括了四大支撑技术：标签技术、传感技术、组网技术和微机电技术。物联网是一次技术革命，代表未来计算机和通信的走向，其发展依赖于在诸多领域内活跃的技术创新。物联网的支撑技术则融合了 RFID(射频识别)、WSN/ZigBee 技术、传感器技术、智能服务等多种技术：RFID 是一种非接触式自动识别技术，可以快速读写并长期跟踪管理，在智能识别领域有着非常好的发展前景；短距低功耗为特点的传输网络的出现使得搭建无处不在的网络变为可能；以 MEMS 为代表的传感器技术拉近了人与自然世界的距离；智能服务技术则为发展物联网的应用提供了服务内容。物联网的最终目的，是为人类提供更好的智能服务，满足人们的各种需求，让人们享受美好的生活。

8.1　物联网概述

近百年世界信息科学技术的发展历程，大体上可分为三个阶段。20 世纪 50 年代之前是信息技术理论的奠基阶段，它的第一个重要成果就是诞生了第一代电子计算机。从 20 世纪 60 年代开始，信息技术进入微电子技术的发展阶段，它的重要标志就是各种集成电路的出现。从 90 年代开始，出现了信息高速公路，这就是互联网，互联网改变了世界。从本世纪初开始，信息技术的应用开启了“互联网＋物联网”的新阶段。物联网的出现，是继互联网之后的又一次技术革命。作为新兴事物的物联网其实并不年轻，在其发展历程中，不同的国家、不同的机构组织在不同的时期都关注着物联网。物联网被看作是信息领域的一次重大发展与变革，自 2009 年以来，美国、欧盟、日本等纷纷出台物联网发展计划，进行相关技术和产业的前瞻布局；我国“十二五”规划中也将物联网作为战略性新兴产业予以重点关注和推进。但整体而言，无论国内还是国外，物联网的研究和开发都还处于起步阶段。

物联网的发展，从一开始就与信息技术、计算机技术，特别是网络技术密切相关。“计算模式每隔 15 年发生一次变革”这个被称为“15 年周期定律”的观点一经 IBM 前首席执行官郭士纳提出，便被认为同英特尔创始人之一的戈登·摩尔提出的摩尔定律一样准确。纵观历史，1965 年前后发生的变革以大型机为标志，1980 年前后发生的变革以个人计算机的普及为标志，而 1995 年前后则发生了互联网革命，每一次的技术变革又都引起企业、产业甚至国家间竞争格局的重大动荡和变化。直到 2005 年物联网概念的提出，其被认为是第三次信息技术革命浪潮，发展将经历四个阶段：2010 年之前物品识别技术被广泛应用于物理、零售和制药领域；2010—2015 年物体互联；2015—2020 年物体进入半智能化；2020 年之后物体进入全智能化。近年来，物联网发展极为迅速，不再停留在单纯的概念、设想阶段，而是逐渐成为国家战略、政策扶植的对象。

8.2 物联网的定义与特征

国内外普遍认为物联网是麻省理工学院 Ashton 教授于 1999 年最早提出来的。其理念是基于射频识别和电子代码等技术，在互联网的基础上构造一个实现全球物品信息实时共享的实物互联网，即物联网。

物联网是指通过信息传感设备，按照约定的协议，把任何物品与互联网连接起来，进行信息交换和通信，以实现智能化识别、定位、跟踪、监控和管理的一种网络。它是在互联网基础上延伸和扩展的网络。

国际电信联盟(ITU)定义物联网主要解决物品到物品(Thing to Thing，T2T)、人到物品(Human to Thing，H2T)、人到人(Human to Human，H2H)之间的互联。这里与传统互联网不同的是，H2T 是指人利用通用装置与物品之间的连接，H2H 是指人与人之间不依赖于个人电脑而进行的互联。需要利用物联网才能解决的是传统意义上的互联网没有考虑的、对于任何物品连接的问题。物联网是连接物品的网络，有些学者在讨论物联网时，常常提到 M2M 的概念，可以解释为人到人(Man to Man)、人到机器(Man to Machine)、机器到机器(Machine to Machine)。本质上，在人与机器、机器与机器之间的交互，大部分还是为了实现人与人之间的信息交互。

ITU 物联网研究组认为物联网的核心技术主要是普适网络、下一代网络和普适计算。这三项核心技术的简单定义如下：普适网络是无处不在的、普遍存在的网络；下一代网络是可以在任何时间、任何地点，互联任何物品，提供多种形式信息访问和信息管理的网络；普适计算是无处不在的、普遍存在的计算。其中，下一代网络中“互联任何物品”的定义是 ITU 物联网研究组对下一代网络定义的扩展，是对下一代网络发展趋势的高度概括。从现在已经成为现实的多种装置的互联网络，如手机互联、移动装置互联、汽车互联、传感器互联等，都揭示了下一代网络在“互联任何物品”方面的发展趋势。

物联网是现代信息技术发展到一定阶段后，才出现的一种聚合性应用与技术提升。它是各种感知技术、现代网络技术和人工智能与自动化技术的聚合与集成应用，使人与物智慧对话，创造一个智慧的世界。因此，物联网技术的发展几乎涉及信息技术的方方面面，是一种聚合性、系统性的创新应用与发展。其本质主要体现在三个方面：一是互联网特征，即对需要联网的“物”一定要有能够实现互联互通的互联网络；二是识别与通信特征，即纳入物联网的“物”一定要具备自动识别、物物通信的功能；三是智能化特征，即网络系统应具有自动化、自我反馈与智能控制的特点。

总体上物联网可以概括为：通过传感器、射频识别、全球定位系统等技术，实时采集任何需要监控、连接、互动的物体或过程的声、光、热、电、力学、化学、生物、位置等各种需要的信息，通过各种可能的网络接入，实现物与物、物与人的泛在连接，从而实现对物品和过程的智能化感知、识别和管理。其需具备三个特征，一是全面感知，即利用射频识别、传感器、二维码等随时随地获取物体的信息；二是可靠传递，通过各种电信网络与互联网的融合，将物体的信息实时准确地传递出去；三是智能处理，利用云计算、模糊识别等各种智能计算技术，对海量数据和信息进行分析和处理，对物体实施智能化控制。

因此，把物联网可以初步定义为通过射频识别、红外感应器、全球定位系统、激光扫描器等信息传感设备，按约定的协议，把任何物体与互联网相连接，进行信息交换和通信，以实现对物体的智能化识别、定位、跟踪、监控和管理的一种网络。特别注意的是，物联网中的“物”不是普通意义的万事万物，这里的“物”要满足以下条件：①要有相应信息的接收器；②要有数据传输通路；③要有一定的存储功能；④要有处理运算单元；⑤要有操作系统；⑥要有专门的应用程序；⑦要有数据发送器；⑧遵循物联网的通信协议；⑨在世界网络中有可被识别的唯一编号。

8.3　物联网体系结构

物联网与传统网络的主要区别在于，物联网扩大了传统网络的通信范围，即物联网不仅局限于人与人之间的通信，还扩展到人与物、物与物之间的通信。

如图 8-1 所示，物联网大致被公认为有三个层次，底层是用来感知数据的感知层，第二层是数据传输的网络层，最上层则是应用层。

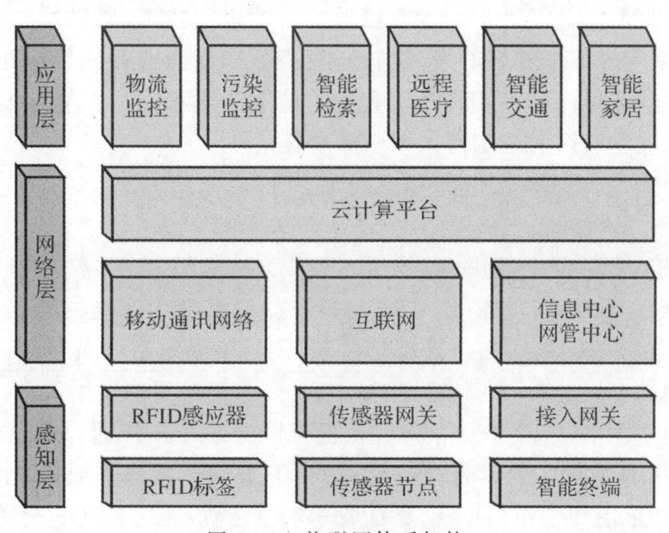

图 8-1　物联网体系架构

在物联网体系架构中，感知层处于三层架构的最底层，是物联网发展和应用的基础，具有物联网全面感知的核心能力。解决的就是人类世界和物理世界的数据获取问题，包括各类物理量、标识、音频和视频数据。作为物联网的最基本一层，感知层具有十分重要的作用。

感知层一般包括数据采集和数据短距离传输两部分，即首先通过传感器、摄像头等设备采集外部物理世界的数据，通过蓝牙、红外、ZigBee、工业现场总线等短距离有线或无线传输技术进行协同工作或者传递数据到网关设备。也可以只有数据的短距离传输这一部分，特别是在仅传递物品的识别码的情况下。在实际上，感知层这两个部分有时很难以明确区分开。

网络层建立在现有的移动通信网和互联网基础上。物联网通过各种接入设备与移动通信网和互联网相连，如手机付费系统中由刷卡设备将内置手机的射频识别信息采集上传到互联网，网络层完成后台鉴权认证并从银行网络划帐。

网络层也包括信息存储查询和网络管理等功能。

网络层中的感知数据管理与处理技术是实现以数据为中心的物联网的核心技术。感知数据管理与处理技术包括传感网数据的存储、查询、分析、挖掘、理解以及基于感知数据决策和行为的理论和技术。云计算平台作为海量感知数据的存储和分析平台，是物联网网络层的重要组成部分，也是应用层众多应用的基础。

应用层利用经过分析处理的感知数据，为用户提供丰富的特定服务。物联网的应用可分为监控型(物流监控、污染监控)、查询型(智能检索、远程抄表)、控制型(智能交通、智能家居、路灯控制)、扫描型(手机钱包、高速公路不停车收费)等。

应用层是物联网发展的目的，软件开发、智能控制技术将会为用户提供丰富多彩的物联网应用。

8.4 物联网支撑技术

物联网是一次技术革命，代表未来计算机和通信的走向，其发展依赖于在诸多领域内活跃的技术创新。物联网的支撑技术则融合了 RFID(射频识别)、WSN/ZigBee 技术、传感器技术、智能服务等多种技术：RFID 是一种非接触式自动识别技术，可以快速读写、长期跟踪 管理，在智能识别领域有着非常看好的发展前景；短距低功耗为特点的传输网络的出现使得 搭建无处不在的网络变为可能；以 MEMS 为代表的传感器技术拉近了人与自然世界的距离；智能服务技术则为发展物联网的应用提供了服务内容。

8.4.1 RFID 技术

射频识别(Radio Frequency Identification，RFID)技术作为本世纪最有发展前途的信息技术之一，已得到全球业界的 高度重视；中国拥有产品门类最为齐全的装备制造业，又是全球 IT 产品最重要的生产加工 基地和消费市场，同时还是世界第三大贸易国。这些都为中国电子标签产业与应用的发展提 供了巨大的市场空间，带来了难得的发展机遇，RFID 技术与电子标签应用必将成为中国信 息产业发展和信息化建设的一个新机遇，成为国民经济新的增长点。未来的 10 年内，所有的东西都将会被植入 RFID 标签。虽然这项技术的有效范围一般都很短，但是其应用的范围却是相当广泛，如征收车辆过路费、无接触式安全通道、汽车 定位(利用内置感应标签的钥匙)以及医院病人或者家畜的身份识别等。下面对 RFID 进行全面介绍，包括 RFID 技术的基础知识、特征、系统工作原理及其同其他识别系统的比较。

1. RFID 介绍

RFID 是 20 世纪 90 年代开始兴起并逐渐走向成熟的一种自动识别技术，也是一项利用射频信号通过空间耦合(交变磁场或电磁场)实现无接触信息传递并通过所传递的信息达到识别目的的技术。与目前广泛使用的自动识别技术如摄像、条码、磁卡、IC 卡等相比，RFID 技术具有很多突出的优点：第一，非接触操作，可以长距离识别（几厘米至几十米），因此完成识别工作时无须人工干预，应用便利；第二，无机械磨损，寿命长，并可工作于各种油渍、灰尘污染等恶劣的环境；第三，可识别高速运动物体并可同时识别多个电子标签；第四，读写器具有不直接对最终用户开放的物理接口，保证其自身的安全性；第五，数据安全方面除电子标签的密码保护外，数据部分可用一些算法实现安全管理；第六，读写器与标签之间存在相互认证的过程，可以实现安全通信和存储。目前，RFID 技术在工业自动化、物体跟踪、交通运输控制管理、防伪和军事用途方面已经有着广泛的应用。RFID 系统由三部分组成（见图 8－2）：

（1）射频卡、又称电子标签（tag）：由耦合元件及芯片组成，且每个电子标签具有全球唯一的识别号，无法修改，也无法仿造，具有安全性。电子标签中一般保存有约定格式的电子数据，在实际应用中，电子标签附着在待识别物体的表面。

（2）天线（antenna）：在电子标签和阅读器间传递射频信号，即电子标签的数据信息。

（3）读写器（reader）：读取（或写入）电子标签信息的设备，可设计为手持式或固定式。阅读器可无接触地读取并识别电子标签中所保存的电子数据，从而达到自动识别物体的目的。通常阅读器与计算机相连，所读取的标签信息被传送到计算机上，进行下一步处理。

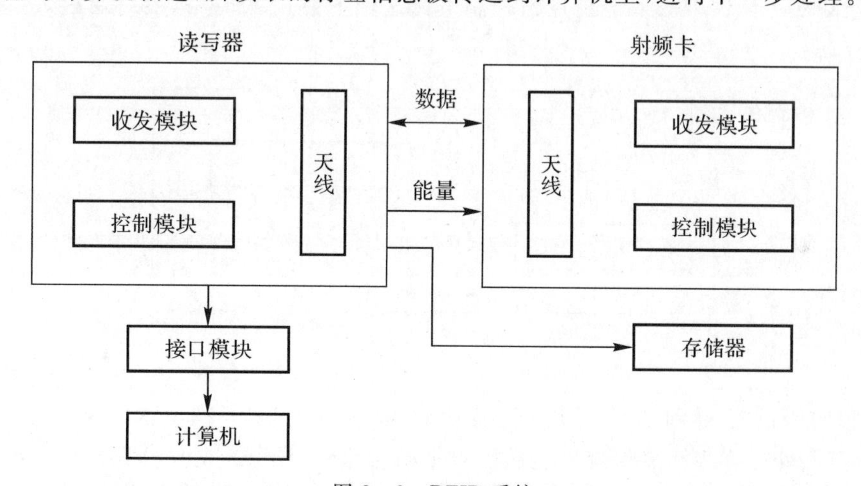

图 8－2　RFID 系统

2. RFID 特征

（1）数据的读写机能：只要通过 RFID Reader 即可，不需接触，直接读取 信息至数据库内，且可一次处理多个电子标签，并可以将物流处理的状态写入电子标签，供下一阶段 物流处理用。

（2）容易小型化和多样化的形状：RFID 在读取上并不受尺寸大小与形状的限制，不需为了读取精确度而配合纸张的固定尺寸和印刷品质。此外，RFID 电子标签更可往小型化与多样化形态发展，以应用于不同产品。

（3）耐环境性：纸张一旦脏污就会看不到，但 RFID 对水、油和药品等物质却有强力的 抗污性。RFID 在黑暗或脏污的环境中，也可以读取数据。

（4）可重复使用：由于 RFID 为电子数据，可以反复被覆写，因此可以回收电子标签重复使用。例如，被动式 RFID 不需要电池就可以使用，没有维护保养的需要。

（5）穿透性：RFID 若被纸张、木材和塑料等非金属或非透明的材质包覆，也可以进行穿透性通信。但如果是铁质金属的话，就无法进行通信。

(6)数据的记忆容量大：数据容量会随着记忆规格的发展而扩大，未来物品所需携带的资料量越来越大，对卷标所能扩充容量的需求也增加，对此 RFID 不会受到限制。

(7)系统安全：将产品数据从中央计算机中转存到工件上将为系统提供安全保障，大大地提高系统的安全性。

(8)数据安全：通过校验或循环冗余校验的方法保证射频标签中存储的数据的准确性。

3. RFID 的工作原理

在通常情况下，RFID 的应用系统主要由电子标签读写器和 RFID 卡两部分组成的，如图 8-3所示。其中，电子标签读写器一般作为计算机终端，用来实现对 RFID 卡的数据读写和存储，它是由控制单元、高频通信模块和天线组成。而 RFID 卡则是一种无源的应答器，主要是由一块集成电路芯片及其外接天线组成，其中 RFID 芯片通常集成有射频前端、逻辑控制、存储器等电路，有的甚至将天线一起集成在同一芯片上。RFID 应用系统的基本工作原理是 RFID 卡进入读写器的射频场后，由其天线获得的感应电流经升压电路作为芯片的电源，同时将带信息的感应电流通过射频前端电路检得数字信号送入逻辑控制电路进行信息处理；所需回复的信息则从存储器中获取经由逻辑控制电路送回射频前端电路，最后通过天线发回给电子标签读写器。

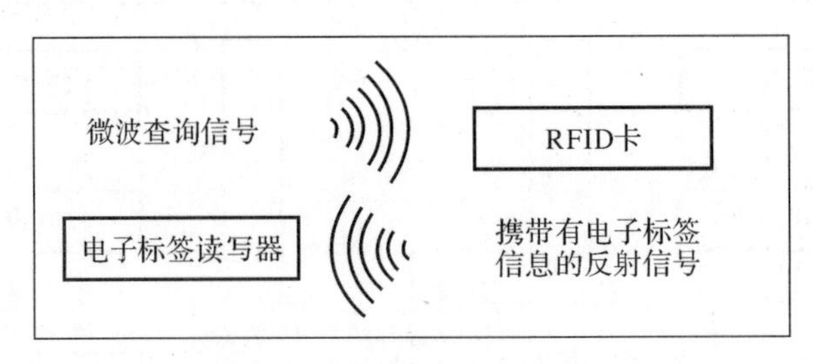

图 8-3 RFID 工作原理

目前 RFID 已经得到了广泛应用，且有国际标准 ISO10536、ISO14443、ISO15693 和 ISO18000 等几种。这些标准除规定了通信数据帧协议外，还着重对工作距离、频率、耦合方式等与天线物理特性相关的技术规格进行了规范。RFID 同其他识别系统的比较见表 8.1。

表 8.1 RFID 同其他识别系统的比较

系统	数据量 Byte	污染影响	受方向性影响	磨损	工作费用	阅读速度	最大读取距离	自动化程度
RFID	16K～64K	无	较小	无	一般	很快	10 m	高
IC 卡	16K～64K	可能	单方向	触点	一般	一般	接触	低
条形码	1K～100K	严重	单方向	严重	很小	慢	20cm	低

在未来的 8～10 年内，几乎所有的东西都会被贴上感应标签，而这些感应标签将会得到广泛的应用。

4. RFID 技术的分类

RFID 技术的分类方法常见的有下面四种：

根据 RFID 工作频率的不同通常可分为低频（30 kHz～300 kHz）、中频（3 MHz～

30 MHz)和高频系统(300 MHz～3 GHz)。低频系统特点是 RFID 内保存的数据量较少,阅读距离较短,RFID 外形多样,阅读天线方向性不强等,主要用于短距离、低成本的应用中,如多数的门禁控制、校园卡、煤气表和水表等。中频系统则用于需传送大量数据的应用系统。高频系统的的特点是 RFID 及阅读器成本均较高,电子标签内保存的数据量较大,阅读距离较远(可达十几米),适应物体高速运动,性能好。阅读天线及 RFID 天线均有较强的方向性,但其天线波束方向较窄且价格较高,主要应用于需要较长的读写距离和高读写速度的场合,大多在火车监控和高速公路收费等系统中应用。

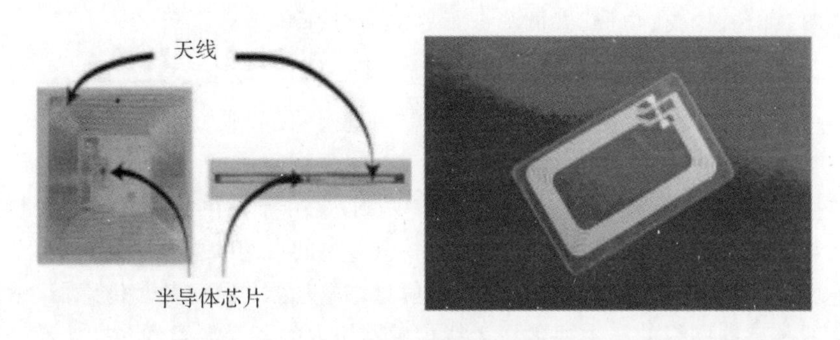

图 8-4　RFID 内部结构天线与芯片

根据 RFID 的读写功能不同,可分为可读写卡(RW)、一次写入多次读出卡(WORM)和只读卡(RO)。RM 卡一般比 WORM 卡和 RO 卡贵得多,如电话卡和信用卡等;WROM 卡是用户可以一次性写入的卡,写入后数据不能改变,比 RW 卡便宜;RO 卡存有一个唯一的号码,不能更改,保证了安全性。

根据 RFID 的有源和无源,又可分为有源 RFID 标签和无源 RFID 标签。有源 RFID 标签使用卡内电池的能量,识别距离较长,可达十几米,但是它的寿命有限(3～10 年),且价格较高;无源 RFID 标签不含电池,它接收到阅读器(读出装置)发出的微波信号后,利用阅读器发射的电磁波提供能量,一般可做到免维护、质量轻、体积小、寿命长、较便宜,但它的发射距离受限制,一般是几十厘米,且需要阅读器的发射功率大。

根据 RFID 调制方式的不同,还可分为主动式(active tag)和被动式(passive tag)。主动式的 RFID 标签用自身的射频能量主动地发送数据给读写器,主要用于有障碍物的应用中,距离较远(可达 30 m);被动式的 RFID 标签使用调制散射方式发射数据,它必须利用阅读器读写器的载波调制自己的信号,适宜在门禁或交通中使用。

5. RFID 系统的应用

RFID 应用的领域相当广泛:

(1)物流:物流过程中的货物追踪、信息自动采集、仓储应用、港口应用、邮政和快递。

(2)零售:商品的销售数据实时统计、补货和防盗。

(3)制造业:生产数据的实时监控、质量追踪和自动化生产。

(4)服装业:自动化生产、仓储管理、品牌管理、单品管理和渠道管理。

(5)医疗:医疗器械管理、病人身份识别和婴儿防盗。

(6)身份识别:电子护照、身份证和学生证等各种电子证件。

(7)防伪:贵重物品防伪和票证的防伪等。

(8)资产管理:各类资产(贵重的或数量大相似性高的或危险品等)。

(9)交通:高速不停车、出租车管理、公交车枢纽管理和铁路机车识别等。

(10)食品:水果、蔬菜、生鲜和食品等保鲜度管理。

(11)动物识别:训养动物、畜牧牲口和宠物等识别管理。

(12)图书:书店、图书馆和出版社等应用。

(13)汽车:制造、防盗、定位和车钥匙中的应用。

(14)航空:制造、旅客机票和行李包裹追踪等。

(15)军事:弹药、枪支、物资、人员和卡车等识别与追踪。

8.4.2 WSN/ZigBee 技术

1. ZigBee 概述

无线传感网络(Wireless Sensor Network,WSN)是由部署在监测区域内大量的廉价微型传感器节点组成的,通过无线通信方式形成的一个多跳的自组织网络系统,其目的是协作地感知、采集和处理网络覆盖区域中被感知对象的信息,并发送给观察者。传感器、感知对象和观察者构成无线传感器网络的三个要素。无线传感网络内的各个要素通过一个统一的协议进行信息的传输,这个协议就是 Zigbee。可以说,ZigBee 是 IEEE 802.15.4 协议的代名词。根据这个协议规定的技术是一种短距离、低功耗的无线通信技术。这一名称来源与蜜蜂的八字舞有关,由于蜜蜂(bee)是靠飞翔和“嗡嗡”(zig)地抖动翅膀的“舞蹈”与同伴传递花粉所在方位信息,也就是说蜜蜂依靠这样的方式构成群体中的通信网络。其特点是距离近、复杂度低、功耗低、数据速率低且成本低。主要适用于自动控制和远程控制领域,可以嵌入各种设备。

ZigBee 联盟是一个高速增长的非牟利业界组织,成员包括国际著名半导体生产商、技术提供者、代工生产商以及最终使用者。成员正制定一个基于 IEEE802.15.4 协议的可靠、性价比高、功耗低的网络应用规格。目前超过 150 多家家成员公司正积极进行 ZigBee 规格的制定工作。

ZigBee 联盟的主要目标是以透过加入无线网络功能,为消费者提供更富弹性、更易用的电子产片。ZigBee 技术能融入各类电子产品,应用范围横跨民用、商用、公用及工业用等市场。生产商可以利用 ZigBee 这个标准化无线网络平台,设计简单、可靠、便宜又省电的各种产品。ZigBee 联盟的焦点在于制定网络、安全和应用软件层;提供不同产品的协调性及互通性测试规格;在世界各地推广 ZigBee 品牌并争取市场的关注;管理技术的发展。

2. WSN/ZigBee 网络组成

简单地说,ZigBee 是一种高可靠的无线数传网络,类似于 CDMA 和 GSM 网络。ZigBee 数传模块类似于移动网络基站,通信距离从标准的 75 m 到几百米,甚至几千米,并且支持无限扩展。

ZigBee 是一个由可多到 65 000 个无线数传模块组成的一个无线数传网络平台,在整个网络范围内,每一个 ZigBee 网络数传模块之间可以相互通信。简单的有点到点,点到多点通信(目前很多这样的数传模块),包装结构比较简单,主要由同步序列、数据和 CRC 校验几部分组成。ZigBee 是采用数据帧的概念,每个无线帧包括大量无线包,也包含大量时间、地址、命令、同步等信息,真正的数据信息只占很少部分,而这正是 ZigBee 可以实现网络组织管理和实现高可靠传输的关键。同时，ZigBee 采用 MAC 技术和 DSSS（直扩序列调制）技术，能够实现高可靠和大规模网络传输。

ZigBee 定义了两种物理设备类型：全功能设备（Full Function Device，FFD）和精简功能设备（Reduced Function Device，RFD）。一般来说，FFD 支持任何拓扑结构，可以充当网络协调器（network coordinator），能和任何设备通信；RFD 通常只用于星型网络拓扑结构中，不能完成网络协调器功能，且只能与 FFD 通信，两个 RFD 之间不能通信，但它们的内部电路比 FFD 少，只有很少或没有消耗能量的内存，因此实现相对简单，也更利于节能。

在交换数据的网络中，有三种典型的设备类型、协调器、路由器和终端设备。一个 ZigBee 由一个协调器节点、若干个路由器和一些终端设备节点构成。设备类型并不会限制运行在特定设备上的应用类型。协调器用于初始化一个 ZigBee 网络。它是网络中的第一个设备。协调器节点选择一个信道和一个网络标识符，然后启动一个网络。协调器节点也可以用来在网络中设定安全措施和应用层绑定。协调器的角色主要是启动并设置一个网络，一旦这一工作完成，协调器以一个路由器节点的角色运行（甚至去做其他事情）。由于 ZigBee 网络的分布式的特点，网络的后续运行不需要依赖于协调器的存在。路由器的功能有：允许其他设备加入网络中、多跳路由和协助用电池供电的终端子设备的通信。通常，路由器一直处于工作状态，因此需要使用干线电源供电。路由器需要存储那些去往子设备的信息，直到其子节点醒来并请求数据。当一个子设备发送一个信息时，子设备需要将数据发送给它的父路由节点。这时，路由器就要负责发送数据，执行任何相关的重发，如果有必要还要等待确认。这样，自由节点就可以继续回到睡眠状态。有必要认识到的是，路由器允许成为网络流量的发送方或者是接收方。由于这种要求，路由器必须不断准备来转发数据，它们通常要用干线供电，而不是使用电池。如有某一工程不需要电池给设备供电，那么可以将所有的终端设备作为路由器来使用。因为一个终端设备并没有为维持网络的基础结构的特定责任，所以它可以自己选择休眠还是激活。终端设备仅在向它们的父节点收或者发送数据时才会激活。因此，终端设备可以用电池供电运行很长一段时间。

图 8－5 展示了一个 ZigBee 示例图。

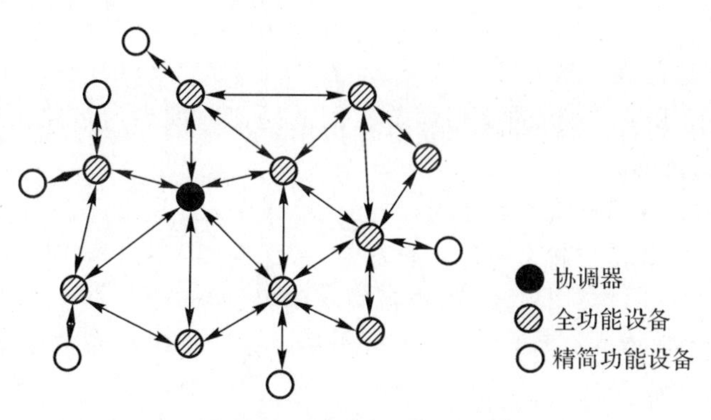

图 8－5　ZigBee 网络示意图

与移动通信的 CDMA 网或 GSM 网不同的是，ZigBee 网络主要是为工业现场自动化控制数据传输而建立。因此，它必须具有简单、使用方便、工作可靠和价格低的特点。而移动通信网主要是为语音通信而建立，每个基站价值一般都在 100 万元人民币以上，而每个 ZigBee 基站却不到 1 000 元人民币。每一个 ZigBee 网络节点不仅本身可以作为监控对象，如其所连接的传感器直接进行数据采集和监控，还可以自动中转别的网络节点传过来的数据资料。除此之外，每一个 ZigBee 网络节点(FFD)还可在自己信号覆盖的范围内，和多个不成单网络的孤立子节点(RFD)无线连接。如图 8-6 所示，分别为 FFD 节点和 RFD 节点。

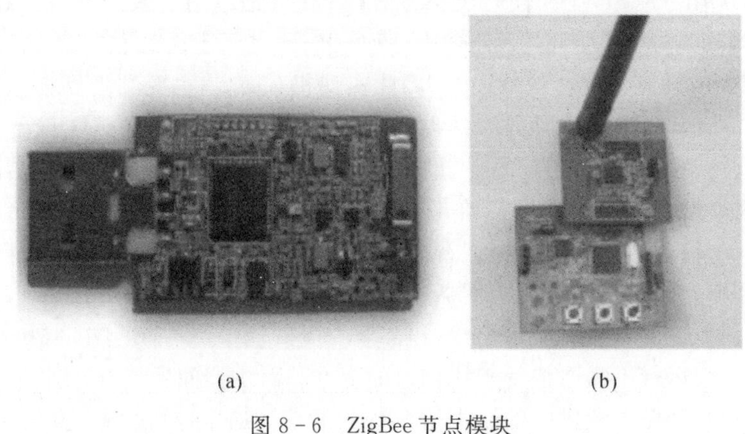

(a) (b)

图 8-6 ZigBee 节点模块

(a)FFD 节点； (b)RFD 节点

3. ZigBee 自身的技术优势

(1)低功耗。在低耗电待机模式下，2 节 5 号干电池可支持 1 个网络节点工作 6～24 个月，甚至更长。这是 ZigBee 的突出优势。与其相比较，蓝牙可工作数周，WiFi 可工作数小时。

(2)低成本。通过大幅简化协议(不到蓝牙的 1/10)，降低了对通信控制器的要求，按预测分析，以 8051 的 8 位微控制器测算，全功能的主节点需要 32KB 代码，子功能节点少至 4KB 代码，而且 ZigBee 免协议专利费。每块芯片的价格大约为 2 美元。

(3)低速率。ZigBee 工作在 20～250 kb/s 的较低速率，分别提供 250 kb/s(2.4 GHz)、40 kb/s (915 MHz)和 20 kb/s(868 MHz) 的原始数据吞吐率，满足低速率传输数据的应用需 求。

(4)近距离。传输范围一般在 10～100 m，在增加射频(Radio Frequency，RF)发射功率后，也可增加到 1～ 3 km。这指的是相邻节点间的距离。如果通过路由和节点间通信的接力，传输距离将可 以更远。

(5)短时延。ZigBee 的响应速度较快，一般从睡眠转入工作状态只需 15 ms ，节点连接进入网络只需 30 ms ，进一步节省了电能。相比较，蓝牙需要 3～10 s，WiFi 需要 3 s。

(6)高容量。ZigBee 可采用星状、片状和网状网络结构，由一个主节点管理若干子节点，最多一个主节点可管理 254 个子节点。同时，主节点还可由上一层网络节点管理，最多可组成 65 000 个节点的大网。

(7)高安全。ZigBee 提供了三级安全模式，包括无安全设定、使用接入控制清单 防止非法获取数据以及采用高级加密标准(AES 128) 的对称密码，以灵活确定其安全属性。

(8)免执照频段。采用直接序列扩频在工业科学医疗频段，即 2.4 GHz(全球)、915 MHz(美国)和 868 MHz(欧洲)。

4. ZigBee 的应用领域

Zigbee 技术的目标是针对家庭自动化、遥测遥控、汽车自动化、农业自动化和医疗护理等，如灯光自动化控制，传感器的无线数据采集和监控，油田、电力、矿山和物流管理等应用领域。另外，它还可以对局部区域内移动目标如城市中的车辆进行定位。具体应用领域如下：

(1)监控照明、供热通风与空气调节(heating，Ventilation and Air Conditioning，HVAC)和写字楼安全。

(2)配合传感器和激励器对制造、过程控制、农田耕作、环境及其他区域进行工业监控。

(3)带负载管理功能的自动抄表，可使得地产管理公司削减成本和节省电气能源。

(4)对油气等生产、运输和勘测进行管理。

(5)家庭监控照明、安全和其他系统。

(6)对病患、设备及设施进行医疗和健康监控。

(7)军事应用，包括战场监视和军事机器人控制。

(8)汽车应用，即配合传感器网络报告汽车的所有的系统状态。

(9)消费电子应用，包括对玩具、游戏机、电视、立体音响、DVD 播放机和其他家电设备进行遥控。

(10)应用于计算机外设，如键盘、鼠标、游戏控制器及打印机。

(11)在有源 RFID 中应用，如电池供电标签，它可用于产品运输、产品跟踪、存储较大物品和财务管理；

(12)基于互联网的设备之间的机器对机器的通信(M2M)。

ZigBee 的典型应用如图 8－7 所示。

图 8－7　ZigBee 的典型应用

8.5　物联网应用

物联网技术的核心和基础仍然是互联网技术，是在互联网技术基础上的延伸和扩展的一种网络技术。其用户端延伸和扩展到了任何物品和物品之间，进行信息交换和通信，时至今日，物联网应用已覆盖日常生活与工业生产的各个领域，且正以飞快的速度延伸到更宽、更深的领域。

1. 智能家居

智能家居是以住宅为平台，利用综合布线技术、网络通信技术、智能家居一系统设计方案安全防范技术、自动控制技术和音视频技术将家居生活有关的设施集成，构建高效的住宅设施与家庭日程事务的管理系统，提升家居安全性、便利性、舒适性和艺术性，并实现环保节能的居住环境。智能家居是目前国内物联网重要应用途径之一。

2. 智能安防系统

智能安防系统可以简单理解为：图像的传输和存储、数据的存储和处理准确而选择性操作的技术系统。就智能化安防系统来说，一个完整的智能安防系统主要包括门禁、报警和监控三大部分。智能安防与传统安防的最大区别在于智能化，我国安防产业发展很快，也比较普及，但是传统安防对人的依赖性比较强，非常耗费人力，而智能安防能够通过机器实现智能判断，从而尽可能实现人想做的事。

3. 工业生产

物联网利用网络及科技应用于一体，大大缩减了生产环节，提高了生产效率。根据企业的生产特点、生产方式和生产过程衍生出若干不同的应用产品，以适应不同企业的不同需求，并采用模块化设计理念，也可以根据企业的特殊要求定制相应的功能加入原有产品。

4. 物品识别定位系统

利用 RFID 等识别定位技术标识生产过程中使用的原材料、半成品和成品，并利用物联网技术将该系统接入计算机网络，可以完成对物品数量、所处位置和责任人员信息等的数字化管理。

5. 实时监控系统

道路监控系统是公安指挥系统的重要组成部分，提供对现场情况最直观的反映，是实施准确调度的基本保障，重点场所和监测点的前端设备将视频图像以各种方式(光纤、专线等)传送至交通指挥中心，进行信息的存储、处理和发布，使交通指挥管理人员对交通违章、交通堵塞、交通事故及其他突发事件做出及时、准确的判断，并相应调整各项系统控制参数与指挥调度策略。

6. 机场防入侵

上海浦东国际机场防入侵系统铺设了 3 万多个传感节点，覆盖了地面、栅栏和低空探测，多种传感手段组成一个协同系统后，可以防止人员的翻越、偷渡和恐怖袭击等攻击性入侵。

7. 电力管理

江西省电网对分布在全省范围内的 2 万台配电变压器安装传感装置，对运行状态进行实时监测，实现用电检查、电能质量监测、负荷管理、线损管理和需求侧管理等高效一体化管理，一年可以降低电损 1.2 kW · h。

8. 个人保健

人身上可以安装不同的传感器，对人的健康参数进行监控，并且实时传送到相关的医疗保健中心，如果有异常，保健中心通过手机，会提醒去医院检查身体。

9. 平安城市建设

利用部署在大街小巷的全球眼监控探头，可以实现图像敏感性智能分析并与 110、119 和 112 等报警求助电话交互，实现探头与探头之间、探头与人、探头与报警系统之间的联动，从而构建和谐安全的城市生活环境。

8.6 本章小结

本章主要介绍物联网的发展、基本概念、定义特征、物联网体系架构以及在智能家居、工业生产和平安城市建设等方面的应用，重点介绍物联网定义与特征、体系架构以及 RFID 和 Zigbee 技术。通过本章学习，掌握物联网体系架构并了解物联网支撑技术及应用，可以为下一步学习打下良好基础。

习　题

1. 什么是物联网？
2. 物联网本质体现在哪些方面？
3. 物联网和传统网络的区别是什么？
4. 物联网大致可分为哪三个层次？
5. 物联网感知层和网络层的作用是什么？
6. 简述物联网体系架构。
7. RFID 基本组成部分有哪些？并说明各个部分的作用是什么。
8. 名词解释：WSN、ZigBee、WIFI、GPS、PLC 和 MEMS。
9. 简述 ZigBee 的技术优势。
10. 简述 ZigBee 协议与 IEEE802.15.4 标准的联系与区别。

第9章 计算机新技术与应用

20世纪80年代后，计算机技术的发展日新月异，传统计算机技术持续发展，新的计算机技术和新领域的计算机技术应用，使计算机技术成为当今与人类息息相关的一门重要科学技术。现今的计算机在运算性能、应用领域和生产成本等各方面取得了空前的发展，其未来的发展趋势在很大程度上决定了很多行业的发展速度，也将会是影响整个社会进步的一个重要因素。

计算机的发展趋势将趋向超高速、超小型、平行处理和智能化，量子、光子、分子和纳米计算机将具有感知、思考、判断、学习及一定的自然语言能力，使计算机进入人工智能时代。

9.1 云计算

云计算(cloud computing)的概念，最早是由美国计算机科学家麦卡锡于1961年提出的。他在一次演讲中指出，将来使用计算机资源就像使用水、电和煤那样方便。通俗地说，云计算就是IT行业的自来水公司，它可以为用户服务，按量收费。那样，大量的信息资源都在"云"中，客户不论在什么地方，都可以与"云"对话，请"云"服务。云计算的组成框图如图9-1所示。

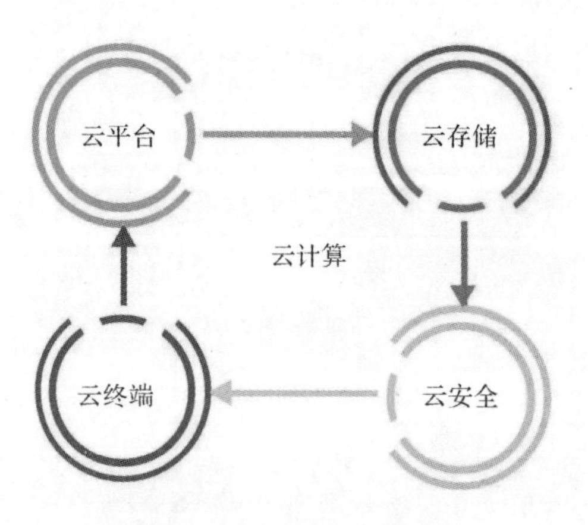

图9-1 云计算的组成框图

9.1.1 云计算的基本概念

云计算是网格计算、分布式计算、并行计算、效用计算、网络存储、虚拟化和负载均衡等传统计算机和网络技术发展融合的产物。云计算从硬件结构上是一种多对一的结构，从服务的角度或从功能的角度上是一对多的结构。其基本特点如下：

(1)云计算是一种基于互联网的计算模式，通过互联网给用户提供计算、数据和资源服务。虽然“云深不知处”，但用户只要能得到满意的服务即可。

(2)云计算是互联网计算模式的商业实现方式。“云”中可以有成千上万台计算机，其中的资源可以无限扩展。用户可以通过个人电脑、笔记本和手机，通过互联网向“云”要求各种服务。

云计算的类型有三种：一是公共云，即以服务方式提供给公众用户，也称为服务云。它为用户提供各种各样的 IT 资源，用户只要按得到的资源付费即可。二是私有云，即“云”服务商给企事业用户提供网络、计算机、存储空间和 IT 资源等，它们都设在企事业单位防火墙的内部。私有云又称为基础设施云。三是混合云，即公有云和私有云的混合，一般由企业创建。

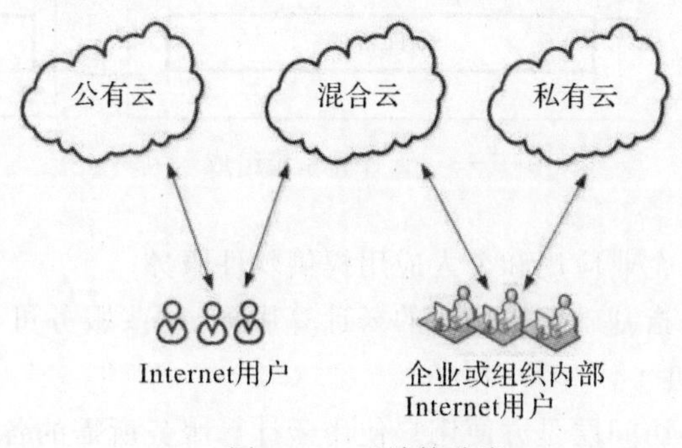

图 9－2　云计算分类

云计算有如下优点：

(1)虚拟式服务。用户无需自己建立数据中心，由云服务商提供信息，这样就降低了成本，提高了效率。

(2)按需服务，实时便捷。“云”是一个庞大的资源池，用户不必知道云服务的过程，通过网络各取所需即可。

(3)安全可靠。云计算可以集中优势对硬件和软件网络进行优化，比各自为政的系统可靠。

(4)超大规模。“云”可以由数万台服务器组成集群，以形成无限空间和无限速度的“深云”，满足用户要求。

正是由于云计算有如上的优点，所以它已成为物联网发展的基石。在无锡，2009 年第一个落户的云计算企业是江苏太湖云计算信息技术公司，第二年就实现了销售收入 2000 万元。该公司推出的私有云解决方案、共有云服务、虚拟桌面云解决方案以及智慧商务电子等都已走向了市场。

9.1.2　云计算系统的组成

云计算的系统由五部分组成，分别为应用层、平台层、资源层、用户访问层和管理层，如图 9－3 所示。因为云计算的本质是通过网络提供服务，所以其体系结构以服务为核心。

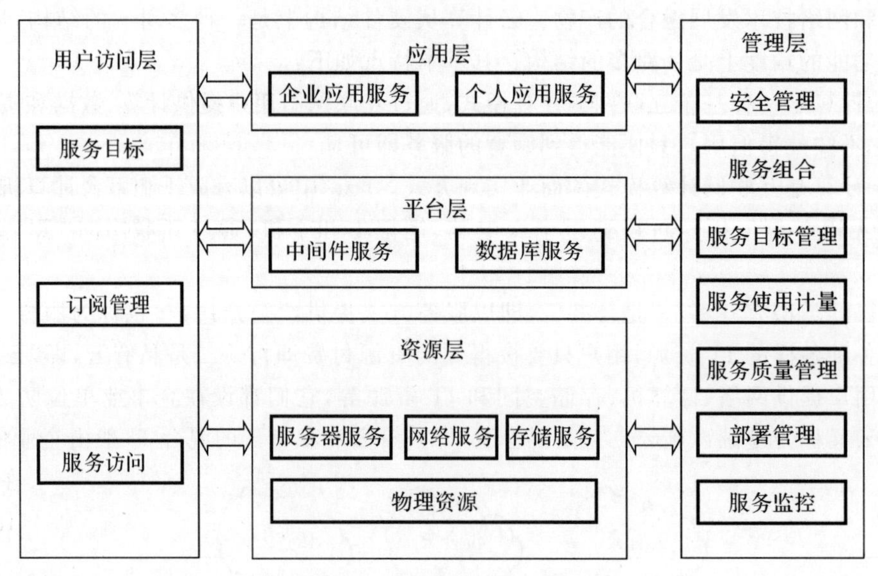

图 9-3　云计算系统组成

(1)应用层。应用层为企业应用和个人应用提供软件服务。

(2)资源层。资源层是指基础架构屋面的云计算服务,这些服务可以提供虚拟化的资源,从而隐藏物理资源的复杂性。

(3)用户访问层。用户访问层是方便用户使用云计算服务所需的各种支撑服务,针对每个层次的云计算服务都需要提供相应的访问接口。

(4)平台层。平台层为用户提供对资源层服务的封装,使用户可以构建自己的应用。

(5)管理层。管理层是提供对所有层次云计算服务的管理功能:。

2010 年 10 月,发改委、工信部联合下发《关于做好云计算服务创新发展试点示范工作的通知》,按照加强统筹规划、突出安全保障、创造良好环境、推进产业发展、着力试点示范、实现重点突破的总体思路,在北京、上海、深圳、杭州、无锡五个城市开展推进服务模式创新;加强核心技术研发和产业化;组建云计算产业联盟;制定云计算技术标准等云计算创新发展试点示范工作。

国家发展改革委、财政部、工业和信息化部自 2011 年起联合组织实施,利用中央财政战略性新兴产业发展专项资金遴选 15 个示范工程项目,首年投入资金 6.6 亿元。

(1)云计算关键技术研发。

1)利用电子信息产业发展基金,聚焦云存储服务和平台安全软件两领域,组织实施"云计算关键支撑软件研发与产业化"项目。

2)在"核高基"国家重大科技专项 2011 年和 2012 年课题中,分别部署实施了"新型网络计算操作系统""网络化应用支撑工具""智能海量数据资源中心""大型网络应用及服务平台研制与示范"等课题,共计安排了 10 个项目。这些项目的实施,有力支持了云计算领域的共性关键技术产品研发和产业化。

3)组织开展了云计算典型解决方案的收集,通过召开"基于安全可控软硬件产品云计算解决方案推介大会",推广云计算典型解决方案,引导产业健康发展。

(2)云计算标准化推进。

1)成立云计算标准工作组,开展需求调研,梳理形成云计算标准体系框架

2)研究制定云计算技术标准、服务标准和有关安全管理规范,切实开展虚拟化、云数据存储和管理、计算资源管理、云计算安全架构、云计算服务交付模式等标准的研制工作

3)组织面向服务的架构(Service - Oriented Architecture,SOA)和信息技术服务标准(Information TechnologyService Standards,ITSS)工作组,积极参与 ISO/IEC JTC1 SC38 和 SC7 等国际标准组织活动和国际标准制定工作。

(3)中国云计算产业发展阶段。

2007—2010 年为云计算的市场引入阶段,这一阶段的特点是云计算的概念还不够明确,用户对云计算的认知度还很低,云计算的技术和商务模式还不成熟等。此外,重点厂商各自为政,缺乏一个较为统一的标准。尤其是随着 2009 年云计算概念的广泛普及,至 2010 年下半年,市场开始逐步具备了摆脱引入阶段的条件,逐步向着更成熟的方向迈进。其中,在 2008 年 6 月 24 日,IBM 在北京 IBM 中国创新中心成立了第二家中国的云计算中心———IBM 大中华区云计算中心。

2011—2015 年为市场成长阶段,这一阶段的特点是应用案例逐渐丰富,用户对云计算已经比较了解和认可,云计算商业应用概念开始形成等。此外,用户已经开始比较主动地考虑云计算与自身 IT 应用的关系。同时,云计算的发展速度在这 5 年间得到迅猛的提升。从 2009 年底到 2013 年底 4 年的时间里,云计算为全球带来 8 000 亿美元的新业务收入,为中国带来超过 11 050 亿元的新业务收入。2011 年 4 月 6 日,国内最大的云计算试验区在重庆市两江新区开建。4 月 8 日,由深圳云计算产业协会联合英特尔、IBM、金蝶等国内外相关企业创建的深圳云计算国际联合实验室正式揭牌。

自 2015 年以后,市场进入成熟阶段,表现在云计算厂商竞争格局基本形成,云计算的解决方案更加成熟。在软件方面,软件即服务(Software-as-a-Service,SaaS)的云应用模式成为主流,市场规模也保持在一个比较稳固的水平。基础设施即服务(Infrastructure-as-a-Service,IaaS)的云应用模式成为公有云中增速最快的服务类型。2017 年,公有云 IaaS 市场规模达到 148.7 亿元,相比 2016 年增长 70.1%。截至 2018 年 6 月底,共有 301 家企业获得了工信部颁发的云服务牌照。

我国公有云市场近年保持 50%以上增长。2017 年,我国云计算整体市场规模达 691.6 亿元,增速 34.32%。其中,公有云市场规模达到 264.8 亿元,相比 2016 年增长 55.7%,预计 2018—2021 年仍将保持快速增长态势,到 2021 年市场规模将达到 902.6 亿元;私有云市场规模达 426.8 亿元,较 2016 年增长 23.8%,预计未来几年将保持稳定增长,到 2021 年市场规模将达到 955.7 亿元。

总体来看,当前我国云计算市场整体规模较小,与全球云计算市场相比差距在 3～5 年。从细分领域来看,国内 IaaS 市场处于高速增长阶段,以阿里云、腾讯云、UCloud 为代表的厂商不断拓展海外市场,并开始与 AWS、微软等国际巨头展开正面竞争。国内 SaaS 市场较国外差距明显,与国外相比,国内 SaaS 服务成熟度不高,缺乏行业领军企业,市场规模偏小。

9.1.3 云计算服务模式

1. IaaS 模式

IaaS 是指消费者通过 Internet 可以从完善的计算机基础设施获得服务。

2. PaaS 模式

平台即服务(Platform-as-a-Service,PaaS)。实际上是指将软件研发的平台作为一种服务,以 SaaS 的模式提交给用户。因此,PaaS 也是 SaaS 模式的一种应用。但是,PaaS 的出现可以加快 SaaS 的发展,尤其是加快 SaaS 应用的开发速度。

3. SaaS 模式

SaaS 是一种通过 Internet 提供软件的模式,用户无需购买软件,而是向提供商租用基于 Web 的软件进行管理企业经营活动。相对于传统的软件,SaaS 解决方案有明显的优势,包括前期成本较低,便于维护,且可以快速展开使用等。

9.2 大　数　据

计算机和网络已经成为当今社会不可或缺的重要工具,人们在各个领域中都需要计算机的帮助,人们利用计算机的高速度和大容量的特点完成了原来不能完成的任务,并且这种大容量的应用越来越广。例如,淘宝网站累计的交易数据量高达 100 PB;百度网站目前的总数据量已超过 1 000 PB,每天处理网页的数据达到 10～100 PB;中国移动公司在某一个省一个月的电话通话记录数据高达 0.5～1 PB;一个大型城市道路车辆监控数据三年达 200 亿条,总量 120 TB。

人们在早些年习惯把大规模数据称为“海量数据”,但实际上,大数据(big data)这个概念在 2008 年就已经被提出。2008 年,在 Google 公司成立 10 周年之际,著名的《自然》杂志专门出版了一期专刊,讨论大数据相关的一系列技术问题,其中就提出了大数据的概念。

9.2.1 大数据基本概念

大数据是指无法在一定时间内用常规软件工具对其内容进行抓取、管理和处理的数据集合。大数据技术是指从各种各样类型的数据中,快速获得有价值信息的能力。适用于大数据的技术,包括大规模并行处理数据库、数据挖掘电网、分布式文件系统、分布式数据库、云计算平台、互联网和可扩展的存储系统。

9.2.2 大数据的特征

计算机领域通常用 5 个 V(即 Volume,Variety,Value,Velocity,Veracity)来概括大数据的特征,分别表现为大体量,多样体、大价值,时效性和准确性。

大数据的特征一是数据量巨大(Volume)。据有关统计,截至目前,人类生产的所有印刷材料的数据量大约是 200 PB,而历史上全人类说过的所有的话的数据量大约是 5 EB。然而,目前很多个人计算机硬盘的容量为 TB 量级,而很多大企业的数据量已经接近或达到 EB 量级。

大数据的特征二是数据类型繁多(Variety)。类型的多样性让数据被分为结构化数据和非结构化数据。相对于以往,为了方便存储以文本为主的结构化数据,大数据主要采用非结构化数据,主要包括网络日志、音频、视频、图片和地理位置信息等,这些多类型的数据对数据处理技术提出了更高要求。

大数据的特征三是价值密度低(Value)。价值密度的高低与数据总量的大小成反比例关系。以监控视频为例,一段1 h的监控视频,有用数据可能仅有1～2 s。如何通过精密的机器算法更迅速地完成对大量数据的价值"提纯",成为目前大数据背景下亟待解决的难题。

大数据的特征四是处理速度快(Velocity)。这是大数据区分于传统数据最显著特征之一。实时分析而非批量式分析,数据输入、处理与丢弃,立竿见影而非事后见效。数据增长速度快,处理速度也快,时效性要求高。处理1 PB的数据不到1 s就可以实现,这就是高速。因为数据也是有一个时效性的,超过了这个时间这个数据就会失去其作用。

大数据的特征五是保证数据的准确性(Veracity)。数据的准确性和可信赖度,即数据的质量。大数据中的内容是与真实世界中的发生息息相关的,研究大数据就是从庞大的网络数据中提取出能够解释和预测现实事件的过程,对于数据的处理结果要保证一定的准确性

9.2.3 大数据应用

1. 医疗行业

Seton Healthcare是采用IBM最新沃森技术医疗保健内容分析预测的首个客户。该技术允许企业找到大量病人相关的临床医疗信息,通过大数据处理,更好地分析病人的信息。

在加拿大多伦多的一家医院,针对早产婴儿,每秒钟有超过3 000次的数据读取。通过这些数据分析,医院能够提前知道哪些早产儿出现问题并且有针对性地采取措施,避免早产婴儿夭折。

2. 能源行业

在欧洲智能电网已经做到了终端,也就是所谓的智能电表。在德国,为了鼓励利用太阳能,会在家庭安装太阳能,除了卖电,当家庭的太阳能有多余电的时候还可以买回来。通过电网收集每隔5 min或10 min收集一次数据,收集来的这些数据可以用来预测客户的用电习惯等,从而推断出在未来2～3个月时间里,整个电网大概需要多少电。有了这个预测后,就可以向发电或者供电企业购买一定数量的电。因为电有点像期货一样,所以如果提前买就会比较便宜,买现货就比较贵。通过这个预测后,可以降低采购成本。

维斯塔斯风力系统依靠BigInsights软件和IBM超级计算机,然后对气象数据进行分析,找出安装风力涡轮机和整个风电场最佳的地点。利用大数据,以往需要数周的分析工作,现在仅需要不足1 h便可完成。

3. 通信行业

XO Communications通过使用IBM SPSS预测分析软件,减少了将近一半的客户流失率。XO现在可以预测客户的行为,发现行为趋势,并找出存在缺陷的环节,从而帮助公司及时采取措施,保留客户。此外,IBM新的Netezza网络分析加速器,将通过提供单个端到端网络、服务和客户分析视图的可扩展平台,帮助通信企业制定更科学、更合理的决策。

电信业者透过数以千万计的客户资料,能分析出多种使用者行为和趋势,卖给需要的企

业，这是全新的资料经济。

中国移动通过大数据分析，对企业运营的全业务进行针对性的监控、预警、跟踪。系统在第一时间自动捕捉市场变化，再以最快捷的方式推送给指定负责人，使他在最短时间内获知市场行情。

NTT docomo是日本最大的移动通信运营商，拥有超过6千万签约用户，其把手机位置信息和互联网上的信息结合起来，为顾客提供附近的餐饮店信息，接近末班车时间时，提供末班车信息服务。

4.零售业

一家领先的专业时装零售商，通过当地的百货商店、网络及其邮购目录业务为客户提供服务。公司希望向客户提供差异化服务，如何定位公司的差异化，他们通过Twitter和Facebook上收集社交信息，更深入地理解化妆品的营销模式，随后他们认识到必须保留两类有价值的客户：高消费者和高影响者。希望通过接受免费化妆服务，让用户进行口碑宣传，这是交易数据与交互数据的完美结合，为业务挑战提供了解决方案。Informatica的技术帮助这家零售商用社交平台上的数据充实了客户主数据，使其业务服务更具有目标性。

零售企业也监控客户的店内走动情况及与商品的互动。它们将这些数据与交易记录相结合并展开分析，从而在销售哪些商品、如何摆放货品及何时调整售价上给出意见，此类方法已经帮助某领先零售企业减少了17%的存货，同时在保持市场份额的前提下，增加了高利润率自有品牌商品的比例。

9.3 人工智能

人工智能是使用人工的方法在机器（计算机）上实现的智能，通过用计算机模拟人脑的智能为，如看、听、说和思维，使机器具有类似于人的行为。

9.3.1 人工智能概述

人类的自然智能伴随着人类活动无时不在，无处不在。人类的许多活动，如解题、下棋、猜谜、写作、编制计划和编程，甚至骑车和驾车等，都需要智能。如果机器能够完成这些任务的一部分，那么就可以认为机器已经具有某种程度的“人工智能”。

什么是人的智能？什么是人工智能？人的智能与人工智能有什么区别和联系？这些都是广大科技工作者十分感兴趣，而且值得深入探讨的问题。人工智能的出现不是偶然的。从思维基础上讲，它是人们长期以来探索研制能够进行计算、推理和其他思维活动的智能机器的必然结果；从理论基础上讲，它是信息论、控制论、系统工程论、计算机科学、心理学、神经学、认知科学、数学和哲学等多学科相互渗透的结果；从物质和技术基础上讲，它是电子计算机和电子技术得到广泛应用的结果。

为了解人工智能，先熟悉一下与它有关的一些概念，这些概念涉及信息、认识、知识、智力和智能。不难看出，这些概念在逐步贴近人工智能。

首先看看什么是信息。信息、物质及能量构成整个宇宙。信息是物质和能量运动的形式，是以物质和能量为载体的客观存在。人们不能直接认识物质和能量，而是通过物质和能量的信息来认识它们。

人的认识过程为信息经过感觉输入到神经系统，再经过大脑思维变为认识。

那么，什么是认识呢？认识就是用符号去整理研究对象，并确定其联系。

由认识可以继续探讨什么是知识，什么是智力。

知识是人们对于可重复信息之间的联系的认识，是被认识了的信息和信息之间的联系，是信息经过加工整理、解释、挑选和改造而形成的。人们接受和建立知识的能力往往被看作是智力，智力被看作是个体的各种认识能力的综合，特别强调解决新问题的能力、抽象思维、学习能力和对环境适应能力。

有了知识和智力的定义后，一般将智能定义为智能＝知识集＋智力。因此智能主要指运用知识解决问题的能力，推理、学习和联想是智能的重要因素。

至于人工智能(Artificial Intelligence，AI)，字面上的意义是智能的人工制品。它是研究如何将人的智能转化为机器智能，或者是用机器模拟或实现人的智能。像许多新兴学科一样，至今尚无统一的定义。

9.3.2　人工智能应用系统

人工智能系统是研究与设计出的一种计算机程序，这种程序具有一定“智能”。在过去多年中，已经建立了一些这样的人工智能系统，如下棋程序、定理证明系统、集成电路设计与分析系统、自然语言翻译系统、智能信息检索系统和疾病诊断系统等。下面简单地介绍一些基本的人工智能应用系统，有些是最近出现的和即将出现的系统。

1. 问题求解系统

人工智能最早的尝试是求解智力难题和下棋程序，后者又称为博弈。直到今天，这种研究仍在进行。另一种问题求解程序是将各种数学公式符号汇编在一起，搜索解答空间，寻求较优的解答。纽厄尔与西蒙合作完成的通用问题求解程序能够求解 11 种不同类型的问题。1993 年，美国开发了一个叫作 MACSYMA 的软件，能够进行比较复杂的数学公式符号运算。

2. 自然语言理解和处理系统

语言处理一直是人工智能研究的热点之一，人们很早就开始研制语言翻译系统(language translation system)了。早期的自然语言理解大多采用键盘输入自然语言，现在已经开发出文字识别和语言识别系统，能够配合进行书面语言和有声语言的识别与理解。

语言识别为语言理解提供了素材，语言理解也可以反过来提高语言识别率。因此，自然语言理解可看成是模式识别研究的自然延伸。自然语言处理发展到今天，已呈现出与人工智能、机器学习、知识工程、数据库技术、神经网络、认知科学、语言学、脑科学、思维科学等多门分支学科错综复杂、彼此依赖和相互支持的格局，而且以语义理解为特征的自然语言处理和机器翻译已取得突出进展。现在已有的智能翻译系统，人们可对它说话，它能将对话打印出来，并且可用另一种语言表示出来；有的系统还可以回答文本信息中的有关问题和提取摘要。

3. 自动定理证明系统

自动定理证明(Automatic Theorem Proving，ATP)是指把人类证明定理的过程变成能在计算机上自动实现符号演算的过程。ATP 是 AI 的一个重要研究领域，在 AI 的发展中曾起过重大的作用。纽厄尔的逻辑理论家程序是定理证明的最早尝试，该程序模拟人用数理逻辑证明定理的思想，于 1963 年证明了罗素和他的老师怀特海合著的《数学原理》第一章的全部定理。自动定理证明的基础是逻辑系统,传统的定理证明系统大都是建立在数理逻辑系统上的。近些年来,不断有新的逻辑系统出现,如模态逻辑、模糊逻辑、时序逻辑、默认逻辑和次协调逻辑等,它们都有相应的逻辑推理规则和方法。

4. 智能控制、智能系统和智能接口

智能控制(intelligent control)是一类无需或者只需尽可能少的人工干预就能够独立地驱动智能机器实现目标的自动控制。它采用 AI 理论及技术,与经典控制理论(频域法)和现代控制理论(时域法)相结合,研制智能控制系统的方法和技术。它是 AI 与控制论以及工程控制论等相结合的产物。

智能系统(intelligent system)的含义非常广泛,通常指配备有智能化软、硬件的计算机控制系统或计算机信息系统。在 AI 中,智能化的软、硬件计算机控制系统指具有问题求解和高层决策功能的一些学习控制系统,如拟人控制系统、自主机器人控制系统和人-机结合控制系统。

智能接口(intelligent interface)是指在计算机系统中,引入具有智能的人-机接口或用户界面。智能接口已作为新一代计算机系统或知识系统的重要组成部分,理想的智能接口是采用所谓的自然语言理解的用户界面。它是通过引入前面所述的自然语言理解及多媒体技术,并使之与知识库及数据库技术相结合进行实现的。

上述领域里的典型系统如下:

(1)监管系统(supervisory system)。现在大办公楼和商业大厦变得越来越复杂,监管系统可以帮助控制能源、电梯和空调等,并进行安全监测、计费和顾客导购等。

(2)智能高速公路。这也是一种智能监控系统,它能优化已有高速公路的使用:通过广播交通的警告,将大量的车辆导向可代替的路线;控制车流的速度与空间;帮助选择出发地到目的地的最优路线。

(3)银行监控系统。American Express 是美国一家大的银行公司,用户信用卡的使用每年都会由于恶性透支和欺骗行为损失 1 亿美元。需要解决的问题是,如何在短时间内判断是否允许顾客使用他的信用卡?一般需要一个系统在 90 s 内给出判断,其中需要操作人员根据 16 屏信息在 50 s 内作出决定,但这对人来说不太可能。后来该银行研制了一个 Authorize Assistant 系统,使原来 16 屏信息减为 2 屏。第 1 屏给出建议应做出什么样的决定,第 2 屏解释支持决策的有关信息。这个系统的使用每年为该银行减少了几千万美元的损失。

5. 专家系统

专家系统是一个具有大量专门知识与经验的程序系统,它应用人工智能技术,根据某个领域的多个人类专家提供的知识和经验进行推理和判断,模拟人类专家的决策过程,以解决需要专家才能够解决的复杂问题。

现在已有大量成功的专家系统案例。被誉为“专家系统和知识工程之父”的费根鲍姆所领导的研究小组于 1968 年成功研究出第一个专家系统 DENDRAL,用于质谱仪分析有机化合物的分子结构。1972—1976 年,美国斯坦福大学又成功开发 MYCIN 医疗专家系统,用于抗生素药物治疗。此后,许多著名的专家系统相继产生,如 PROSPECTOR 地质勘探专家系统、CASNET 青光眼诊断治疗专家系统、RT 计算机结构设计专家系统、MACSYMA 符号积分与定理证明专家系统、ELAS 钻井数据分析专家系统和 ACE 电话电缆维护专家系统等,为工矿数据分析处理、医疗诊断、计算机设计、符号运算和定理证明等提供了强有力的工具。

6.智能调度和规划系统

智能调度和规划系统能够确定最佳调度或组合方案，已被广泛应用于汽车运输调度、列车的编组与指挥、空中交通管制及军事指挥等系统。

例如，在空中交通控制系统中，随着航空事业的发展，一个大型机场每天控制、管理成千架飞机的起降和导航，人工控制很难，空中交通控制系统能够帮助安排飞机的起降，以最大限度保证安全和最小的延迟时间。在军事指挥系统中，伊拉克在20世纪90年代初入侵科威特时，美国的"沙漠风暴之战"需从美洲、欧洲快速运送50万军队、1 500万磅的装备到沙特阿拉伯等国家。为此美国开发了一个规划系统，该系统提出必须开辟第二个运输港口，否则会造成物资运输瓶颈。

7.模式识别系统

模式识别(pattern recognition)是AI最早和最重要的研究领域之一。模式是一个内涵极广的概念。广义地讲，一切可以观察其存在的事物形式都可称为模式，如图形、景物、语言、波形、文字和疾病等都可视为模式。识别指人类所具有的基本智能，是一种复杂的生理活动和心理过程。例如，在日常活动中，每个人都要随时随地对声音、文字、图形和图像等进行识别。模式识别技术已逐渐在以下各种不同的领域获得应用：

(1)染色体识别：识别染色体以用于研究遗传因子、识别及研究人体和其他生物细胞。

(2)图形识别：用于心电图、脑电图、X-射线和CAT医学视频成像处理技术，也用于地球资源勘测、预报气象和自然灾害及军事侦察等。

(3)图像识别：在图像处理及图像识别技术中，可以利用指纹识别、外貌识别和各种痕迹识别协助破案。

(4)语音识别：研究各种语言、语言的识别与翻译及计算机人—机界面等。

(5)机器人视觉：用于景物识别、三维图像识别、语言识别，解决机器人的视觉和听觉问题，以控制机器人的行动。

8.智能检索系统

面对国内外种类繁多和数量巨大的科技文献，传统的检索方法远远不能胜任，特别是网络技术的发展和Internet的出现，更是对传统的检索方法提出了挑战。因此，智能检索的研究已成为当代科技持续发展的重要保证。

目前数据库的检索技术有了很大的发展，有具有智能化人-机交互界面和演绎回答系统，还有一种称为自动个人助手(Automated Personal Assistants)的系统，主动帮助人们使用计算机网络查找信息，它可以：

(1)搜索广告，过滤邮件，使人们只需阅读那些最重要的、感兴趣的广告和邮件。

(2)帮助找信息、购买商品、找服务部门和通过网络找人等。

9.机器人

人工智能研究日益受到重视，其中一个分支是对机器人的研究。这个领域研究的问题，从机器人手臂的最佳移动到实现机器人目标动作序列的规划方法，无所不包。

机器人是一种可以再编程的多功能操作装置。电子计算机出现后，特别是微处理机出现后，机器人便进入大量生产和使用的阶段。目前全世界有近10万个机器人在运行，其中大多数样子并不像人,它们只是在人的指挥下代替人干活的机器。

目前的机器人,在功能上可将其分为以下 4 种类型:

(1)遥控机器人。它本身没有工作程序,不能独立完成任何工作,只能由人在远处对其实施控制和操作。

(2)程序机器人。它对外界环境无感知智力,其行为由事先编好的程序控制。该工作程序一般是单一固定的,只能做重复工作。也有多程序工作方式,构成可再编程的通用机器人。

(3)示范学习型机器人。它能记忆人的全部示范操作,并在其独立工作中准确地再现这些操作,改变操作时仍需要人重新示范。

(4)智能机器人。它应具有感知、推理、规划和一般会话能力,能够主动适应外界环境和通过学习提高自己的独立工作能力。

10. 智能软件 Agent

智能软件 Agent 技术的诞生和发展是 AI 技术和网络技术发展的必然结果。传统的 AI 技术致力于对知识表达、推理和机器学习等技术的研究,其主要成果是专家系统。专家系统把专业领域知识与推理有机地组合在一起,为应用程序的智能化提供了一个实用的解决办法。作为人工智能的一个分支,AI 计划理论的研究成果使应用程序有了初步的面向目标和特征的能力,即应用程序具有了某种意义上的主动性;而人工智能的另一个分支——决策理论和方法则使应用程序具有了自主判断和选择行为的能力。所有这些技术的发展均加快了应用程序智能化的进程。

智能化和网络化的发展促成了智能软件 Agent 技术的发展,智能软件 Agent 技术正是为解决复杂、动态和分布式智能应用而提供的一种新的计算手段,许多专家信心十足地认为智能软件 Agent 技术将成为 21 世纪软件技术发展的又一次革命。

11. 数据挖掘和知识发现系统

近些年来,商务贸易电子化、企业和政府事务电子化的迅速普及都产生了大规模的数据源,同时日益增长的科学计算和大规模的工业生产过程也提供了海量数据,日益成熟的数据库系统和数据库管理系统都为这些海量数据的存储和管理提供了技术保证。此外,计算机网络技术的长足进步和规模的爆炸性增长,为数据的传输和远程交互提供了技术手段,特别是国际互联网更是将全球的信息源纳入了一个共同的数据库系统之中。这些都表明人们生成、采集和传输数据的能力都有了巨大增长,为步入信息时代奠定了基础。

在这些能力迅速提高的同时,可以看到数据操纵中的一个重要环节:信息提取及其相关处理技术却相对地大大落后了。毫无疑问,这些庞大的数据库及其中的海量数据是极其丰富的信息源,但是仅依靠传统的数据检索机制和统计分析方法已经远远不能满足需要了。因此,一门新兴的自动信息提取技术——数据挖掘和知识发现应运而生并得到迅速发展,为把海量数据自动智能地转化成有用的信息和知识提供了手段。

数据挖掘和知识发现作为一门新兴的研究领域,涉及人工智能的许多分支,如机器学习、模式识别和海量信息搜索等众多领域。特别地,它可看作数据库理论和机器学习的交叉学科。作为一种独立于应用的技术,数据挖掘和知识发现一出现,立即受到广泛的关注。目前,这方面的研究发展很快:知识发现和数据挖掘的学术期刊不断增加;大量的期刊也为此领域开辟专栏;众多的学术会议也频繁举行;与此同时,一大批实用化的知识发现工具也投入市场并得到广泛应用。

9.3.3 人工智能技术特征

人工智能作为一门科学，有其独特的技术特征，主要表现为以下几个方面。

1. 利用搜索

从求解问题角度看，环境给智能系统(人或机器系统)提供的信息有两种可能：

(1)完全的知识，用现成的方法可以求解，如用消除法求解线性方程组，但这不是人工智能研究的范围。

(2)部分知识或完全无知，无现成的方法可用。

后一种如下棋、法官判案、医生诊病问题，有些问题有一定的规律，但往往需要边试探边求解。这就需要使用所谓的搜索技术。

人工智能技术通常要使用搜索补偿知识的不足。人们在遇到从未经历过的问题时，由于缺乏经验知识，不能快速地解决它，因此往往采用尝试-检验(try - and - test)的方法，即凭借人们的常识性知识和领域的专门知识对问题进行试探性的求解，逐步解决问题，直到成功。这就是人工智能问题求解的基本策略中的生成-测试法，用于指导在问题状态空间中的搜索。

2. 利用知识

从西蒙T纽厄尔的通用问题求解系统到专家系统，可以认识到利用问题领域知识来求解问题的重要性。但知识有以下3大难以处理的属性：

(1)知识非常庞大。正因为如此，所以常说我们处在"知识爆炸"的时代。

(2)知识难以精确表达，如下棋大师的经验和医生看病的经验。

(3)知识经常变化，要经常进行知识更新。因此，有人认为人工智能技术就是一种开发知识的方法。除此之外，知识还具有不完全性和模糊性等属性。有些问题，虽然在理论上存在可解算法，但却无法实现。例如下棋，国际象棋的终局数有10 120个，围棋的终局数有10 761个，即使使用计算机以极快的速度(10 104步/年)处理，计算出国际象棋所有可能的终局至少也需要1 016年才能完成。因此，对于知识的处理必须做到：

(1)能抓住一般性，以免浪费大量时间、空间去寻找和存储知识。

(2)要能够被提供和接受知识的人所理解，这样他们才能检验和使用知识。

(3)易于修改，因为经验和知识不断变化，易于修改才能反映人们认识的不断深化。

(4)能够通过搜索技术缩小要考虑的可能性范围，帮助减少知识的巨大容量。

此外，利用知识可以补偿搜索中的不足。知识工程和专家系统技术的开发，证明了知识可以指导搜索和修剪不合理的搜索分支，从而减少问题求解的不确定性，大幅度地减少状态空间的搜索量，甚至完全免除搜索的必要。

3. 利用抽象

抽象用以区分重要与非重要的特征，借助抽象可以将处理问题中的重要特征和变式与大量非重要特征和变式区分开，使对知识的处理变得更有效和更灵活。人工智能技术利用抽象，还表现为在人工智能程序中采用叙述性的知识表示方法，这种方法把知识当作一种特殊的数据进行处理，在程序中只是把知识和知识之间的联系表达出来，而把知识的处理截然分开。这样，知识将十分清晰、明确并易于理解。对于用户来说，往往只需要叙述"是什么问题"，"要做什么”,而把“怎么做”留给人工智能程序进行完成。

4. 利用推理

基于知识表示的人工智能程序主要利用推理在形式上的有效性,即在问题求解的过程中,智能程序所使用知识的方法和策略应较少地依赖知识的具体内容。因此,通常的人工智能程序系统中都采用推理机制与知识相分离的典型的体系结构。这种结构从模拟人类思维的一般规律出发使用知识。

经典逻辑的形式推理只是人工智能的早期研究成果。目前,人工智能工作者已研究出逻辑推理、似然推理、定性推理、模糊推理、非精确推理、非单调推理和次协调推理等各种更有效的推理技术和控制策略,为人工智能的应用开辟了广阔的前景。

5. 遵循有限合理性原则

西蒙于20世纪50年代在研究人的决策制定中总结出一条关于智能行为的基本原则,因此而获得诺贝尔奖。该原则指出,人在超过其思维能力的条件下(例如,遇到NP完全问题——状态空间呈现指数增长,从而造成组合爆炸问题的搜索量),仍要做好决策,而不是放弃。这时,人将在一定的约束条件下,制定尽可能优的决策。这种决策的制定具有一定的机遇性,往往不是最优的。人工智能求解的问题,大多是在一个组合爆炸的空间内搜索。因此,这一原则也是人工智能技术应遵循的原则之一。

9.4 本章小结

本章介绍物联网、云计算以及大数据、人工智能等新技术,通过本章的学习,可以了解新技术在实际生活中的应用,为下一步学习奠定基础。

习 题

1. 什么是云计算? 云计算的特点是什么?
2. 云计算有哪些类型?
3. 简述云计算系统的组成。
4. 简述云计算的三种模式。
5. 简述大数据的四个特征。
6. 简述人工智的技术特征。

参考文献

[1] 战德臣,聂兰顺,等.大学计算机:计算思维导论[M].北京:电子工业出版社,2013.

[2] CORMEN T H,LEISERSON C E,RIVEST R L,et al.算法导论[M].3版.殷建平,徐平,王刚,等译.北京:机械工业出版社,2013.

[3] 唐培和,徐奕奕.计算思维:计算学科导论[M].北京:电子工业出版社,2015.

[4] 张基温.大学计算机:计算思维导论[M].北京:清华大学出版社,2017.

[5] 王志强,毛容,张艳,等.计算思维导论[M].北京:高等教育出版社,2012.

[6] 严蔚敏,吴伟民.数据结构:C语言版[M].北京:清华大学出版社,2011.

[7] 王生原,董渊,张素琴,等.编译原理[M].3版.北京:清华大学出版社,2015.

[8] 宁爱军,张艳华.C语言程序设计[M].2版.北京:人民邮电出版社,2015.

[9] 熊聪聪,宁爱军.大学计算机基础[M].2版.北京:人民邮电出版社,2013.

[10] 谭浩强.C语言程序设计[M].4版.北京:清华大学出版社,2013.

[11] 张海藩,牟永敏.软件工程导论[M].6版.北京:清华大学出版社,2013.

[12] 王珊,萨师煊.数据库系统概论[M].5版.北京:高等教育出版社,2014.

[13] PRESSMAN R S.软件工程:实践者的研究方法[M].8版.郑人杰,马素霞,等译.北京:机械工业出版社,2016.

[14] 谢希仁.计算机网络[M].7版.北京:电子工业出版社,2017.

[15] 余成波,李洪兵,陶红艳.无线传感器网络实用教程[M].北京:清华大学出版社,2012

[16] 张成海,张铎.现代自动识别技术与应用[M].北京:清华大学出版社,2003.

[17] 宁焕生.RFID重大工程与国家物联网[M].3版.北京:机械工业出版社,2010.

[18] 王桂玲,王强,赵卓峰,等.物联网大数据:处理技术与实践[M].北京:电子工业出版社,2017.

[19] 莱自兴.人工智能及其应用[M].北京:清华大学出版社,2016.

[20] 罗伯特,艾特,维诺,等.大数据与物联网:企业信息化建设性时代[M].刘春容,译.北京:机械工业出版社,2016.

参考文献